无损检测技术

主　编　张　静　张　玲

副主编　郭　娟　郭社锋　黄伯太　胥　俊　张军林

参　编　刘秀娟　刘　阳　张益雄　刘　涛　李建峰

　　　　马维杰　赵宏伟

主　审　吴佳晔

机械工业出版社

本书作为土木工程检测领域高职高专院校专业教材，编写遵从整体性、基础性和时代性原则。教材内容与时俱进，介绍了无损检测领域内多项新技术，适应行业发展对人才教育的需要。教材编写紧密对接"岗、课、赛、证"，设置模块化教学内容，立足交通建设行业检测员岗位标准，将桥梁工程生产过程转化为检测员岗位工作过程，岗位工作过程转换为教学过程，检测岗位真实工作任务转换为学习任务。

　　教材内容融合行业标准、1+X 路桥无损检测技能证书标准、技能大赛，分为混凝土材料及结构检测、桩柱杆检测、预应力结构检测、岩土材料及远程监测技术等 5 个模块共计 26 个工作任务。

图书在版编目（CIP）数据

无损检测技术 / 张静，张玲主编.—北京：机械工业出版社，2023.9
ISBN 978-7-111-73613-4

Ⅰ.①无… Ⅱ.①张… ②张… Ⅲ.①无损检验 Ⅳ.①TG115.28

中国国家版本馆CIP数据核字（2023）第142625号

机械工业出版社（北京市百万庄大街22号　邮政编码100037）
策划编辑：张荣荣　　　　　　责任编辑：张荣荣　范秋涛
责任校对：潘　蕊　李小宝　　封面设计：张　静
责任印制：刘　媛
北京中科印刷有限公司印刷
2023 年 12 月第 1 版第 1 次印刷
184mm×260mm·23印张·552千字
标准书号：ISBN 978-7-111-73613-4
定价：56.00 元

电话服务　　　　　　　　　网络服务
客服电话：010-88361066　　机　工　官　网：www.cmpbook.com
　　　　　010-88379833　　机　工　官　博：weibo.com/cmp1952
　　　　　010-68326294　　金　书　网：www.golden-book.com
封底无防伪标均为盗版　机工教育服务网：www.cmpedu.com

前　　言

我国土木工程信息化高速发展，人工智能、大数据、物联网等技术的兴起，促进了无损检测技术的变革。本教材适应高职院校及职业本科层次的复合型技术技能人才的培养体系，促进学生在知识、技能、素养等方面的协调发展。在介绍传统无损检测技术基础上，拓展前沿检测技术，紧密贴合工程实际需求，注重培养学生数据分析处理能力，以适应当前信息化时代下无损检测领域对人才的需求。

《无损检测技术》是土木工程检测技术、道路桥梁工程技术及公路养护与管理等专业的一门实践性很强的专业课程。教材编写立足交通建设行业检测员岗位标准，将道路桥梁工程生产过程转化为检测员岗位工作过程，岗位工作过程转换为教学过程，检测岗位真实工作任务转换为学习任务，教材内容融合行业标准、1+X 路桥无损检测技能证书标准、技能大赛，对接"岗、课、赛、证"，设置模块化教学内容，从混凝土材料及结构检测、桩柱杆检测、预应力结构检测、岩土材料及远程监测技术等方面进行介绍。教材更加注重学习对象的实践操作能力和数据处理能力，配备相关教学资源帮助学生将理论知识与实践紧密结合，达到更好的教学效果。

本教材以活页式工作任务呈现，依据高等职业教育理念，将工作任务按照任务引入—任务情景—教学目标—知识基础—任务分析—任务实施—自我测验—考核评价等环节设置教学内容，过程中结合工程案例、行业标准、岗位能力、操作视频、虚拟资源等支撑学习对象的学习效果。本教材体系完整，各部分内容详尽且相对独立，各项检测及监测技术的实用性及操作性强，便于读者全面、系统地掌握无损检测领域相关的知识和技能，并了解前沿技术，本教材也可作为专业技术人员培训教材使用。

本教材由新疆交通职业技术学院、阿克苏地区中等职业技术学校、新疆工程学院及四川升拓检测技术股份有限公司共同编写完成，编写分工如下：由新疆交通职业技术学院张静担任第一主编并负责统稿，新疆交通职业技术学院张玲担任第二主编，新疆交通职业技术学院郭娟、新疆交通职业技术学院郭社锋、四川升拓检测技术股份有限公司黄伯太、新疆工程学院胥俊、阿克苏地区中等职业技术学校张军林担任副主编，由四川升拓检测技术股份有限公司吴佳晔担任主审，四川升拓检测技术股份有限公司刘秀娟、刘阳、张益雄、刘涛和阿克苏地区中等职业技术学校李建峰、马维杰、赵宏伟参编。

致谢：感谢四川升拓检测技术股份有限公司提供相关技术指南及操作视频，教材编写过程中查阅和引用了部分文献和资料，在此感谢被引用文献和资料的作者，以及为了本教材编写提供了各种资料的参编人员及行业同仁。

目　　录

模块一　混凝土材料及结构检测

任务一　检测混凝土结构强度

🏠	工作任务一	冲击弹性波法检测混凝土强度
▦	学时	2
✉	团队名称	

课前探究	任务引入

课前探究

1. 影响混凝土强度的因素有哪些

2. 弹性波包括哪些类型？波形的三要素是什么

任务引入

某市北四环绕城高速公路某标段桥梁墩柱，设计混凝土强度等级为 C40，为保证墩柱混凝土质量，使用不同外加减水剂、不同施工工艺和时间，首件制作前打了四个试验墩，养护结束后，检测混凝土强度，评价质量

兴趣激发

作为一名工程检测人员，你认为强度的重要性体现在哪里

任务情景

作为某试验检测机构技术人员，你被安排去该高速公路施工现场桥梁墩柱结构部位进行混凝土质量检测，本次检测任务之一为利用冲击弹性波法检测结构混凝土强度，并出具检测报告

学习目标

完成工作任务后，请你在此对目标达成情况进行简要描述

教学目标

思政目标	通过展示桥梁因混凝土强度不足引起的质量事故视频，培养学生敬畏生命的观念，培育科学严谨、精益求精的"工匠精神"
知识目标	1. 熟悉混凝土强度检测的目的、意义及适用范围 2. 掌握冲击弹性波法检测混凝土强度的流程和检测方法 3. 掌握参数设置注意事项 4. 掌握冲击弹性波法检测仪器连接注意事项
技能目标	1. 会查阅检测规程学习混凝土强度检测、运用公路工程质量检验评定标准 2. 能按照冲击弹性波法检测仪器操作规程在安全环境下正确连接检测设备，会检查仪器

技能目标	3. 会用冲击弹性波无损检测仪进行参数设置、布点、数据采集 4. 会导出检测数据并对数据进行分析 5. 会根据检测报告填写要求填写混凝土强度检测评定记录表 6. 能根据公路工程质量检验评定标准出具检测报告
素质目标	1. 具有严格遵守安全操作规程的态度 2. 具备认真的学习态度及解决实际问题的能力 3. 能够以严谨、认真负责的工作态度完成混凝土强度检测任务
知识点提炼	**知识基础**
笔记	强度是结构在外力作用下抵抗破坏的能力，当结构受到外力作用时，其本身会产生对外的抵抗力。这个单位面积上的抵抗力，称为混凝土强度 强度基本单位是帕（Pa，$1Pa=1N/m^2$），常用单位是兆帕（MPa，$1MPa=1N/mm^2$） 混凝土强度包括抗压、抗弯（抗折）、抗拉、抗扭、抗劈裂强度等。其中以抗压与抗拉、抗弯为工程上最常用的强度。如桥梁墩柱抗压强度、水泥混凝土的路面的抗折强度 1. 方法原理 冲击弹性波检测混凝土的抗压强度是近年来在国内外得到广泛关注的检测手段。采用弹性波波速→混凝土动弹性模量→混凝土内部弹性模量以弹性模量为基础，采用 Sigmoid 曲线拟合弹性模量与强度关系，通过测试弹性波波速来检测混凝土强度的无损检测方法 2. 方法特点 冲击弹性波主要具有以下特点：①冲击弹性波由冲击锤激发，能量大且集中，测试深度明显提高，能够穿透 10m 以上的混凝土。②冲击弹性波的卓越频率一般在几百到几千赫兹，波长较长，受混凝土骨料颗粒散射影响小，受外界杂散波影响小。③现场适用性强，操作方便，适合对大体积混凝土结构进行快速、全面检测 3. 常用手段 （1）重复反射法（冲击弹性波法，也称 IE 法） 在被测混凝土结构的壁厚已知的前提下，利用敲击锤敲击被测对象表面，利用信号接收传感器接收从模型底部或内部返回的信号，利用频谱分析方法分析出结构底部的反射信号，测出弹性波在被测混凝土

试件的传播时间和弹性波波速，从而计算出混凝土的弹性模量，进而推算混凝土的强度指标。该方法也称"冲击弹性波法"，如图 1-1 所示

波速 V_{P1} 和动弹性模量 E_d 计算方法：

$$E_d = \rho V_{P1}^2 \tag{1-1}$$

$$V_{P1} = \alpha \frac{2H}{T} \tag{1-2}$$

式中　E_d——混凝土动弹性模量（MPa）

V_{P1}——波速（km/s）

ρ——材料的密度（kg/m³）

H——试件的测试方向的高度 / 长度

T——激振弹性波往返的时间（卓越周期）

α——一维波速换算系数，根据试件尺寸宽高比，取 1.01~1.12

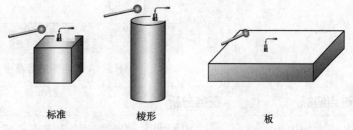

标准　　　　棱形　　　　板

图 1-1　冲击弹性波法检测示意图

（2）表面波法　该方法适合结构厚度较厚且厚度未知的场合，可采用表面波法对结构进行检测

动弹性模量 E_d 计算方法：

$$E_d = \frac{2(1+\mu)^3}{(0.87+1.12\mu)^2} \rho V_R^2 \tag{1-3}$$

式中　E_d——混凝土动弹性模量（MPa）

ρ——材料的密度（kg/m³）

μ——材料的泊松比

V_R——材料表面波速度

传感器测点布置请参考图 1-2。测试时，为了采集到高品质的表面波，传感器的间距宜与表面波波长相同，同时激振点与传感器接收点的距离需要按照要求设置。设置距离参考图 1-2

一般情况，改变激振锤的材质，其激振产生的波长也会发生改变，即激振锤密度越小，激振产生的波长也就越长。采用其他材质的激振锤进行测试，就可以测试不同深度混凝土的强度及分层，如图 1-3 所示

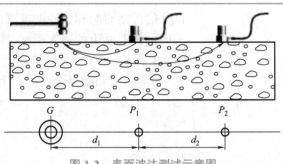

图 1-2 表面波法测试示意图

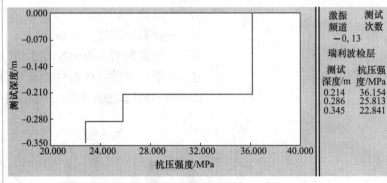

图 1-3 表面波法混凝土强度分层结果

重难点初探	任务分析

重难点初探

1+X 证书知识点

任务分析

根据冲击弹性波法检测混凝土质量技术规程 DBJ 04T 339—2017、SCIT-1-TEC-02F-2021-C 混凝土刚性及强度检测技术体系及《混凝土强度现场检测操作指南 V1.03》SCIT-1-ZN-01-2019-C，完成如下任务单

检测目的	冲击弹性波法测定混凝土强度
适用范围	该方法适用于隧道二衬、路面、大坝等混凝土厚度不小于 10cm 的混凝土结构
仪器设备及要求	冲击弹性波检测仪要求： （1）仪器具备采集振动信号的能力，可多个通道同时采集信号 （2）采样频率需要大于 500kHz，且可调 （3）具备多种加速度传感器，对不同频率的信号进行采集 （4）软件包含多种滤波方式，且可对有效信号提取、抑制噪声 （5）可以对混凝土形状、内部钢筋占比进行修正

仪器设备连接要求

（续）

仪器设备及要求	（6）应根据测试对象的厚度选用不同直径的激振锤。测试对象厚度越厚，采用的激振锤越大 （7）软件分析可计算弹性波速度及混凝土模量强度等 请填写超声检测仪设备名称及功能： 名称：_____ 作用：_____ 名称：_____ 作用：_____ 名称：_____ 作用：_____ 名称：_____ 作用：_____
测区布置与测点选择	（1）沿隧道里程每 8~12m 应布置一个测试断面 （2）无仰拱的隧道，每个断面布置 5 个强度测点。拱顶、两侧拱腰、两侧边墙各布置 1 个测点 （3）激振点距离 CH0，CH0 距离 CH1 均为 0.5m。当测试面不平整（蜂窝麻面、掉渣、浮浆等）或测试结果存疑时，可在 CH0 和 CH1 端分别敲击进行验证，如右图所示 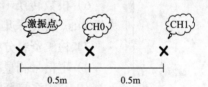
检测工作要求	（1）确认检测断面里程和测点位置 （2）应收集隧道衬砌混凝土龄期、配合比等相关资料 （3）检测点的混凝土表面应平整、清洁、无明显蜂窝麻面。传感器安装应与测试面紧密接触
试验步骤	仪器连接 ▶ 软件设置 ▶ 数据采集 ▶ 数据分析 ▶ 出具报告
注意事项	（1）测试时，要注意避开表面不平整、浮浆、小气泡、疏松等位置 （2）因钢筋对波的传播速度一般大于混凝土对波的传播速度，测试时尽量与钢筋错开测试，减少钢筋影响 （3）当混凝土内部有缺陷时会影响测试结果的准确性

熟记测点布置要求

重点记录	任务实施
笔记：主要记录检测步骤要点及注意事项	1. 检测前收集相关资料 （1）工程名称及建设、勘察、设计、施工、监理、委托单位名称 （2）构件名称、设计图 （3）水泥的安定性、品种规格、强度等级和用量，砂石的品种、粒径，外加剂或掺合料的品种、掺量，混凝土配合比、拌合物坍落度和混凝土设计强度等级等 （4）模板类型，混凝土浇筑情况、养护情况、浇筑日期和气象温湿度等 （5）混凝土试件抗压强度测试资料及相关的施工技术资料 （6）构件存在的质量问题或检测原因 2. 冲击弹性波法检测强度技术及要求 （1）冲击弹性波测强法适用于隧道衬砌混凝土强度检测 （2）冲击弹性波测强法应符合下列要求： 1）冲击弹性波测强仪应具有信号激发、采集、放大、滤波、转换、显示、储存、分析、输出等功能 2）应采用球形或先端曲面的激振器产生冲击弹性波，激振频率范围宜小于 20 kHz 3）激振方式可采用瞬态人工激振，也可采用可控电磁激振 4）应采用加速度传感器拾取冲击弹性波信号，传感器频率响应范围宜不小于 20kHz，通频宽度大于激振频率范围 5）放大器宜采用电荷放大器，通频范围应与传感器匹配 6）模数转换（A/D）卡不应低于 16 位，最小采样间隔不应大于 4μs。数据采集通道不应少于 2 个 7）检测资料分析应配备专业处理软件 8）电信号测量相对误差不应超过 ±1.0% （3）测区布置与测点选择要求参照本节任务分析相关内容进行 3. EA 值（模量 - 强度关系）标定 　检测之前，应先进行 EA 值（模量 - 强度关系）标定。优先选择同条件养护试件进行标定，若无标准养护试件可进行现场芯样标定。所选择试件与所检测段落的混凝土配合比应相同，用于标定的试件不得少于三组（即 9 个试块），试件龄期宜大于或等于 28 天。在进行标定之前，应先将试件进行编号，确保试件标定数据与试件抗压强度一一对应

EA 值标定			
	流程	说明	备注
1	试件模量(波速)测试	标准试件	应采用 D10 激振锤、S21C 带支座传感器进行标定，力度应轻
2	混凝土抗压强度试验		按照编号记录所有试件的抗压强度
3	创建标定文件	动弹性模量　抗压强度 60.585　41.16 37.417　42.10 39.519　40.23 39.647　44.76 39.629　45.80 38.139　37.04 42.998　52.93 41.664　46.12 41.497　46.58	将测得的动弹性模量和对应的抗压强度写入一个文本文件(后缀名".cal")中，第一列为动弹性模量，第二列为抗压强度
4	标定EA值		在软件中，打开 cal 文件，标定出 EA 值
5	完成		

4. 混凝土强度测试

面波法测试混凝土强度，主要分为两步，一是结构测区描画，二是强度测试

混凝土强度测试——面波法			
	流程	说明	备注
1	准备混凝土强度检测仪		主机和测试支架、传感器、激振锤（D17、D22、D30）、电荷线等配件
2	明确测区，布置测点	激振点　CH0　CH1 ×　×　× 0.5m　0.5m	激振点距离 CH0，CH0 距离 CH1 均为 0.5m

面波法检测强度

（续）

混凝土强度测试——面波法		
流程	说明	备注
3 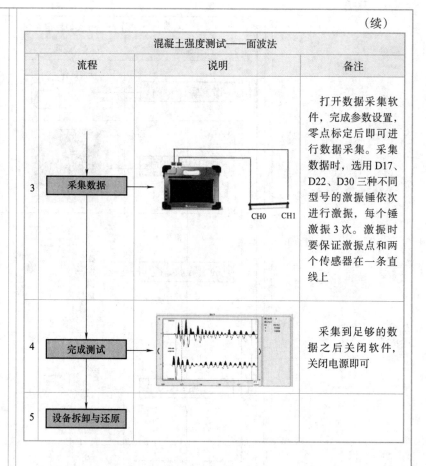 采集数据		打开数据采集软件，完成参数设置，零点标定后即可进行数据采集。采集数据时，选用 D17、D22、D30 三种不同型号的激振锤依次进行激振，每个锤激振 3 次。激振时要保证激振点和两个传感器在一条直线上
4 完成测试		采集到足够的数据之后关闭软件，关闭电源即可
5 设备拆卸与还原		

5. 检测报告

检测报告应包括下列内容：

（1）工程名称，工程地址，设计、施工、监理、建设和委托方信息

（2）工程概况

（3）构件名称、数量及设计要求的混凝土强度等级

（4）施工时模板、浇筑工艺、养护情况及成型日期等

（5）抽样方案

（6）抽样数量及抽样方法

（7）检测设备

（8）检测依据

（9）现场检测环境条件（温度等）

（10）检测人员及检测日期

（11）构件及测区平面布置示意图

（12）检测结果，包括平均值、标准差混凝土抗压强度推定值

请完成混凝土强度试验检测报告（面波法）并提交					

混凝土强度试验检测报告（面波法）

施工 / 委托单位				
工程名称		委托 / 任务编号		
工程地点		检测编号		
工程部位 / 用途				
样品描述		龄期		
测面情况		设计强度		
检测依据		委托日期		
判定依据		试验检测日期		
主要仪器设备名称及编号				

检 测 结 果

结构编号	R 波波速 / (km/s)	表层强度 /MPa	深层强度 / MPa	抗压强度 / MPa	备注
1					
2					
3					
4					
5					
6					
7					
8					
9					
10					
检测结论					
附加声明	报告无本单位"专用章"无效；报告无三级审核无效；报告改动、换页无效；委托试验检测报告仅对来样负责；未经本单位书面授权，不得部分复制本报告或用于其他用途；若对本报告有异议，应于收到报告15个工作日内向本单位提出书面复议申请，逾期不予受理				

检测：　　　　　　审核：　　　　　　批准：　　　　　　日期：

综合提升	自我测验
请你在课后完成自我测验试题，巩固知识和技能点，提升自我	【单选】1.（☆☆）凡是为社会提供公证数据的产品质量检验机构，必须经（　　）对其计量检定、测试的能力和可靠性考核合格 　　A. 有关计量研究院 　　B. 有关人民政府计量认证行政部门 　　C. 省级以上人民政府计量行政部门 　　D. 县级以上人民政府计量行政部门 【单选】2.（☆）我国标准分为（　　） 　　A. 国家标准、专业标准、地方标准和企业标准 　　B. 国家标准、行业标准、部门标准和内部标准 　　C. 国家标准、行业标准、地方标准和团体标准、企业标准 　　D. 国际标准、国家标准、部门标准和内部标准 【单选】3.（☆）人们对未来的工作部门、工作种类、职责业务的想象、向往和希望称为（　　） 　　A. 职业文化　　　　　　　　B. 职业素养 　　C. 职业理想　　　　　　　　D. 职业道德 【单选】4.（☆）公路水运工程试验检测遵守的基本职业道德要求是：爱岗敬业，诚实守信，（　　），保证质量 / 不造假 　　A. 认真操作　　　　　　　　B. 严谨操作 　　C. 规范操作　　　　　　　　D. 科学控制 【单选】5. 混凝土强度等级中的 C50，用于表征混凝土的（　　）性能 　　A. 抗压强度　　　　　　　　B. 抗拉强度 　　C. 抗弯刚度　　　　　　　　D. 抗折强度 【单选】6. 下列关于混凝土标准试件冲击弹性波波速的测试，说法正确的是（　　） 　　A. 对混凝土标准试件，采用冲击弹性波法测试 　　B. 对混凝土标准试件，采用透射法测试 　　C. 对混凝土标准试件，采用平测法测试 　　D. 对混凝土标准试件，采用表面波法测试 【单选】7. 利用冲击弹性波测试混凝土强度时，其正确流程为（　　） 　　A. 测试波速，然后计算强度 　　B. 测试波速，然后计算弹性模量，最后计算强度 　　C. 测试波速，然后计算弹性模量，最后拟合强度 　　D. 测试波速，然后拟合弹性模量，最后计算强度 【单选】8.（☆☆☆）在单面传播法测试混凝土强度时，A 结构测试的波速为 3.8km/s，B 结构测试的波速为 4.0km/s，则下列说法正确的是（　　） 　　A. A 结构的强度低于 B 结构的强度的概率较大 　　B. A 结构的强度一定高于 B 结构的强度 　　C. B 结构的强度一定高于 A 结构的强度 　　D. 以上说法均错误 【单选】9. 与超声波法相比较，下列冲击弹性波法不具优越性的选项是（　　）

A. 测试的波长小，更适合测小构件

B. 测试方法多样，有平测法、对测法、反射法，适用于不同类型的结构

C. 通过改变激振锤的大小，很容易改变激发信号的频率，提高对结构的覆盖范围

D. 冲击弹性波的波长较长，受钢筋的影响小并可修正

【单选】10.（☆☆）冲击弹性波在强度测试中的缺点是（　　）

A. 影响因素多，且要求混凝土内部和表面均匀

B. 受钢筋、骨料、测试条件的限制大，影响因素多

C. 测试效率低，测强曲线适用性差，影响因素多

D. 缺少全国性行业规范的支撑

【多选】11.（☆☆）下列关于冲击弹性波法的描述，正确的有（　　）

A. 冲击弹性波法简称 IE（Impulse Echo）法

B. 冲击弹性波法所用的波成分是 P 波

C. 冲击弹性波法既可应用于弹性波，也可用于超声波

D. 冲击弹性波法一般适用于比较薄的结构

【多选】12.（☆☆）下列可用于检测隧道衬砌混凝土强度的方法有（　　）

A. 超声法　　　　　　　　　B. 超声回弹法

C. 回弹法　　　　　　　　　D. 冲击弹性波法

【多选】13. 以下关于冲击弹性波法测试混凝土强度中的注意点，正确的有（　　）

A. 需提前知道结构厚度

B. 激振点到传感器的间距对结果没有影响

C. 激振点到传感器的间距控制在四分之一的结构厚度以内

D. 冲击弹性波法测试混凝土强度不受骨料的影响

【多选】14.（☆☆）混凝土强度的单位有（　　）

A. N/mm^2　　　　　　　　B. MPa

C. MN/m^2　　　　　　　　D. mm

【多选】15.（☆☆）利用冲击弹性波法测试构件的波速时，以下说法正确的有（　　）

A. 应选择表面相对平整的位置进行测试

B. 每个测区只保存一条有效波形

C. 每个测区保存 10 条左右的有效波形

D. 激振点与传感器之间的距离大于结构厚度

【判断】16.（☆☆）不同强度等级的混凝土波速一般不同，强度等级越高、浇筑情况越好，混凝土波速一般越高（　　）

【判断】17.（☆☆）在利用单面传播法测试混凝土强度时，需要以一定的角度敲击混凝土表面，使得产生的沿混凝土表面传播的 P 波更加充分（　　）

【判断】18.（☆☆）一般来说，冲击弹性波中的 P 波在混凝土中的传播速度介于 1.5~2.5km/s 之间（　　）

【判断】19.（☆☆）对于同样的混凝土，采用不同类型的弹性波，如 P 波、R 波，波速均不同（　　　）

【判断】20.（☆☆）在利用单面传播法测试混凝土强度时，不需要事先知道结构的厚度（　　　）

任务评价	考核评价				

考核阶段	考核项目		占比（%）	方式	得分
过程评价（60%）	课前探究学习（20%）	课前学习态度（线上）	5	理论（师评）	
		课前任务完成情况（线上）	10	理论（师评）	
		课前任务成果提交（线上）	5	理论（师评）	
	课中内化（30%）	懂检测原理（线上＋线下）	5	理论＋技能（自评）	
		能运用规范编制检测计划	5	理论＋技能（自评）	
		能完成检测步骤	10	技能＋素质（师评＋自评）	
		会分析检测数据	5	技能＋素质（师评＋小组互评）	
		能提交质量报告	5	理论＋技能＋素质（师评＋小组互评）	
	课后提升（10%）	第二课堂	10	技能＋素质（自评＋小组互评）	
结果评价（40%）	综合能力评价（40%）	理论综合测试（参照 1+X 路桥 无损检测技能等级证书理论 考试形式展开）	20	理论获取证书结果	
		技能综合测试（参照 1+X 路桥 无损检测技能等级证书实操 考试形式展开）	20	技能＋素质获取证书结果	
增值评价	教师根据学生的学习成果，在能力发展、质量意识、职业发展三个方面探索增值评价，对完成整个项目的学习情况进行动态综合评价				
	能力发展（学习、合作能力）	平台课前自主学习动态轨迹（师评）			
		提升自我的持续学习能力（师评＋小组互评）			
		融入小组团队合作的能力（小组互评）			
	质量意识	规范操作意识（自评＋小组互评）			
		实训室 6S 管理意识（师评＋小组互评）			

模块一 混凝土材料及结构检测

任务一 检测混凝土结构强度

🏠	工作任务二	超声回弹法检测混凝土强度
🔠	学时	2
✉	团队名称	

课前探究	任务引入

课前探究

回弹法与超声回弹法的区别

任务引入

某市北四环绕城高速公路某标段桥梁墩柱，设计混凝土强度等级为C40，为保证墩柱混凝土质量，使用不同外加减水剂、不同施工工艺和时间，首件制作前打了四个试验墩，养护结束后，检测混凝土强度，评价质量。请根据《超声回弹综合法检测混凝土强度技术规程》CECS 02：2005分析超声回弹法检测混凝土强度技术与要求

兴趣激发

同样的检测对象，不一样的检测手段，对比特点找不同，看看检测结果有什么差异

任务情景

作为某试验检测机构技术人员，你被安排去该高速公路施工现场桥梁墩柱结构部位进行混凝土质量检测，本次检测任务之一为利用超声回弹法检测结构混凝土强度，并将该方法检测结果与冲击弹性波法结果进行比对，并出具检测报告

学习目标

请在本次工作任务结束之后在下面记录你的学习目标达成情况

教学目标

思政目标	通过展示桥梁因混凝土强度不足引起的质量事故视频，培养学生敬畏生命的观念，培育科学严谨、精益求精的"工匠精神"
知识目标	1. 熟悉混凝土强度检测的目的、意义及适用范围 2. 掌握超声回弹法检测混凝土强度的流程和检测方法 3. 掌握参数设置注意事项 4. 掌握超声回弹法检测仪器连接注意事项

技能 目标	1. 会查阅检测规程学习混凝土强度检测、运用公路工程质量检验评定标准 2. 能按照超声回弹法仪器操作规程在安全环境下正确连接检测设备，会检查仪器 3. 会操作超声回弹仪进行设置参数，会布置测点、数据采集 4. 会导出检测数据并对数据进行分析 5. 会根据检测报告填写要求填写混凝土强度检测评定记录表 6. 能根据公路工程质量检验评定标准出具检测报告
素质 目标	1. 具有严格遵守安全操作规程的态度 2. 具备认真的学习态度及解决实际问题的能力 3. 能够以严谨、认真负责的工作态度完成混凝土强度检测任务

知识点提炼	知识基础
笔记	超声回弹法是建立在超声波传播速度和回弹值与混凝土抗压强度之间相关关系的基础上，以声速和回弹值综合反映混凝土抗压强度的一种非破损方法，其适用条件与回弹法基本相同。当对结构的混凝土强度有怀疑时，可按《超声回弹综合法检测混凝土强度技术规程》CECS 02：2005 进行检测，以推定混凝土强度，并作为处理混凝土质量问题的一个主要依据。在具有钻芯试件做校核的条件下，可按本规程对结构或构件长龄期的混凝土强度进行检测推定 1. 检测原理 用修正后的测区混凝土回弹值和用超声检测仪器测得的超声声速值相结合，推定测区混凝土强度 2. 方法特点 超声回弹法检测混凝土强度，是目前我国使用较广的一种结构混凝土强度非破损检测方法。它相比于单一的超声法或回弹法，具有受混凝土龄期和含水率影响小、测试精度高、使用范围广、能够较全面地反映结构混凝土的实际质量等优点，也是对常规检验进行补充的一种办法。当对测定的结构混凝土强度有质疑时，可用此方法进行核验，推定混凝土的强度，作为处理质量问题的依据

3. 检测手段

超声回弹法采用回弹仪和混凝土超声检测仪，在混凝土同一测区，测量反映混凝土表面硬度的回弹值，同时利用超声检测仪测定混凝土内部的声速值，利用测强公式综合推定该测区混凝土抗压强度，进而推定构件或结构混凝土抗压强度。这种方法能有效减少混凝土龄期和含水率的影响，综合回弹和超声两者的优点，能比较全面地反映结构混凝土的实际质量

4. 强度推定

结构或构件混凝土抗压强度推定值$f_{cu,e}$，应按下列规定确定：

（1）当结构或构件的测区抗压强度换算值中出现小于 10MPa 的值时，该构件的混凝土抗压强度推定值$f_{cu,e}$取小于 10MPa

（2）当结构或构件中测区数少于 10 个时

$$f_{cu,e}=f^c_{cu,min} \tag{1-4}$$

式中　$f^c_{cu,min}$——结构或构件最小的测区混凝土抗压强度换算值（MPa），精确至 0.1MPa

（3）当结构或构件中测区数不少于 10 个或按批量检测时

$$f_{cu,e}=m_{f^c_{cu}}-1.645S_{f^c_{cu}} \tag{1-5}$$

式中　$m_{f^c_{cu}}$——结构或构件测区混凝土强度换算值的平均值（MPa）

　　　　$S_{f^c_{cu}}$——结构或构件测区混凝土强度换算值的标准差（MPa）

重难点初探

熟悉超声回弹法检测混凝土强度的目的及适用范围

请根据检测规程完善仪器设备及要求，会检查仪器

任务分析

检测目的	测定混凝土强度
适用范围	（1）混凝土用水泥应符合现行国家标准《通用硅酸盐水泥》GB 175 的要求 （2）混凝土用砂、石骨料应符合现行行业标准《普通混凝土用砂、石质量及检验方法标准》JGJ 52 的要求 （3）可掺或不掺矿物掺和料、外加剂、粉煤灰、泵送剂 （4）人工或一般机械搅拌的混凝土或泵送混凝土 （5）自然养护 （6）龄期 7~2000 天 （7）混凝土强度 10~70MPa
仪器设备及要求	超声检测仪满足的要求： （1）具有波形清晰、显示稳定的示波装置 （2）声时最小分度值为_____μs （3）具有最小分度值为_____dB 的信号幅度调整系数 （4）接收放大器频响范围_____kHz，总增益不小于_____dB，接收灵敏度（信噪比 3∶1 时）不大于 50μV （5）电源电压波动范围在标称值_____情况下能正常工作 （6）连续正常工作时间不少于_____h （7）超声波检测仪器使用时，环境温度应为_____℃

（续）

仪器设备及要求	换能器技术要求： （1）换能器的工作频率宜在 50~100kHz 范围内 （2）换能器的实测主频与标称频率相差不应超过 10% 数显回弹仪：（与前述相同） 
测区布置与测点选择	1. 测区布置、测点选择 （1）构件的测区布置宜满足下列规定： 1）在条件允许时，测区宜优先布置在构件混凝土浇筑方向的侧面 2）测区可在构件的两个对应面、相邻面或同一面上布置 3）测区宜均匀布置，相邻两测区的间距不宜大于 2m 4）测区应避开钢筋密集区和预埋件 5）测区尺寸宜为 200mm×200mm；采用平测时宜为 400mm×400mm 6）测试面应清洁、平整、干燥，不应有接缝、施工缝、饰面层、浮浆和油垢，并应避开蜂窝麻面部位。必要时，可用砂轮片清除杂物和打磨平整，并擦净残留粉尘 （2）对结构或构件上的测区编号，并记录测区位置和外观质量情况 （3）对结构或构件的每一测区，应先进行回弹测试，后进行超声测试

熟记测区测点布置要点并会准确描画测区

测区布置要点		
构件的测区布置宜满足下列规定	说明	备注
1　测区可在构件的两个对应面、相邻面或同一面上布置	相对面 相邻面　同一面	
2　相邻两测区的间距不宜大于2m，避开钢筋密集区和预埋件。测区尺寸宜为200mm×200mm；采用平测时宜为400mm×400mm 测区宜优先布置在构件混凝土浇筑方向的侧面	对测和角测的测区尺寸200mm×200mm 对测、角测测区面积 400mm 平测区面积	

（续）

（续）

测区布置要点		
构件的测区布置宜满足下列规定	说明	备注
3　对结构或构件上的测区编号，并记录测区位置和外观质量情况	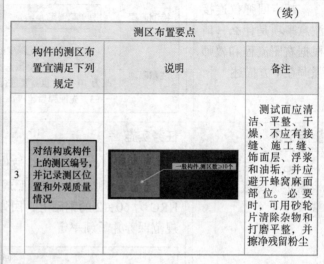 一般构件,测区数≥10个	测试面应清洁、平整、干燥，不应有接缝、施工缝、饰面层、浮浆和油垢，并应避开蜂窝麻面部位。必要时，可用砂轮片清除杂物和打磨平整，并擦净残留粉尘

2. 测点选择

超声测试宜优先采用对测或角测，当被测构件不具备对测或角测条件时，可采用单面平测

（1）当结构或构件被测部位只有两个相邻表面可供检测时，可采用角测方法测量混凝土中声速。每个测区布置 3 个测点

（2）超声测点应布置在回弹测试的同一测区内，每一测区布置 3 个测点

（3）平测布置超声平测点时，宜使发射和接收换能器的连线与附近钢筋轴线成 $40°\sim50°$，超声测距 L 宜采用 $350\sim450mm$

测区布置、测点选择要点		
构件的测点布置满足下列规定	说明	备注
1　超声测试位置与数量：对测、角测在每个测区布置 3 个测点	..11　..11 对测、角测回弹测试　对测、角测超声测试	回弹测点位置与数量：对测、角测每个测区布置 5 个测点
2　超声测试位置与数量：平测布置超声平测点时，宜使发射和接收换能器的连线与附近钢筋轴线成 $40°\sim50°$，超声测距 L 宜采用 $350\sim450mm$	平测超声测试	超声测点应布置在回弹测试的同一测区内，每一测区布置 3 个测点。超声测试宜优先采用对测或角测，当被测构件不具备对测或角测条件时，可采用单面平测

左侧栏标题：测区布置与测点选择

（续）

检测流程	回弹值测定 ▷ 声速值测定 ▷ 强度推定
注意事项	（1）不需要碳化深度值换算 （2）回弹值的测区选择、数据处理基本与回弹法一致（测区测点改为 10 个），也需要进行先角度修正，后浇筑面修正 （3）先回弹后超声

| 超声回弹仪连接注意事项是什么，请根据右图流程和教师强调在下方描述 | |

重点记录

笔记：主要记录检测步骤要点及注意事项

回弹仪率定的意义是什么

任务实施

1. 回弹仪率定或超声波仪器零声时标定

（1）检测之前，应按照规范对回弹仪进行率定，在洛氏硬度 HRC 为 60±2 的钢砧上，回弹仪的率定值应为 80±2，否则应按规范保养并重新率定

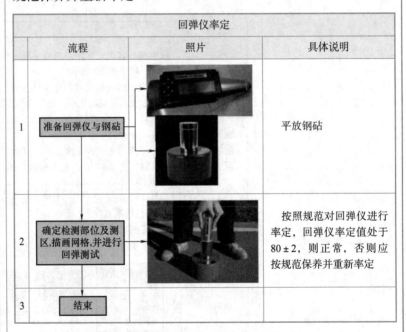

回弹仪率定			
	流程	照片	具体说明
1	准备回弹仪与钢砧		平放钢砧
2	确定检测部位及测区,描画网格,并进行回弹测试		按照规范对回弹仪进行率定，回弹仪率定值处于 80±2，则正常，否则应按规范保养并重新率定
3	结束		

（2）对非金属超声波检测仪零声时进行标定

根据以往的测试，该设备的零声时一般为 2.8μs 或 3.2μs，以最后的标定为准

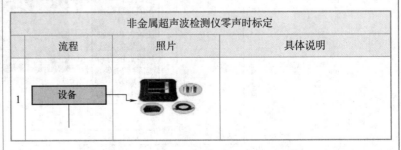

非金属超声波检测仪零声时标定			
	流程	照片	具体说明
1	设备		

（续）

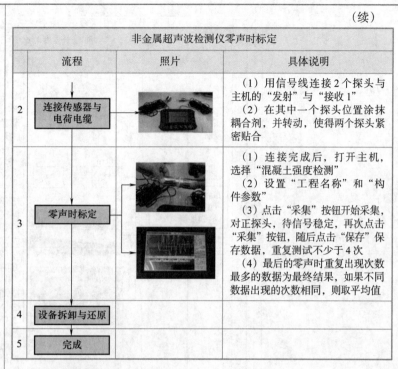

非金属超声波检测仪零声时标定		
流程	照片	具体说明
2　连接传感器与电荷电缆		（1）用信号线连接2个探头与主机的"发射"与"接收1" （2）在其中一个探头位置涂抹耦合剂，并转动，使得两个探头紧密贴合
3　零声时标定		（1）连接完成后，打开主机，选择"混凝土强度检测" （2）设置"工程名称"和"构件参数" （3）点击"采集"按钮开始采集，对正探头，待信号稳定，再次点击"采集"按钮，随后点击"保存"保存数据，重复测试不少于4次 （4）最后的零声时重复出现次数最多的数据为最终结果，如果不同数据出现的次数相同，则取平均值
4　设备拆卸与还原		
5　完成		

2. 混凝土强度测试

超声回弹法测试混凝土强度，主要分为三步，一是结构测区描画，二是回弹值测试，三是超声声速测试

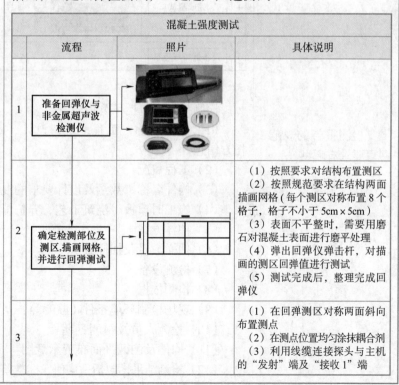

混凝土强度测试		
流程	照片	具体说明
1　准备回弹仪与非金属超声波检测仪		
2　确定检测部位及测区，描画网格，并进行回弹测试		（1）按照要求对结构布置测区 （2）按照规范要求在结构两面描画网格（每个测区对称布置8个格子，格子不小于5cm×5cm） （3）表面不平整时，需要用磨石对混凝土表面进行磨平处理 （4）弹出回弹仪弹击杆，对描画的测区回弹值进行测试 （5）测试完成后，整理完成回弹仪
3		（1）在回弹测区对称两面斜向布置测点 （2）在测点位置均匀涂抹耦合剂 （3）利用线缆连接探头与主机的"发射"端及"接收1"端

（续）

	混凝土强度测试		
	流程	照片	具体说明
3	布置测点，超声声速测试，混凝土强度测试	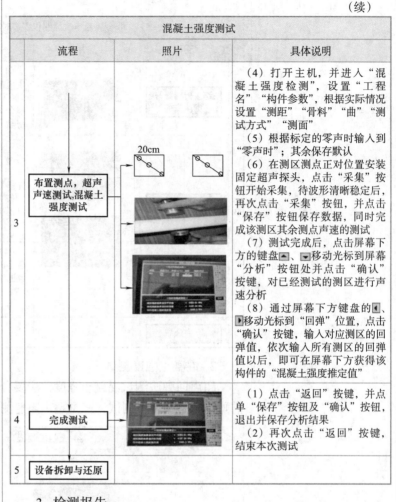	（4）打开主机，并进入"混凝土强度检测"，设置"工程名""构件参数"，根据实际情况设置"测距""骨料""曲""测试方式""测面" （5）根据标定的零声时输入到"零声时"；其余保存默认 （6）在测区测点正对位置安装固定超声探头，点击"采集"按钮开始采集，待波形清晰稳定后，再次点击"采集"按钮，并点击"保存"按钮保存数据，同时完成该测区其余测点声速的测试 （7）测试完成后，点击屏幕下方的键盘▲、▼移动光标到屏幕"分析"按钮处并点击"确认"按键，对已经测试的测区进行声速分析 （8）通过屏幕下方键盘的◄、►移动光标到"回弹"位置，点击"确认"按键，输入对应测区的回弹值，依次输入所有测区的回弹值以后，即可在屏幕下方获得该构件的"混凝土强度推定值"
4	完成测试		（1）点击"返回"按键，并点单"保存"按钮及"确认"按钮，退出并保存分析结果 （2）再次点击"返回"按键，结束本次测试
5	设备拆卸与还原		

3. 检测报告

检测报告应包括下列内容：

（1）工程名称，工程地址，设计、施工、监理、建设和委托方信息

（2）工程概况

（3）构件名称、数量及设计要求的混凝土强度等级

（4）施工时模板、浇筑工艺、养护情况及成型日期等

（5）抽样方案

（6）抽样数量及抽样方法

（7）检测设备

（8）检测依据

（9）现场检测环境条件（温度等）

（10）检测人员及检测日期

（11）构件及测区平面布置示意图

（12）检测结果，包括平均值、标准差混凝土抗压强度推定值

检测报告的规范书写要求有哪些

请完成混凝土强度试验检测报告（超声回弹法）并提交

混凝土强度试验检测报告（超声回弹综合法）

施工 / 委托单位			
工程名称		委托 / 任务编号	
工程地点		检测编号	
工程部位 / 用途		测试角度	
样品描述		回弹测试面	
测面情况		龄期	
泵送混凝土	□是　□否	设计强度	
检测依据		委托日期	
判定依据		试验检测日期	
主要仪器设备名称及编号			

检 测 结 果

测区	测区平均回弹值 / MPa	角度及浇筑面修正后 /MPa	声速平均值 /（km/s）	混凝土强度换算值 / MPa	标准差 / MPa	混凝土强度推定值 / MPa
1						
2						
3						
4						
5						
6						
7						
8						
9						
10						
检测结论						
附加声明	报告无本单位"专用章"无效；报告无三级审核无效；报告改动、换页无效；委托试验检测报告仅对来样负责；未经本单位书面授权，不得部分复制本报告或用于其他用途；若对本报告有异议，应于收到报告15个工作日内向本单位提出书面复议申请，逾期不予受理					

检测：　　　　　审核：　　　　　批准：　　　　　日期：

综合提升	自我测验
请你在课后完成自我测验试题，以自我评定知识、技能、素养获得情况	【单选】1. 国务院和（　　　　）地方市场监督管理部门组织产品质量的监督抽查工作 　　A. 省级以上　　　　　　　B. 市级以上 　　C. 县级以上　　　　　　　D. 乡级以上 【单选】2.（☆☆☆）道德可以依靠内心信念的力量来维持对人们行为的调整。内心信念是指（　　　） 　　A. 调整人们之间以及个人与社会之间关系的行为规范 　　B. 用善恶观念为标准来评价人们在社会生活中的各种行为 　　C. 依靠信念、习俗和社会舆论的力量来调整人们在社会关系中的各种行为 　　D. 一个人发自内心的对某种道德义务的强烈责任感 【单选】3.《回弹法检测混凝土抗压强度技术规程》JGJ/T 23—2011 规定相邻两测点间距不小于（　　　）cm 　　A. 1　　　　　　　　　　　B. 2 　　C. 3　　　　　　　　　　　D. 5 【单选】4. 某混凝土结构划分的测区总数为 20 个，下列符合该结构碳化深度测区数的布置要求的是（　　　） 　　A. 3 个测区　　　　　　　B. 4 个测区 　　C. 5 个测区　　　　　　　D. 6 个测区 【单选】5. 下列关于超声回弹综合法测试混凝土强度的描述，正确的是（　　　） 　　A. 对于试件测强曲线的标定，超声回弹综合法的回归误差一般低于仅用超声波回归 　　B. 一般而言，当地的地区测强曲线的回归误差低于统一测强曲线 　　C. 标定好的测强曲线，可用于隧道衬砌混凝土的强度检测 　　D. 对于很多混凝土结构，超声回弹综合法的测试精度不一定比回弹法有明显提高 【单选】6. 下列关于超声回弹法测试混凝土强度的描述，正确的是（　　　） 　　A. 对于试件测强曲线的标定，超声回弹综合法的回归误差一般低于仅用超声波回归 　　B. 一般而言，当地的地区测强曲线的回归误差低于统一测强曲线 　　C. 标定好的测强曲线，可用于隧道衬砌混凝土的强度检测 　　D. 对于绝大多数混凝土结构，超声回弹法的测试精度都比超声法有明显提高 【单选】7. 混凝土碳化后，采用回弹仪进行强度检测时，检测结果的变化是（　　　） 　　A. 升高　　　　　　　　　　B. 降低 　　C. 先升高后降低　　　　　　D. 先降低后升高

【单选】8.（☆☆）回弹修正时将非水平方向测试混凝土浇筑侧面的数据计算出测区平均回弹值 $m_{R\alpha}$，再根据回弹仪轴线与水平方向的角度进行相应的修正。$R_m = R_{m\alpha} + \Delta R_\alpha$，式中，$R_{m\alpha}$ 为回弹仪与水平方向呈 α 角测试时测区的平均回弹值，该值精确值为（　　）

A. 0.01　　　　　　　　　B. 0.1

C. 0.5　　　　　　　　　D. 1

【单选】9.下列关于回弹仪测试混凝土强度的描述，正确的是（　　）

A. 使用方便，但精度较差

B. 一般可以测试混凝土内部强度

C. 向下击打的回弹值要大于水平击打

D. 由于混凝土碳化使得表面混凝土硬度增加，因此回弹值测出来的值偏高

【多选】10.（☆☆）某混凝土强度检测项目，只具有一个测试面，以下强度测试方法可以采用的有（　　）

A. 单面传播法

B. 面波法

C. 透过法

D. 回弹法

【多选】11.（☆☆）下列影响回弹法检测混凝土强度的测强曲线的因素有（　　）

A. 原材料

B. 混凝土的成型方法

C. 碳化及龄期

D. 外加剂

【多选】12.（☆☆）下列关于超声波法测试混凝土强度的描述，正确的有（　　）

A. 超声波法利用的超声波成分为 P 波

B. 混凝土的骨料构成对测强曲线的影响不大

C. 标定测强曲线时，采用对测法

D. 利用试块标定后的测强曲线，可直接用于隧道衬砌混凝土的强度检测

【判断】13.超声回弹法在测试混凝土强度时，在大多数情况下，所使用的换能器频率越高，测得的超声波声速越快（　　）

【判断】14.超声波法测强度的精度只受到原材料品种规格的影响（　　）

【判断】15.对于圆柱形的电线杆，其强度不可直接采用回弹法进行检测（　　）

【判断】16.超声回弹法由于采用了双参数的拟合，其结果一定比回弹法准确（　　）

【判断】17.某 C80 混凝土，其强度检测可以采用回弹法直接进行检测（　　）

任务评价	考核评价

考核评价

考核阶段		考核项目	占比（%）	方式	得分
过程评价（60%）	课前探究学习（20%）	课前学习态度（线上）	5	理论（师评）	
		课前任务完成情况（线上）	10	理论（师评）	
		课前任务成果提交（线上）	5	理论（师评）	
	课中内化（30%）	懂检测原理（线上＋线下）	5	理论＋技能（自评）	
		能运用规范编制检测计划	5	理论＋技能（自评）	
		能完成检测步骤	10	技能＋素质（师评＋自评）	
		会分析检测数据	5	技能＋素质（师评＋小组互评）	
		能提交质量报告	5	理论＋技能＋素质（师评＋小组互评）	
	课后提升（10%）	第二课堂	10	技能＋素质（自评＋小组互评）	
结果评价（40%）	综合能力评价（40%）	理论综合测试（参照1+X 路桥 无损检测技能等级证书理论 考试形式展开）	20	理论 获取证书结果	
		技能综合测试（参照1+X 路桥 无损检测技能等级证书实操 考试形式展开）	20	技能＋素质 获取证书结果	
教师根据学生的学习成果，在能力发展、质量意识、职业发展三个方面探索增值评价，对完成整个项目的学习情况进行动态综合评价					
增值评价	能力发展（学习、合作能力）	平台课前自主学习动态轨迹（师评）			
		提升自我的持续学习能力（师评＋小组互评）			
		融入小组团队合作的能力（小组互评）			
	质量意识	规范操作意识（自评＋小组互评）			
		实训室 6S 管理意识（师评＋小组互评）			

模块一　混凝土材料及结构检测

任务二　检测混凝土结构厚度

🏠	工作任务一	冲击弹性波法检测混凝土厚度
▦	学时	2
✉	团队名称	

课前探究	任务引入

课前探究

　　控制混凝土结构厚度的意义

任务引入

　　受某单位委托，需要对某预制小箱梁腹板厚度进行检测。检测前，通过在梁的腹板上钻孔，确定该位置腹板厚度为 17.0cm，以此厚度进行波速标定，确定弹性波波速为 3.738km/s

兴趣激发

　　进行检测任务前，作为检测人员，你应该做好哪些准备工作呢

任务情景

　　作为某试验检测机构技术人员，你被安排去对该预制小箱梁腹板进行厚度检测，通过检测前资料整理及收集，已清楚工程概况及现场结构物技术资料，要求根据已知的弹性波波速利用冲击弹性波法验证该箱梁腹板厚度并出具检测报告

学习目标

　　请在本次工作任务结束之后在下面记录你的学习目标达成情况

教学目标

思政目标	培养学生敬畏生命的观念，培育科学严谨、精益求精的"工匠精神"
知识目标	1. 熟悉混凝土厚度检测的目的、意义及适用范围 2. 掌握冲击弹性波法检测混凝土结构厚度的流程和检测方法 3. 掌握参数设置注意事项 4. 掌握冲击弹性波厚度检测仪器连接注意事项
技能目标	1. 会查阅检测规程学习混凝土厚度检测、运用公路工程质量检验评定标准 2. 能按照冲击弹性波法仪器操作规程在安全环境下正确连接检测设备，会检查仪器 3. 会用冲击弹性波无损检测仪进行参数设置、布点、数据采集 4. 会导出检测数据并对数据进行分析

技能 目标	5. 会根据检测报告填写要求填写混凝土厚度检测评定记录表 6. 能根据公路工程质量检验评定标准出具厚度检测报告
素质 目标	1. 具有严格遵守安全操作规程的态度 2. 具备认真的学习态度及解决实际问题的能力 3. 能够以严谨、认真负责的工作态度完成混凝土厚度检测任务

知识点提炼	知识基础
笔记	**1. 混凝土厚度的概念** 混凝土结构在社会基础设施建设中占有举足轻重的地位，但是在工程建设使用过程中会不可避免地出现结构尺寸不符合设计的要求而出现质量缺陷、劣化等问题，使施工质量得不到保证，进而引起巨大的财产安全损失。现浇混凝土结构及预制构件的尺寸，应以设计图规定的尺寸为基准确定尺寸的偏差并符合规范要求 **2. 混凝土厚度检测的意义** 对于混凝土结构而言，保证其结构尺寸与设计一致也是非常重要的，而尺寸中的厚度指标在结构中是最不易进行测定的，例如在桥梁的顶、底、腹板、隧道衬砌、挡墙等结构部位，经常会出现因厚度不符合设计要求而产生质量问题，但通过常规的尺量手段又无法达到测量目标，会对混凝土质量产生极大的影响。随着混凝土材料应用的发展和工程施工的现实需求，工程中对混凝土结构厚度控制的要求越来越高。混凝土结构厚度是否满足设计要求直接影响结构的使用安全和外部感官，所以需要通过对应的检测来评判混凝土结构厚度是否符合设计标准要求 **3. 冲击弹性波法** （1）检测原理　对于结构基础、桥梁小箱梁的顶、底、腹板以及隧道和地下结构的衬砌等，仅有一个测试作业面。此时，采用冲击弹性波利用反射的原理进行检测。冲击弹性波是指通过人工锤击、电磁击振等物理方式，诱发弹性结构表面产生弹性变形所产生的弹性波。测试的基本理论即在结构表面激发冲击弹性波，通过测试其在结构底部反射的时间 T 和材料的冲击弹性波波速 V_c，即可测试结构的厚度 H $$H = V_c T/2 \qquad (1\text{-}6)$$ 根据测试厚度大小、激振波长和能量强弱，可采用单一反射法（适合于厚度大于 1m 的结构）和重复反射法（也称冲击弹性波法、IE 法，适合于厚度小于 1m 的结构）

（2）检测特点　相对于超声波、楼板测试仪、雷达等混凝土厚度测试技术，基于冲击弹性波（冲击弹性波）的测试技术具有如下特点：

1）可单面测试。与楼板厚度测试仪需要在楼板的上下两面对测相比，冲击弹性波法可在一个作业面上进行测试。不仅提高了测试效率，而且可适用于隧道、基础、底板等各类结构

2）测试范围广。采用不同的激振波长和方法（单一反射法或 IE 法），可测试从数厘米到数米的厚度

3）测试稳定性较好。影响测试稳定性和精度的重要因素之一为波速。相比电磁波在混凝土中的波速，冲击弹性波的波速变化要小得多，从而有利于提高测试的精度和稳定性

4）易于获取波速参数。既可以利用已知厚度的地点对波速标定，也可以结合设备中对波速的测试方法现场测试波速，而无须钻孔取芯。根据有关公司积累的数据库资料和相应的规范，考虑结构中钢筋以及尺寸效应的影响，按混凝土强度等级给出波速参考值

（3）检测方法

1）单一反射法。当测试对象较厚，激振信号与反射信号能够分离时，可以直接得到反射时间 T，如图 1-4 所示

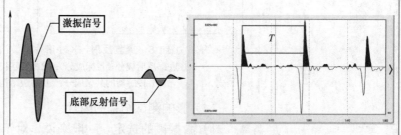

图 1-4　单一反射法的测试概念

单一反射法的关键在于从测试信号中识别并抽出反射信号。其中，基于信号匹配（Signal Matching）以及借助于可视化技术是有效的。此外，为了进一步提高对反射时间 T 的提取精度，以及标定波速 V_c，还可以采用 CDP 重合法、TAR（真振幅回归）等方法。有兴趣的同学可参考相关书籍

2）重复反射法（冲击弹性波法）。当测试对象较薄，激振信号与反射信号不能很好分离时，通过频谱分析的方法可以算出一次反射的时间（即周期），据此即可测出对象的厚度，如图 1-5 所示。该方法也称 IE 法（冲击弹性波法），其关键在于：

① 频谱分析，求取反射信号的周期

② 从周围噪声、激振的残留信号中对有效信号的分离

③ 激振方式、传感器及固定方式的合理选择

需要注意的是，在采用 IE 法测试得到的频谱中，可能包含多个频谱成分：

① 底部反射成分（目标成分）

② 激振引起的自由振动成分

③ 传感器的共振成分

④ 薄板结构的振动成分

其中，薄板结构的振动成分是需要尽力避免的。底部反射成分、激振引起的自由振动成分和传感器的共振成分的频率相近时，会合成一个频谱，此时最为理想。而激振引起的自由振动成分和传感器的共振成分相近时，会引起明显的伪峰。因此，选用合适的激振方式、传感器及固定方式都是非常重要的

对于混凝土板等厚度较薄的结构，其激发信号与反射信号往往交织在一起，无法在时域上进行分离

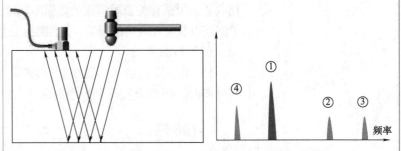

图 1-5　重复反射法（冲击弹性波法）的测试概念
① 底部反射成分（目标成分）；② 激振引起的自由振动成分；
③ 传感器的共振成分；④ 薄板结构的振动成分

（4）影响测试结果的因素

1）激振锤的选定。一般来说，对于厚板，需要选用较大的激振锤以提高激发能量，对于薄板则相反

2）传播波速的确定

3）传感器及固定方式的选用。采用 IE 法（重复反射法），当所选的激振锤诱发的自由振动频率与传感器的自振频率相近时，容易引起共振，并形成伪峰

4）周围边界的影响。当墙面积不大，或测试位置与边界较近时，激振产生的弹性波在周围边界也会反射。该反射波通常以表面波为主，对壁厚的测试有不可忽略的影响

（5）提高测试精度的方法　为了提高壁厚测试精度，除了保证波速的精度以外，提高 IE 反射信号的分辨力是非常重要的

1）反射时间的提取：对于激振信号与反射信号开始分离（通常出现在壁厚超过 P 波波长）的情形，FFT 频谱呈等差分布，即具有倍频关系，其相邻峰值间隔 Δf 即为反射信号的频谱

	2）变频激振：由于激振产生的自振频率与激振锤的大小等有关，因此，改变激振锤可以改变激振信号的自振频率从而有助于将其分离 3）板振动的抑制：如前所述，板振动也是非常重要的干扰因素。因此，对对象结构适当增加约束、改变激振方式是有效的方法

重难点初探	任务分析
1+X 证书知识点 1. 测点布置要求	请参考《冲击回波法检测混凝土缺陷技术规程》JGJ/T 411—2017 及《混凝土厚度现场检测指南 V1.01》SCIT-1-ZN-08-2019-C 完成任务分析单

检测目的	测定混凝土结构厚度
适用范围	适用于路面、隧道衬砌、挡墙、楼板等结构的厚度检测
仪器设备 及要求	 名称：＿＿＿＿＿＿＿＿ 作用：＿＿＿＿＿＿＿＿  名称：＿＿＿＿＿＿＿＿ 作用：＿＿＿＿＿＿＿＿  名称：＿＿＿＿＿＿＿＿ 作用：＿＿＿＿＿＿＿＿  名称：＿＿＿＿＿＿＿＿ 作用：＿＿＿＿＿＿＿＿
测线布置 与布点	检测时，敲击位置应分布于传感器四周或定点测试，激振示意图请参考下图  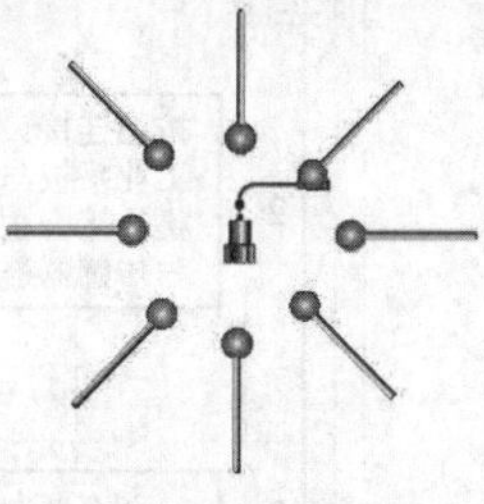 梅花点激振

2. 请根据检测规程完善仪器设备及要求，会检查仪器

熟记测区布置与测点选择要求

（续）

<table>
<tr><td rowspan="6">激振锤激振方式及传感器确定</td><td colspan="4" align="center">激振锤及传感器组合一览表</td></tr>
<tr><td>壁厚范围 /m</td><td>传感器</td><td>传感器固定</td><td>激振方式</td></tr>
<tr><td>0.05~0.10</td><td>S21SC</td><td>耦合、专用支座</td><td>D6、D10</td></tr>
<tr><td>0.10~0.25</td><td>S21SC</td><td>专用支座、耦合</td><td>D10、D6、D17</td></tr>
<tr><td>0.25~0.50</td><td>S21SC/S31SC</td><td>专用支座、耦合</td><td>D17、D10、D30</td></tr>
<tr><td>0.50~1.00</td><td>S21SC/S31SC</td><td>专用支座、耦合</td><td>D30、D17、D50</td></tr>
<tr><td>1.00~1.50</td><td>S21SC/S31SC</td><td>专用支座、耦合</td><td>D50、D30</td></tr>
</table>

检测工作要求	（1）防振：仪器在搬运过程中应防止剧烈振动 （2）防磁：使用时尽量避开电焊机、电锯等强电磁场干扰源 （3）防腐蚀：在潮湿、灰尘、腐蚀性气体环境中使用时应加必要的防护措施
试验流程	波速标定 → 厚度测试 → 出具报告
注意事项	（1）测点部位表面应平整、洁净，表面如有饰面层，应铲除 （2）敲击点到传感器距离约为被测结构预估厚度的 1/4 （3）检测时，应敲击结构表面，判断测点位置是否有脱空，否则应避开 （4）当检测对象预估厚度大于 1m 时，应将采样点数设置为 8192 （5）现场检测时，宜采用不同激振锤进行变频激振，且每种锤测试的有效信号不少于 3 次 （6）测试的波形，首波前预留段无强的干扰信号 （7）接收到的输入电压一般不小于 0.5V，且不超过 4V

重点记录	任务实施

笔记：主要记录检测步骤要点及注意事项

1. 冲击弹性波检测仪连接
检测之前，应按要求连接冲击弹性波检测仪设备

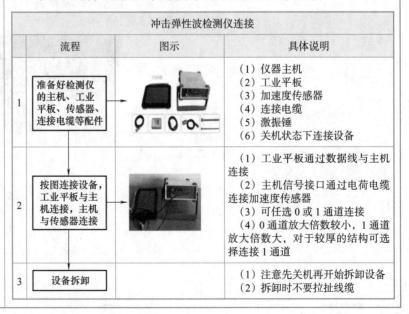

<table>
<tr><td colspan="4" align="center">冲击弹性波检测仪连接</td></tr>
<tr><td></td><td>流程</td><td>图示</td><td>具体说明</td></tr>
<tr><td>1</td><td>准备好检测仪的主机、工业平板、传感器、连接电缆等配件</td><td></td><td>（1）仪器主机
（2）工业平板
（3）加速度传感器
（4）连接电缆
（5）激振锤
（6）关机状态下连接设备</td></tr>
<tr><td>2</td><td>按图连接设备，工业平板与主机连接，主机与传感器连接</td><td></td><td>（1）工业平板通过数据线与主机连接
（2）主机信号接口通过电荷电缆连接加速度传感器
（3）可任选 0 或 1 通道连接
（4）0 通道放大倍数较小，1 通道放大倍数大，对于较厚的结构可选择连接 1 通道</td></tr>
<tr><td>3</td><td>设备拆卸</td><td></td><td>（1）注意先关机再开始拆卸设备
（2）拆卸时不要拉扯线缆</td></tr>
</table>

混凝土结构厚度检测 -
冲击弹性波法

2. 混凝土波速标定

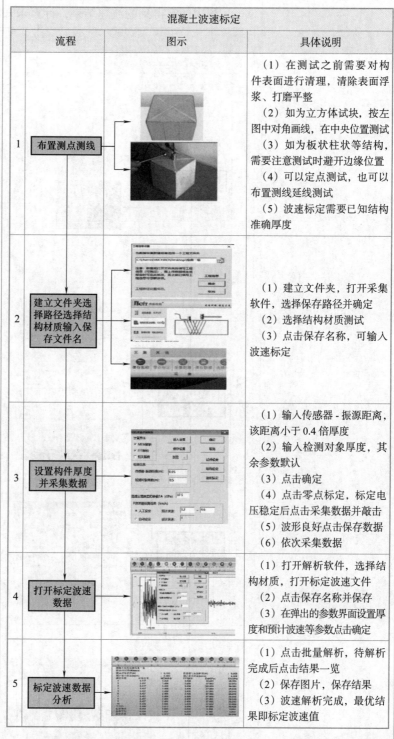

混凝土波速标定		
流程	图示	具体说明
1　布置测点测线		（1）在测试之前需要对构件表面进行清理，清除表面浮浆、打磨平整 （2）如为立方体试块，按左图中对角画线，在中央位置测试 （3）如为板状柱状等结构，需要注意测试时避开边缘位置 （4）可以定点测试，也可以布置测线延线测试 （5）波速标定需要已知结构准确厚度
2　建立文件夹选择路径选择结构材质输入保存文件名		（1）建立文件夹，打开采集软件，选择保存路径并确定 （2）选择结构材质测试 （3）点击保存名称，可输入波速标定
3　设置构件厚度并采集数据		（1）输入传感器 - 振源距离，该距离小于 0.4 倍厚度 （2）输入检测对象厚度，其余参数默认 （3）点击确定 （4）点击零点标定，标定电压稳定后点击采集数据并敲击 （5）波形良好点击保存数据 （6）依次采集数据
4　打开标定波速数据		（1）打开解析软件，选择结构材质，打开标定波速文件 （2）点击保存名称并保存 （3）在弹出的参数界面设置厚度和预计波速等参数点击确定
5　标定波速数据分析		（1）点击批量解析，待解析完成后点击结果一览 （2）保存图片，保存结果 （3）波速解析完成，最优结果即标定波速值

　　混凝土厚度检测需要先标定混凝土的波速，即先在已知厚度混凝土上测试，分析波速值

3. 混凝土厚度测试
利用标定得到的波速结果，计算未知混凝土的厚度

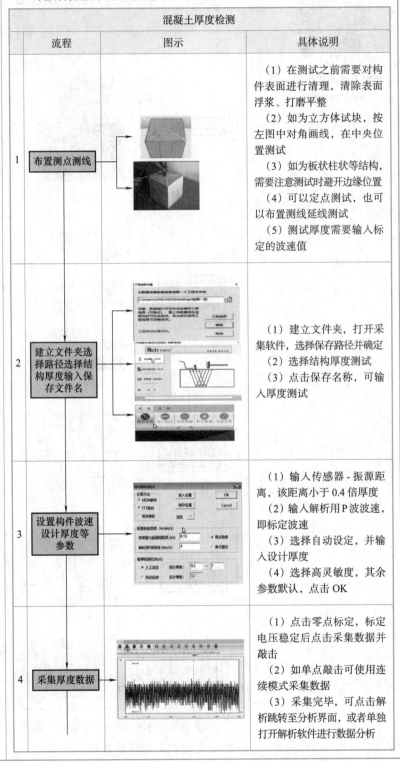

混凝土厚度检测		
流程	图示	具体说明
1 布置测点测线		（1）在测试之前需要对构件表面进行清理，清除表面浮浆、打磨平整 （2）如为立方体试块，按左图中对角画线，在中央位置测试 （3）如为板状柱状等结构，需要注意测试时避开边缘位置 （4）可以定点测试，也可以布置测线延线测试 （5）测试厚度需要输入标定的波速值
2 建立文件夹选择路径选择结构厚度输入保存文件名		（1）建立文件夹，打开采集软件，选择保存路径并确定 （2）选择结构厚度测试 （3）点击保存名称，可输入厚度测试
3 设置构件波速设计厚度等参数		（1）输入传感器 - 振源距离，该距离小于 0.4 倍厚度 （2）输入解析用P波波速，即标定波速 （3）选择自动设定，并输入设计厚度 （4）选择高灵敏度，其余参数默认，点击 OK
4 采集厚度数据		（1）点击零点标定，标定电压稳定后点击采集数据并敲击 （2）如单点敲击可使用连续模式采集数据 （3）采集完毕，可点击解析跳转至分析界面，或者单独打开解析软件进行数据分析

（续）

混凝土厚度检测		
流程	图示	具体说明
5 打开厚度测试数据	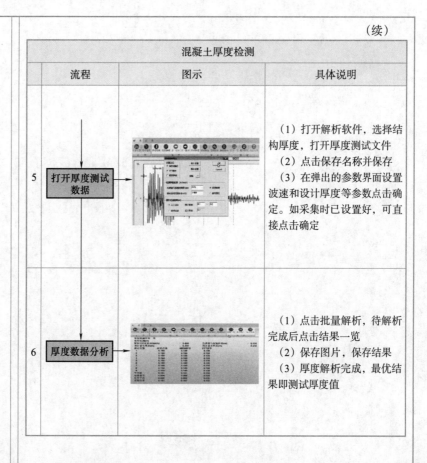	（1）打开解析软件，选择结构厚度，打开厚度测试文件 （2）点击保存名称并保存 （3）在弹出的参数界面设置波速和设计厚度等参数点击确定。如采集时已设置好，可直接点击确定
6 厚度数据分析		（1）点击批量解析，待解析完成后点击结果一览 （2）保存图片，保存结果 （3）厚度解析完成，最优结果即测试厚度值

4. 检测报告

检测报告应包括下列内容：

（1）工程名称、概况，结构类型及外面描述

（2）委托单位名称，任务来源和检测目的

（3）检测依据，检测项目和数量，检测方法

（4）检验仪器设备型号、特性参数、检定情况

（5）检测布置图，必要的工程照片

（6）检测结果，包括整理后的数据和图表及需要说明的事项

（7）检测结论

请完成混凝土结构厚度检测报告（冲击弹性波法）并提交

混凝土结构厚度检测记录表

记录：　　　　　复核：　　　　　日期：　　年　月　日

工程名称	
工程部位/部位	
样品信息	

检测日期		检测条件	
检测依据		判定依据	

仪器设备名称及编号	

混凝土结构（厚度）检测

序号	构件编号	结构尺寸	浇筑日期	设计强度	测点编号	测试位置	设计厚度/m	标定波速/（km/s）
1								
2								
3								
4								
5								
6								
7								
8								
9								

附加声明：

综合提升	自我测验
请你在课后完成自我测验试题，以自我评定知识、技能、素养获得情况	【单选】1.（☆☆）下列关于冲击弹性波检测混凝土厚度的说法，不正确的是（　　） A. 通过测试弹性波在结构底部反射的时间和其在混凝土中的波速可得测试结构的厚度 B. 对于厚度大于1m的混凝土结构可采用单一反射法进行测试 C. 对于厚度小于1m的混凝土结构可采用重复反射法进行测试 D. 测试对象越薄，激振和反射信号越易分离 【单选】2.（☆☆）结构厚度较厚且厚度未知的场合，可采用（　　）对结构进行检测 A. 重复反射法　　　　　B. 双面透过法 C. 表面波法　　　　　　D. 单面传播法 【单选】3.（☆☆）当测试对象很薄，激振信号和反射信号不好分离时，采用下列（　　）的方式有利于测出对象的厚度 A. 可通过频谱分析的方法算出一次反射时间，进而求得厚度 B. 加大敲击的力度 C. 滤波处理 D. 延长激振时间间隔 【单选】4.（☆☆）下列关于冲击弹性波的说法，错误的是（　　） A. 机械敲击产生的弹性波主要包括压缩波、剪切波和瑞利波 B. P波和S波能直接传到混凝土内部，R波主要在混凝土表面传播 C. 弹性波在经过不同材质的介质时，容易发生反射 D. 越薄的混凝土结构，反射信号和激发信号容易混合在一起无法分辨 【单选】5.（☆☆）下列波在混凝土中的传播速度最快的是（　　） A. P波　　　　B. S波　　　　C. R波　　　　D. 板波 【单选】6.（☆☆）在测试混凝土厚度时，以下不是冲击弹性波法的特点的是（　　） A. 可以检测只有一个测试作业面的混凝土结构 B. 测试结果不受混凝土内部钢筋分布位置的影响 C. 采集信号质量不受测试面表面粗糙度的影响 D. 冲击弹性波法也称重复反射法 【单选】7.（☆☆）混凝土厚度测试时，影响几何修正形状系数的因素不包括（　　） A. 测试位置　　　　　　B. 激振波长 C. 结构横截面厚宽比　　D. 激振力度 【单选】8.（☆☆）测试混凝土厚度时，弹性波的波速标定方法不包括（　　） A. 对测试部位芯样进行检测 B. 单面传播法 C. 相位反转法 D. 双面透过法 【单选】9.（☆☆）对于厚度在8cm的混凝土，测试时宜选用的激振锤大小为（　　）

A. D6 　　　 B. D17 　　　 C. D30 　　　 D. D50

【单选】10.（☆☆）下列关于用冲击弹性波法测试混凝土厚度的测试设备的说法，错误的是（　　）

A. 应有两个或两个以上的采集通道

B. 预触发点数不应少于 100 个

C. 统一激振锤直径，方便管理

D. 传感器宜采用加速度传感器

【多选】11.（☆☆）下列关于用冲击弹性波法测试混凝土厚度的测试设备的说法，正确的有（　　）

A. 应有两个或两个以上的采集通道

B. 预触发点数不应少于 100 个

C. 统一激振锤直径，方便管理

D. 传感器宜采用加速度传感器

【多选】12.（☆☆）下列对于混凝土结构厚度的检测说法中，错误的有（　　）

A. 检测面应平整干燥，测线宜与纵、横向钢筋成 45° 夹角

B. 冲击点距离传感器的距离不宜大于 0.4 倍结构厚度

C. 应优先选用大的激振锤激振，以保证传感器能接收到信号

D. 应重复测试验证波形的再现性

【多选】13.（☆☆☆）构建社会主义和谐社会，需要（　　）

A. 健全民主法制

B. 营造良好的社会舆论氛围

C. 营造和谐的利益格局

D. 妥善处理好各种矛盾

【多选】14.（☆☆）下列关于冲击弹性波检测混凝土厚度的说法，正确的有（　　）

A. 测试对象越薄，激振和反射信号越易分离

B. 仅通过测试弹性波在结构底部反射的时间和其在混凝土中的波速不能得到结构的厚度

C. 对于厚度大于 1m 的混凝土结构可采用单一反射法进行测试

D. 对于厚度小于 1m 的混凝土结构可采用重复反射法进行测试

【多选】15.（☆☆）对于 50cm 厚的钢筋混凝土梁的裂缝深度检测，结果容易偏浅的方法有（　　）

A. 超声波平测法 　　　　　 B. 相位反转法

C. 表面波法 　　　　　　　 D. 超声波斜测法

【判断】16.（☆☆）测试混凝土结构厚度的方法主要包括电磁衰减法、冲击弹性波法和雷达法（　　）

【判断】17.（☆☆）对于厚度小于 1m 的混凝土结构可采用重复反射法进行测试（　　）

【判断】18.（☆☆）混凝土厚度测试时，表面的测点和激振位置应避开不平整位置（　　）

【判断】19.（☆☆）冲击弹性波法对混凝土厚度的测试结果能够反映混凝土的大体结构形状（　　）

【判断】20.（☆☆）冲击弹性波法检测混凝土厚度标定时应选择与测试对象同时期同条件的试块进行标定（　　）

任务评价	考核评价

考核阶段	考核项目		占比（%）	方式	得分
过程评价（60%）	课前探究学习（20%）	课前学习态度（线上）	5	理论（师评）	
		课前任务完成情况（线上）	10	理论（师评）	
		课前任务成果提交（线上）	5	理论（师评）	
	课中内化（30%）	懂检测原理（线上＋线下）	5	理论＋技能（自评）	
		能运用规范编制检测计划	5	理论＋技能（自评）	
		能完成检测步骤	10	技能＋素质（师评＋自评）	
		会分析检测数据	5	技能＋素质（师评＋小组互评）	
		能提交质量报告	5	理论＋技能＋素质（师评＋小组互评）	
	课后提升（10%）	第二课堂	10	技能＋素质（自评＋小组互评）	
结果评价（40%）	综合能力评价（40%）	理论综合测试（参照1+X 路桥 无损检测技能等级证书理论 考试形式展开）	20	理论获取证书结果	
		技能综合测试（参照1+X 路桥 无损检测技能等级证书实操 考试形式展开）	20	技能＋素质获取证书结果	

教师根据学生的学习成果，在能力发展、质量意识、职业发展三个方面探索增值评价，对完成整个项目的学习情况进行动态综合评价		
增值评价	能力发展（学习、合作能力）	平台课前自主学习动态轨迹（师评）
		提升自我的持续学习能力（师评＋小组互评）
		融入小组团队合作的能力（小组互评）
	质量意识	规范操作意识（自评＋小组互评）
		实训室 6S 管理意识（师评＋小组互评）

模块一　混凝土材料及结构检测

任务二　检测混凝土结构厚度

	工作任务二	雷达法检测混凝土厚度
	学时	2
	团队名称	

课前探究	任务引入

课前探究

　　雷达波是一种什么波，雷达的应用领域有哪些

任务引入

　　某隧道上行在二衬浇筑完成后，使用地质雷达对其二衬浇筑B剖面质量进行了检测，检测的主要内容是针对混凝土厚度是否满足设计要求及是否有较大脱空

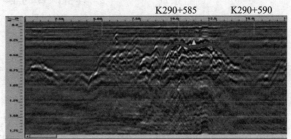

K290+585　　　K290+590

开孔里程	K229+526C测线
设计二次衬砌厚度	40cm
开孔二次衬砌厚度	18.5cm
脱空盘	45.5cm

△ 开孔位置

兴趣激发

　　隧道衬砌的作用是什么

任务情景

　　作为某试验检测机构技术人员，你被安排去对该隧道二衬浇筑B剖面进行厚度检测，通过检测前资料整理及收集，已清楚工程概况及现场结构物技术资料，要求运用探地雷达法依据检测规程对衬砌厚度进行检测并出具检测报告

学习目标

　　请在本次工作任务结束之后在下面记录你的学习目标达成情况

教学目标

思政目标	培养学生敬畏生命的观念，培育科学严谨、精益求精的"工匠精神"
知识目标	1. 熟悉混凝土厚度检测的目的、意义及适用范围 2. 熟悉雷达法检测混凝土结构厚度的流程和检测方法 3. 掌握参数设置注意事项 4. 掌握仪器连接注意事项

	技能目标	1. 会查阅检测规程学习混凝土厚度检测、运用公路工程质量检验评定标准 2. 能按照雷达法仪器操作规程在安全环境下正确连接检测设备，会检查仪器 3. 会用检测仪进行参数设置、布点、数据采集 4. 会导出检测数据并对数据进行分析 5. 会根据检测报告填写要求填写混凝土厚度检测评定记录表 6. 能根据公路工程质量检验评定标准出具厚度检测报告
	素质目标	1. 具有严格遵守安全操作规程的态度 2. 具备认真的学习态度及解决实际问题的能力 3. 能够以严谨、认真负责的工作态度完成混凝土厚度检测任务
知识点提炼	**知识基础**	
笔记		

1. 雷达的基本概念

雷达是英文 RADAR 的音译，源于 RAdio Detection And Ranging 的缩写，意为"无线电探测和测距"，使用无线电的方法发现目标并测定其空间位置。雷达发射电磁波对目标进行照射并接收反射回波，由此获得目标至电磁波发射点的距离、径向速度（距离变化率 - 多普勒效应）、方位、高度等信息。

常用的雷达按照用途分为测速雷达、探地雷达、气象雷达等，如图 1-6 所示

测速雷达　　　　　　　　探地雷达　　　　　　　气象雷达

图 1-6　雷达主要应用

2. 检测原理

探地雷达的技术原理是利用电磁波在同种介质中传播时方向不变，不同种物质往往电性参数存在差异，电磁波在传播介质电性参数发生改变时发生能量反射，如图 1-7 所示

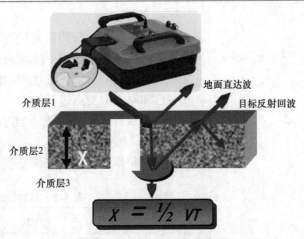

图 1-7 探地雷达原理示意图

雷达法测厚的基本原理与冲击弹性波测厚方法相同,如图 1-8 所示,利用雷达波速 V 与反射时间 T 的乘积推算结构的厚度 H。其中,检测前应对结构混凝土的电磁波速做现场标定。当发射天线与接收天线有一定的间距 D 时,有

$$H = \sqrt{\frac{VT}{2} - \frac{D^2}{4}} \tag{1-7}$$

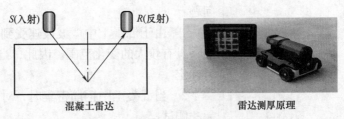

图 1-8 雷达测厚仪及测厚原理示意图

雷达是由主机、天线和数据采集系统等几部分组成。根据电磁波在有耗介质中的传播特性,发射天线向混凝土结构发射高磁脉冲电磁波(1MHz~2GHz)

3. 检测特点

对于雷达测厚,探测的最大深度应大于目标体埋深,垂直分辨率宜优于 2cm。根据检测的厚度和现场具体条件,选择相应频率天线。雷达法也是一种有效的测试结构厚度的方法,在隧道衬砌、道路铺装等大面积厚度测试中应用广泛

随着微电子技术的迅速发展,现在的探地/混凝土雷达设备早已由庞大、笨重的结构改进为现场适用的轻便工具,实际应用范围迅速扩大。探地雷达由于采用了宽频短脉冲和高采样率,使其探测的分辨率高于其他地球物理探测手段

4. 检测方法

现场检测时，应当首先进行电磁波速标定，然后宜采用一维或者二维网格连续检测。标定可采用在已知厚度且材料与被检测混凝土结构相同、工作环境相同的预制件，现场采集芯样上测量或对已知厚度的测点进行检测

标定目标体已知厚度不宜小于 15cm，且记录中界面反射信号应清楚、准确

不同频率天线参考测深见表 1-1

表 1-1　不同频率天线参考测深

天线中心频率 /MHz	500	1200	1600	2000
可达深度 /m	1~4.5	0.3~1	0.2~0.7	0.1~0.5
参考测深 /m	2	0.8	0.6	0.4

同时，记录时窗应保证能够完整地采集底部反射的信号

1）仪器的信号增益应保持信号幅值不超出信号监视窗口的 3/4，天线静止时信号应稳定

2）采样率宜为天线中心频率的 6~10 倍

注意事项：在使用雷达法测试混凝土厚度时，需要注意以下问题：

1）由于混凝土中微波波速受到其含水率、矿物质成分等影响，具有较大的变化范围。因此，当上述条件出现变化时，应及时标定

2）当混凝土中钢筋密集时，对微波的传播影响很大，甚至无法测试

5. 测试方法对比

以上介绍的混凝土结构厚度的测试方法，由于采用信号源及测试原理的不同，在现场应用时，各有利弊。具体说明请参考表 1-2

表 1-2　混凝土厚度测试方法对比

方法	优点	缺点
冲击弹性波法	测试范围宽，从数厘米到数米，并可单面测试。波速容易标定，受钢筋等影响小，测试精度较高	需要对传感器逐点耦合，激发信号一致性差，分析较为复杂
雷达法	测试效率和分辨率高，并可单面测试	波速标定较为困难，需钻芯取样。受钢筋、水分的影响大

重难点初探	任务分析		

<table>
<tr><td rowspan="30">　　熟悉雷达法检测混凝土厚度的适用范围，天线频率选择依据

　　请根据检测规程完善仪器设备及要求，会检查仪器

　　熟记测线布置与测点选择要求</td><td>检测目的</td><td></td></tr>
<tr><td>适用范围</td><td></td></tr>
<tr><td rowspan="28">仪器设备
及要求</td><td>1. 雷达探测仪

　　对于雷达测厚，探测的最大深度应大于目标体埋深，垂直分辨率宜优于 2cm。根据检测的厚度和现场具体条件，选择相应频率天线
2. 天线
深度和分辨的选择：

400MHz天线

900MHz天线
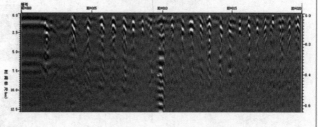</td></tr>
</table>

(续)

仪器设备及要求	工作时一般优先考虑探测深度，在满足探测深度的基础上选用高分辨率天线，从上图看出：400MHz天线、900MHz天线均可用来检测初支和二衬，鉴于900MHz天线的分辨率和探测深度（50~70cm），推荐二衬优先使用900MHz天线。对于衬砌厚度较大的情况，如三车道的衬砌厚度超过60cm，甚至达到1m多厚，建议使用400MHz天线
测线布置与测点选择	测线布置以纵向布置为主，横向布置为辅 隧道施工阶段检测测线布置： （1）一般单洞两车道隧道应分别在隧道的拱顶、左右拱腰、左右边墙布置共5条测线 （2）单洞三车道应在隧道的拱腰部位增加2条测线；遇到支护（衬砌）有缺陷的地方应加密测线 拱顶　测线3 拱腰　测线2　拱腰　测线4 隧道中心线 边墙　测线1　路面设计线　测线5　边墙
试验步骤	仪器连接 ▶ 软件设置 ▶ 数据采集 ▶ 数据分析 ▶ 出具报告

重点记录

笔记：主要记录检测步骤要点及注意事项

混凝土结构厚度检测 - 雷达法

任务实施

1. 混凝土介电常数标定（混凝土波速）

混凝土厚度检测需要先标定混凝土的介电常数，即在已知厚度混凝土位置测试，分析介电常数或电磁波速值

雷达介电常数标定			
	流程	照片	具体说明
1	准备雷达主机、天线、连接电缆、测距轮、拉杆等		（1）将雷达主机用电缆与天线连接 （2）将测距轮与天线连接 （3）如需要可将拉杆连接到天线上

（续）

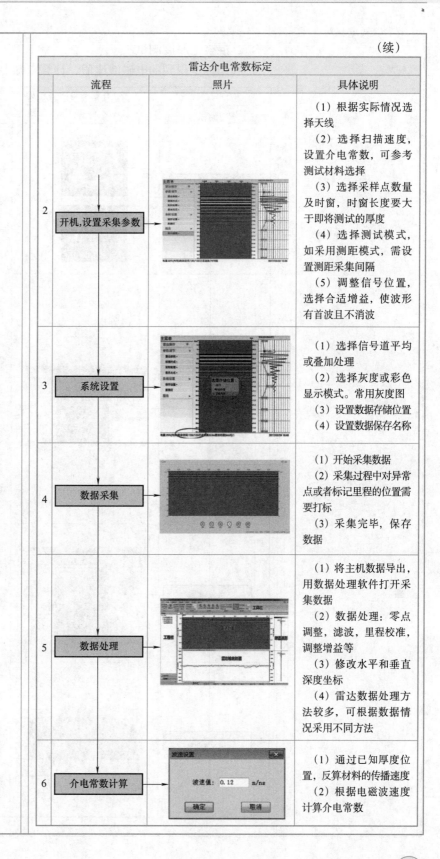

	流程	照片	具体说明
2	开机,设置采集参数		（1）根据实际情况选择天线 （2）选择扫描速度，设置介电常数，可参考测试材料选择 （3）选择采样点数量及时窗，时窗长度要大于即将测试的厚度 （4）选择测试模式，如采用测距模式，需设置测距采集间隔 （5）调整信号位置，选择合适增益，使波形有首波且不消波
3	系统设置		（1）选择信号道平均或叠加处理 （2）选择灰度或彩色显示模式。常用灰度图 （3）设置数据存储位置 （4）设置数据保存名称
4	数据采集		（1）开始采集数据 （2）采集过程中对异常点或者标记里程的位置需要打标 （3）采集完毕，保存数据
5	数据处理		（1）将主机数据导出，用数据处理软件打开采集数据 （2）数据处理：零点调整，滤波，里程校准，调整增益等 （3）修改水平和垂直深度坐标 （4）雷达数据处理方法较多，可根据数据情况采用不同方法
6	介电常数计算		（1）通过已知厚度位置，反算材料的传播速度 （2）根据电磁波速度计算介电常数

2. 混凝土厚度测试
利用标定得到的电磁波速值，计算未知混凝土的厚度

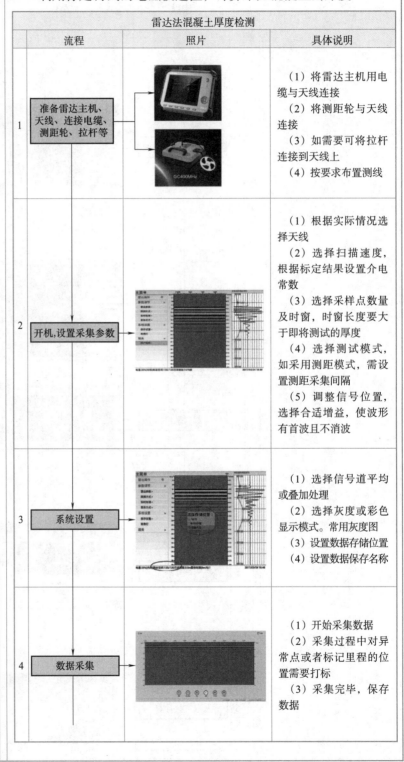

雷达法混凝土厚度检测		
流程	照片	具体说明
1 准备雷达主机、天线、连接电缆、测距轮、拉杆等		（1）将雷达主机用电缆与天线连接 （2）将测距轮与天线连接 （3）如需要可将拉杆连接到天线上 （4）按要求布置测线
2 开机,设置采集参数		（1）根据实际情况选择天线 （2）选择扫描速度，根据标定结果设置介电常数 （3）选择采样点数量及时窗，时窗长度要大于即将测试的厚度 （4）选择测试模式，如采用测距模式，需设置测距采集间隔 （5）调整信号位置，选择合适增益，使波形有首波且不消波
3 系统设置		（1）选择信号道平均或叠加处理 （2）选择灰度或彩色显示模式。常用灰度图 （3）设置数据存储位置 （4）设置数据保存名称
4 数据采集		（1）开始采集数据 （2）采集过程中对异常点或者标记里程的位置需要打标 （3）采集完毕，保存数据

（续）

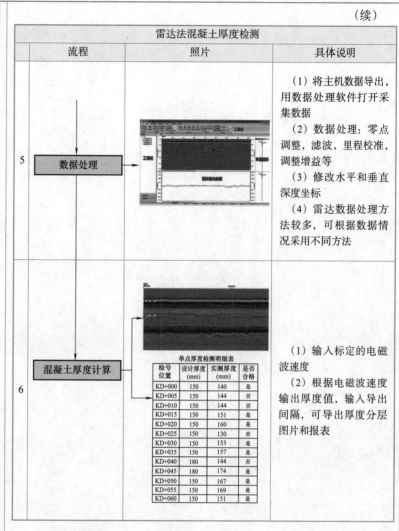

雷达法混凝土厚度检测			
	流程	照片	具体说明
5	数据处理		（1）将主机数据导出，用数据处理软件打开采集数据 （2）数据处理：零点调整，滤波，里程校准，调整增益等 （3）修改水平和垂直深度坐标 （4）雷达数据处理方法较多，可根据数据情况采用不同方法
6	混凝土厚度计算		（1）输入标定的电磁波速度 （2）根据电磁波速度输出厚度值，输入导出间隔，可导出厚度分层图片和报表

单点厚度检测明细表

检号位置	设计厚度(mm)	实测厚度(mm)	是否合格
KD+000	150	140	否
KD+005	150	144	否
KD+010	150	144	否
KD+015	150	151	是
KD+020	150	160	是
KD+025	150	130	否
KD+030	150	153	是
KD+035	150	157	是
KD+040	180	144	否
KD+045	180	174	是
KD+050	150	167	是
KD+055	150	169	是
KD+060	150	151	是

3. 检测报告

检测报告应包括下列内容：

（1）工程概况：工程的名称、性质、规模、用途；地理位置和场地条件；工程建设特点；开竣工日期、实际完成工作量；检测目的、范围和内容等

（2）检测技术措施：检测依据、检测仪器与检测方法

（3）现场检测情况：日期、天气、异常现象、环境情况和明显缺陷情况

（4）质量评定

（5）结论与建议

（6）附图与附表

请完成混凝土结构厚度检测报告（雷达法）并提交

雷达法混凝土结构厚度检测记录表

工程名称			
工程部位			
样品信息			
检测日期		检测条件	
检测依据		判定依据	
仪器设备名称及编号			

混凝土构件厚度检测

序号	里程号/m	位置	实测最小厚度/m	设计厚度/m	最大欠厚厚度/m
1					
2					
3	/	/	/	/	/
4	/	/	/	/	/
5	/	/	/	/	/
6	/	/	/	/	/
7	/	/	/	/	/
8	/	/	/	/	/

附加声明

检测：　　　记录：　　　复核：　　　日期：　　年　月　日

综合提升	自我测验
请你在课后完成自我测验试题，以自我评定知识、技能、素养获得情况	**【单选】1.** 依照《建设工程质量检测管理办法》（2005 年 9 月 28 日建设部令第 141 号发布，2015 年 5 月 4 日住房和城乡建设部令第 24 号修正）规定，如果检验检测机构档案资料管理混乱，造成检测数据无法追溯的，县级以上地方人民政府建设主管部门责令改正，可并处 1 万元以上（　　）元以下的罚款 A. 10 万　　　　　　　　　　B. 8 万 C. 3 万　　　　　　　　　　D. 6 万 **【单选】2.** （☆☆）关于混凝土厚度测试，下面说法错误的是（　　） A. 冲击弹性波法和雷达法都需要现场波速标定，电磁衰减法不需要 B. 钢筋存在对电磁衰减法和雷达法都有很大的影响 C. 楼板厚度仪能测试 43mm 厚的混凝土 D. 楼板测试仪在检测时，将接受探头在发射探头附近移动 **【单选】3.** （☆☆）混凝土厚度为 2m 左右，测试需要的雷达天线频率宜为（　　） A. 400MHz　　　　　　　　　B. 1200MHz C. 1600MHz　　　　　　　　D. 2000MHz **【单选】4.** （☆☆）混凝土厚度测试方法不包括（　　） A. 电磁衰减法　　　　　　　B. 声频法 C. 冲击弹性波法　　　　　　D. 雷达法 **【单选】5.** （☆☆）对于雷达测厚，探测的最大深度应大于目标体埋深，垂直分辨率宜优于（　　）cm A. 1　　　　　　　　　　　　B. 5 C. 2　　　　　　　　　　　　D. 10 **【多选】6.** （☆☆）下列关于探地雷达法（电磁波法）的叙述，正确的有（　　） A. 测试效率较高 B. 对结构物中钢筋敏感 C. 在钢结构检测中应用广泛 D. 能检测基桩完整性 **【多选】7.** （☆☆）对于隧道二衬的混凝土缺陷，可以采用的检测方法有（　　） A. 雷达法　　　　　　　　　B. 冲击弹性波法 C. 敲击法　　　　　　　　　D. 超声法 **【判断】8.** （☆☆）测试混凝土结构厚度的方法主要包括电磁衰减法、冲击弹性波法和雷达法（　　） **【判断】9.** （☆☆）对于只有一个临空面的情况，可采用电磁衰减法进行混凝土结构厚度测试（　　） **【判断】10.** （☆☆）雷达法所用波的主要成分是 P 波（　　）

任务评价	考核评价

考核评价

考核阶段	考核项目		占比（%）	方式	得分
过程评价（60%）	课前探究学习（20%）	课前学习态度（线上）	5	理论（师评）	
		课前任务完成情况（线上）	10	理论（师评）	
		课前任务成果提交（线上）	5	理论（师评）	
	课中内化（30%）	懂检测原理（线上＋线下）	5	理论＋技能（自评）	
		能运用规范编制检测计划	5	理论＋技能（自评）	
		能完成检测步骤	10	技能＋素质（师评＋自评）	
		会分析检测数据	5	技能＋素质（师评＋小组互评）	
		能提交质量报告	5	理论＋技能＋素质（师评＋小组互评）	
	课后提升（10%）	第二课堂	10	技能＋素质（自评＋小组互评）	
结果评价（40%）	综合能力评价（40%）	理论综合测试（参照1+X 路桥 无损检测技能等级证书理论 考试形式展开）	20	理论 获取证书结果	
		技能综合测试（参照1+X 路桥 无损检测技能等级证书实操 考试形式展开）	20	技能＋素质 获取证书结果	

教师根据学生的学习成果，在能力发展、质量意识、职业发展三个方面探索增值评价，对完成整个项目的学习情况进行动态综合评价

增值评价	能力发展（学习、合作能力）	平台课前自主学习动态轨迹（师评）
		提升自我的持续学习能力（师评＋小组互评）
		融入小组团队合作的能力（小组互评）
	质量意识	规范操作意识（自评＋小组互评）
		实训室 6S 管理意识（师评＋小组互评）

模块一　混凝土材料及结构检测

任务三　检测混凝土结构缺陷

🏠	工作任务一	冲击弹性波法检测混凝土缺陷
🔢	学时	2
✉	团队名称	

课前探究	任务引入

课前探究

思考混凝土内部缺陷的成因有哪些

任务引入

受某单位委托，需要对某预制小箱梁腹板进行缺陷检测。检测前，进行波速标定，确定弹性波波速为 3.764km/s

兴趣激发

内部缺陷我们是看不到的，但是缺陷的存在会影响结构质量，我们应该使用什么方法进行检测

任务情景

作为某试验检测机构技术人员，你被安排去对该预制小箱梁腹板进行混凝土内部检测，通过检测前资料整理及收集，已清楚工程概况及现场结构物技术资料，要求根据已知的弹性波波速利用冲击弹性波法检测该箱梁腹板混凝土缺陷，确定缺陷位置，并出具检测报告

学习目标

请在本次工作任务结束之后在下面记录你的学习目标达成情况

教学目标

思政目标	培养学生敬畏生命的观念，培育科学严谨、精益求精的"工匠精神"
知识目标	1. 熟悉混凝土缺陷检测的目的、意义及适用范围 2. 掌握冲击弹性波法检测混凝土缺陷的流程和检测方法 3. 掌握参数设置注意事项 4. 掌握冲击弹性波缺陷检测仪器连接注意事项

	技能 目标	1. 会查阅检测规程学习混凝土缺陷检测、运用公路工程质量检验评定标准 2. 能按照冲击弹性波法仪器操作规程在安全环境下正确连接检测设备，会检查仪器 3. 会用冲击弹性波无损检测仪进行参数设置、布点、数据采集 4. 会导出检测数据并对数据进行分析 5. 会根据检测报告填写要求填写混凝土缺陷检测评定记录表 6. 能根据公路工程质量检验评定标准出具缺陷检测报告
	素质 目标	1. 具有严格遵守安全操作规程的态度 2. 具备认真的学习态度及解决实际问题的能力 3. 能够以严谨、认真负责的工作态度完成混凝土强度检测任务
知识点提炼	**知识基础**	
笔记	1. 混凝土内部缺陷的概念 施工或运行期间因混凝土振捣不充分、各种应力不均衡等多方面原因，会使混凝土结构产生多种缺陷，混凝土结构缺陷包括表面缺陷及内部缺陷；表面缺陷包括蜂窝、麻面、孔洞、露筋等，混凝土内部常见缺陷包括脱空、蜂窝、剥离或者不密实等情况。外部缺陷可以直观检查后根据缺陷类型进行修补，结构内部缺陷因无法肉眼检测，需通过相应的检测手段实现 2. 混凝土缺陷检测的意义 缺陷不仅影响结构的强度、耐久性、防渗性等，同时也会影响结构的承载力，最终影响混凝土结构的安全运行。所以对于该类缺陷进行必要的检测，对排除影响结构承载力的安全隐患显得尤为重要，混凝土结构内部缺陷属于隐蔽缺陷，但是缺陷的存在会影响到混凝土结构的质量，所以就需要在进行混凝土结构质量检测评定时运用对应的检测手段进行缺陷检测，为了在进行质量检测时不破坏结构物，势必要用无损检测的手段来完成质量检查 3. 混凝土缺陷检测的方法 根据检测作业面的特性，将检测方法分为反射法（单面）和透射法（双面），具体检测手段包括冲击弹性波、弹性波CT、声频、雷达等方法（表 1-3）	

表 1-3　混凝土内部缺陷检测方法

检测面		方法	检测媒介	备注
单面		反射法	冲击弹性波	IE 冲击弹性波法 / IAE 冲击声频回波法
		反射法	超声波	U-E
		反射法	微波	雷达法 GPR
双面	自然检测面	透射法	弹性波	弹性波 CT
	钻孔检测面	透射法	弹性波	弹性波 CT

4. 冲击弹性波

（1）冲击弹性波法（IE）　是单面反射法中最有效的检测方法，本节主要针对冲击回波法测内部缺陷进行讲述

检测原理：原理与测试结构厚度相似，沿测试对象表面连续激发弹性波信号，信号在遇到缺陷面时会产生反射，如图 1-9 所示。通过抽取该反射信号并进行相应的处理，即可识别是否存在缺陷以及缺陷深度位置。由于该方法与探地雷达相似，借用雷达的名字也可称为弹性波雷达，Elastic Wave Radar，简称 EWR，如图 1-10 所示

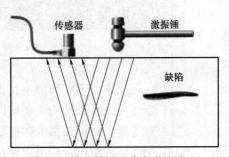

图 1-9　缺陷检测（冲击弹性波法）

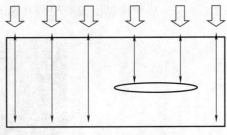

图 1-10　EWR 测试概念图

检测特点：对于异质材料中的缺陷，由于异质材料本身也会发生反射（固有反射，R_0），因此，如果 R_0 与 R 相近，则很难用该方法加以检测

例如，对于土石材料上的混凝土板，其相关参数分别为：

ρ_1：2400kg/m^3，ρ_2：2000kg/m^3：v_1：3500m/s，v_2：500m/s，则有 $R_0 = 0.79$

此时，固有反射率与脱空反射率已经非常接近，所以采用该方法难以检测

在利用冲击弹性波法进行缺陷检测时，应当注意：

1）选用合适的激振锤，以平衡检测深度和分辨力

2）注意不同种介质间的脱空

检测方法：利用冲击弹性波法对隧道衬砌混凝土的脱空进行检测，在脱空的存在位置会产生相应的反射，从测试结果来看，测线所覆盖区域，存在较为明显的脱空情况（图1-11中暖色区域）

图1-11　隧道衬砌混凝土检测示意图

此方法不仅可以通过识别在缺陷处的反射信号，对于厚度连续变化的板式结构，还可以通过板底部反射时间的变化状况来推算混凝土结构内部的各种缺陷

检测实例：应某单位邀请，某公司技术员对某地铁盾构管片模型进行混凝土缺陷、管片后部预设混凝土缺陷（模拟地铁管片后部混凝土脱空检测）测试，如图1-12所示

图1-12　试验场景

通过等值线图（图1-13）可看出管片背后凹陷处反射时刻为

0.105ms（推算厚度 0.23m），与实测值仅差 1cm。正常区域反射时刻为 0.138ms（推算厚度 0.30m）

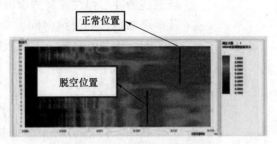

图 1-13　EWR 扫描等值线图

（2）敲击法　目前，对于隧道衬砌混凝土缺陷检测用得较多的是敲击法，其主要关注测试信号的频率特性（音调）、衰减特性（持续时间）、振幅特性（音强）等的变化。其原理在于：

当锤击混凝土结构表面时，在表面会诱发振动。该振动还会压缩/拉伸空气形成声波。因此，可以用传感器直接拾取结构表面的振动信号，也可以利用工业拾音器（麦克风）拾取声波信号（在此称为"敲击法"或"声振法"）

检测特点：通常在产生缺陷的部位，振动特性会发生以下变化（图 1-14）：

1）弯曲刚度显著降低，卓越周期增长

2）弹性波能量的逸散变缓，振动的持续时间变长

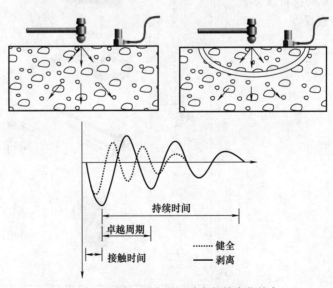

图 1-14　剥离/脱空时振动参数的变化特点

检测方法：当结构产生脱空时，上述指标（卓越周期、持续时间）均有增大的趋势。如果采用传感器拾振的方法，检测设备与前述的冲击弹性波检测设备相同。由于诱导振动法测试脱空涉及多个参数，如持续时间、卓越周期等，而且缺乏绝对性阈值，为了归一化相关参数，可引入脱空指数，某点 i 的脱空指数 S_i 的定义如下：

$$S_i = \frac{T_{1i}}{\overline{T_1}} \frac{T_{2i}}{\overline{T_2}} \cdots \frac{T_{Ni}}{\overline{T_N}} \qquad (1\text{-}8)$$

其中，T_N 即为第 N 个参数，上画线表示均值。当然，脱空指数越大，表明脱空的可能性越大。此外，为了更科学地、自动地判定脱空的有无，还可以采用异常数据识别的方法

重难点初探	任务分析
熟悉冲击回波法检测混凝土结构缺陷的目的及适用范围 请根据检测规程完善仪器设备及要求，会检查仪器	请参考《冲击回波法检测混凝土缺陷技术规程》JGJ/T 411—2017 及《混凝土内部缺陷（单面反射法）现场检测指南 V1.03》SCIT-1-ZN-10-2019-C 完成任务分析单

检测目的	测定混凝土结构缺陷	
适用范围	适用于单面反射法的混凝土内部缺陷检测	
仪器设备 及要求		名称：＿＿＿＿＿＿＿ 作用：＿＿＿＿＿＿＿
		名称：＿＿＿＿＿＿＿ 作用：＿＿＿＿＿＿＿
		名称：＿＿＿＿＿＿＿ 作用：＿＿＿＿＿＿＿
		名称：＿＿＿＿＿＿＿ 作用：＿＿＿＿＿＿＿

（续）

熟记测区布置与测点选择要求	测线布置与布点及激振锤选择	（1）在进行数据采集之前，需对被测构件表面进行处理（如清除表面浮浆等），然后进行测线布置及测点描画  <div align="center">测点布设</div> （2）布点与激振锤选择 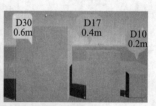 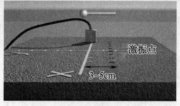 <div align="center">激振锤与布点</div>
	检测工作要求	（1）防振：仪器在搬运过程中应防止剧烈振动 （2）防磁：使用时尽量避开电焊机、电锯等强电磁场干扰源 （3）防腐蚀：在潮湿、灰尘、腐蚀性气体环境中使用时应加必要的防护措施
	试验步骤	波速标定 → 测点布置 → 数据采集 → 数据分析 → 出具报告
	注意事项	（1）传感器：传感器在安装和卸下时须多加注意，有可能因为热粘胶造成烧伤，或由于拆卸工具造成意想不到的损伤 （2）电荷电缆：电荷电缆与传感器连接时，必须防止电缆头与导线扭曲，否则可能折断导线。电荷电缆使用中，防止踩踏和机械损伤，否则可能折断导线 （3）请勿放置在易受振动、撞击的地方，并且勿将重物置于仪器上，否则可能导致火灾、触电等事故

重点记录	任务实施

重点记录

笔记：主要记录检测步骤要点及注意事项

混凝土缺陷检测 -
冲击回波法

任务实施

1. 冲击弹性波检测仪连接

冲击弹性波检测仪连接		
流程	图示	具体说明
1 准备好检测仪的主机、工业平板、传感器、连接电缆等配件	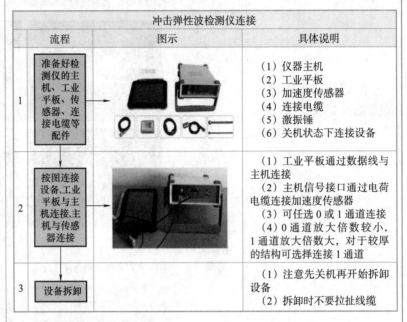	（1）仪器主机 （2）工业平板 （3）加速度传感器 （4）连接电缆 （5）激振锤 （6）关机状态下连接设备
2 按图连接设备,工业平板与主机连接,主机与传感器连接		（1）工业平板通过数据线与主机连接 （2）主机信号接口通过电荷电缆连接加速度传感器 （3）可任选 0 或 1 通道连接 （4）0 通道放大倍数较小,1 通道放大倍数大,对于较厚的结构可选择连接 1 通道
3 设备拆卸		（1）注意先关机再开始拆卸设备 （2）拆卸时不要拉扯线缆

2. 混凝土波速标定

混凝土缺陷检测需要先标定混凝土的波速，即先在已知厚度混凝土上测试，分析波速值

混凝土波速标定		
流程	图示	具体说明
1 布置测点测线	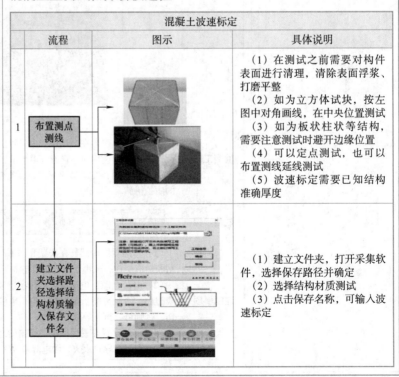	（1）在测试之前需要对构件表面进行清理，清除表面浮浆、打磨平整 （2）如为立方体试块，按左图中对角画线，在中央位置测试 （3）如为板状柱状等结构，需要注意测试时避开边缘位置 （4）可以定点测试，也可以布置测线延线测试 （5）波速标定需要已知结构准确厚度
2 建立文件夹选择路径选择结构材质输入保存文件名		（1）建立文件夹，打开采集软件，选择保存路径并确定 （2）选择结构材质测试 （3）点击保存名称，可输入波速标定

（续）

混凝土波速标定		
流程	图示	具体说明
3 设置构件厚度并采集数据	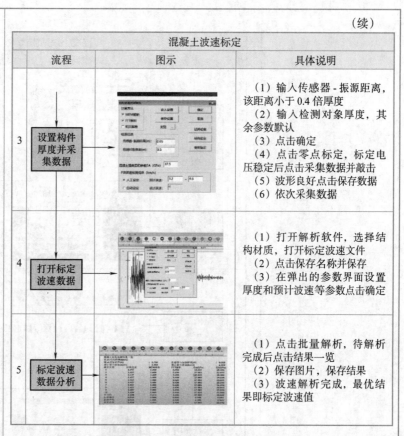	（1）输入传感器-振源距离，该距离小于0.4倍厚度 （2）输入检测对象厚度，其余参数默认 （3）点击确定 （4）点击零点标定，标定电压稳定后点击采集数据并敲击 （5）波形良好点击保存数据 （6）依次采集数据
4 打开标定波速数据		（1）打开解析软件，选择结构材质，打开标定波速文件 （2）点击保存名称并保存 （3）在弹出的参数界面设置厚度和预计波速等参数点击确定
5 标定波速数据分析		（1）点击批量解析，待解析完成后点击结果一览 （2）保存图片，保存结果 （3）波速解析完成，最优结果即标定波速值

3. 混凝土缺陷测试

利用标定得到的波速结果，测试分析混凝土内部缺陷。可使用等值线图结果圈出缺陷范围，也可以用频谱法对比密实混凝土的基频来判断缺陷

混凝土缺陷测试		
流程	图示	具体说明
1 布置测点测线		（1）当单测点检测缺陷时，每个测点有效检测数据不少于3个 （2）当采用测线方式检测时，每条测线不应少于6个测点，测点间距不宜大于20cm （3）当采用测区检测时，布置纵横测线均不少于3条，测线间距相等，不宜大于30cm （4）测试前需要对混凝土表面进行处理，清楚表面浮浆 （5）测试前需要预测，来确定合适的敲击锤

（续）

		混凝土缺陷测试	
	流程	图示	具体说明
2	建立文件夹,选择存储路径。选择结构缺陷检测	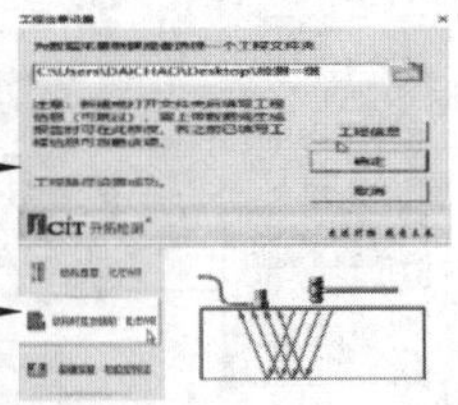	（1）建立文件夹，打开采集软件，选择存储路径后点击确定 （2）在功能框里选择混凝土缺陷检测
3	输入保存名称		（1）点击保存名称，输入保存文件名 （2）点击零点标定，待标定电压稳定后开始采集数据
4	缺陷数据采集	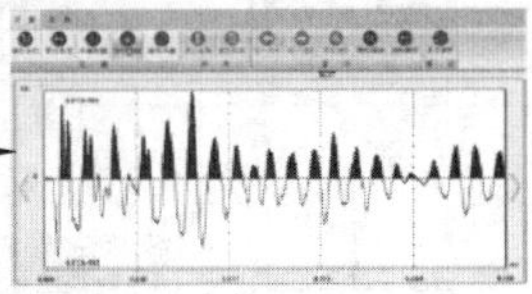	（1）点击采集数据，然后开始敲击，注意敲击点与传感器间距小于0.4倍厚度 （2）按测线测试时，每点敲击一次，波形有效后保存数据 （3）待数据全部采集完毕后关闭软件
5	打开缺陷测试数据	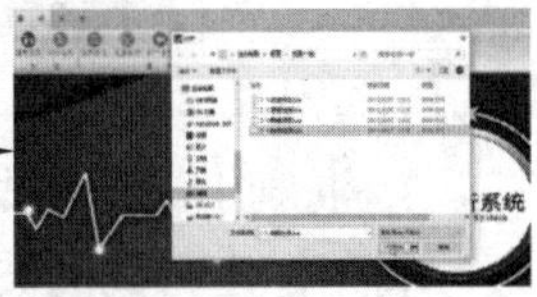	（1）打开数据分析软件，选择混凝土缺陷 （2）点击打开文件，打开采集的缺陷数据 （3）点击保存名称，设置保存文件的名称
6	数列变换	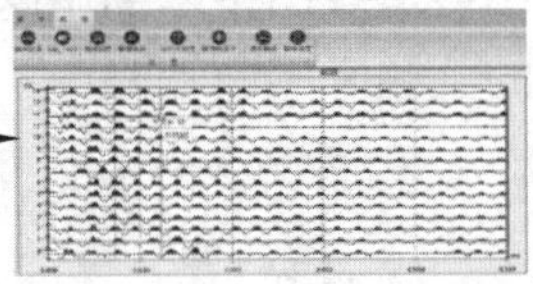	（1）点击左上方其他图标 （2）点击数列变换 （3）查看测试数据，如数据有误，点击数列还原，选择错误的数据删除
7	解析参数设置	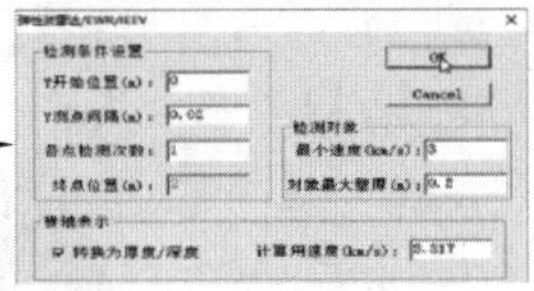	（1）点击EWR-IEEV，检测条件设置按实情况输入 （2）对象最大壁厚输入真实厚度 （3）计算用波速输入标定的波速值 （4）勾选转换为厚度/深度
8	频谱解析	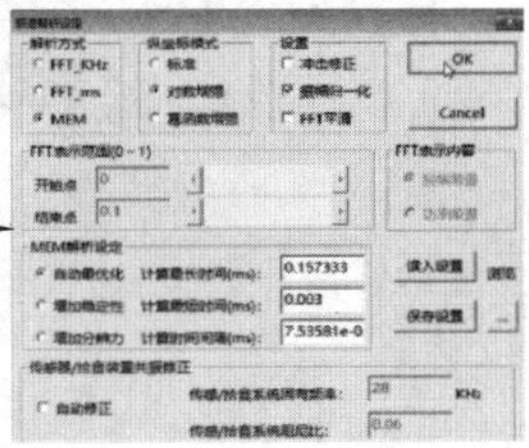	（1）点击频谱解析，参数可默认，点击OK （2）也可根据需要使用FFT或标准等功能

（续）

混凝土缺陷测试		
流程	图示	具体说明
9 等值线图		（1）点击等值线图，参数可默认，点击 OK （2）也可根据需要使用测试次数
10 鼠标设定		（1）点击鼠标设定 （2）勾选矩形标识，点击 OK （3）用鼠标左键在图形里圈出缺陷范围
11 保存结果		（1）点击左上角解析，然后点击保存图片，缺陷分析完毕 （2）缺陷分析也可用使用频谱功能，与密实位置混凝土的基频进行比较判断缺陷

4. 检测报告

检测报告应包括下列内容：

（1）工程概况，包括工程名称、结构形式、规模及现状等

（2）委托单位、设计单位、施工单位及监理单位名称

（3）检测单位名称、检测依据、设备型号及编号等

（4）检测原因、检测目的、检测项目、检测方法、检测位置、检测数量等

（5）检测结果、评判结论，如检测结论判定为存在缺陷，应给出相关检测或处理建议

（6）检测日期、报告完成日期

（7）主检、审核和批准人员的签名

（8）异常情况说明等附件

混凝土结构（混凝土缺陷）检测记录表

记录：　　　　　　复核：　　　　　　日期：　　年　月　日

工程名称	
工程部位/部位	
样品信息	

检测日期		检测条件	
检测依据		判定依据	

主要仪器设备名称及编号	

混凝土结构（混凝土缺陷）检测

序号	构件编号	结构尺寸/m	设计强度	浇筑日期	测区编号	X坐标范围/m	Y坐标范围/m	测点间距/m	结构厚度/m	原点位置	激振方向
1											
2											
3											
4											
5											
6											
7											
8											

附加声明：

综合提升	自我测验
请你在课后完成自我测验试题，以自我评定知识、技能、素养获得情况	【多选】1.（☆☆）对混凝土内部缺陷进行检测时，缺陷部位为空气夹层时，与检出率有关的有（　　） A. 密度差异　　　　　　B. 波速差异 C. 截面面积差异　　　　D. 以上都不是 【多选】2.（☆☆）对混凝土内部缺陷进行检测时，既可以用于单面检测也可以用于双面检测的方法有（　　） A. 弹性波法　　　　　　B. 超声波法 C. 雷达法　　　　　　　D. 超声阵列法 【多选】3.（☆☆）在采用锤击法产生弹性波时，下面描述不正确的有（　　） A. 激振力度越大，激发弹性波的频率越高 B. 激振锤的质量越大，激发弹性波的频率越高 C. 被测对象越坚硬，激发弹性波的频率越高 D. 激振锤体的曲率半径越大，激发弹性波的频率越高 【多选】4.（☆☆）根据测试作业面等条件，弹性波有不同的测试方法。下面可以用来测试隧道衬砌混凝土质量的方法有（　　） A. 对测法　　　　　　　B. 冲击弹性波法 C. 平测法　　　　　　　D. 表面波法 【多选】5.（☆☆）对于隧道二衬的混凝土缺陷，可以采用的检测方法有（　　） A. 雷达法　　　　　　　B. 冲击弹性波法 C. 敲击法　　　　　　　D. 超声法 【多选】6.（☆☆）当浇筑的混凝土出现明显的离析现象，主要原因有（　　） A. 配合比不合理 B. 未振捣 C. 养护时未按时洒水 D. 拆模过早 【判断】7.（☆☆）冲击弹性波法对隧道衬砌进行脱空检测，很容易判断出微细脱空缺陷（　　） 【判断】8.（☆☆）某隧道衬砌因浇筑时出现停顿，导致衬砌内部可能出现缺陷，采用冲击弹性波法进行内部缺陷检测，主要因为该方法检测受钢筋影响小，同时对小缺陷分辨率高（　　） 【判断】9.（☆☆）冲击弹性波法能够检测衬砌施工完成隧道初支的脱空检测（　　） 【判断】10.（☆☆）不同强度等级的混凝土波速一般不同，强度等级越高、浇筑情况越好，混凝土波速一般越高（　　） 【判断】11.（☆☆）混凝土的缺陷会影响结构的承载力和耐久性（　　）

任务评价	考核评价

考核评价

考核阶段		考核项目	占比（%）	方式	得分
过程评价（60%）	课前探究学习（20%）	课前学习态度（线上）	5	理论（师评）	
		课前任务完成情况（线上）	10	理论（师评）	
		课前任务成果提交（线上）	5	理论（师评）	
	课中内化（30%）	懂检测原理（线上＋线下）	5	理论＋技能（自评）	
		能运用规范编制检测计划	5	理论＋技能（自评）	
		能完成检测步骤	10	技能＋素质（师评＋自评）	
		会分析检测数据	5	技能＋素质（师评＋小组互评）	
		能提交质量报告	5	理论＋技能＋素质（师评＋小组互评）	
	课后提升（10%）	第二课堂	10	技能＋素质（自评＋小组互评）	
结果评价（40%）	综合能力评价（40%）	理论综合测试（参照 1+X 路桥 无损检测技能等级证书理论 考试形式展开）	20	理论获取证书结果	
		技能综合测试（参照 1+X 路桥 无损检测技能等级证书实操 考试形式展开）	20	技能＋素质获取证书结果	

教师根据学生的学习成果，在能力发展、质量意识、职业发展三个方面探索增值评价，对完成整个项目的学习情况进行动态综合评价

增值评价	能力发展（学习、合作能力）	平台课前自主学习动态轨迹（师评）
		提升自我的持续学习能力（师评＋小组互评）
		融入小组团队合作的能力（小组互评）
	质量意识	规范操作意识（自评＋小组互评）
		实训室 6S 管理意识（师评＋小组互评）

67

模块一 混凝土材料及结构检测

任务三 检测混凝土结构缺陷

🏠	工作任务二	弹性波 CT 法检测混凝土缺陷
▦	学时	2
✉	团队名称	

<table>
<tr><td colspan="2">

课前探究

</td></tr>
<tr><td>

思考 CT 成像的原理

</td><td>

任务引入

受某单位委托，需要对某预制小箱梁腹板混凝土内部缺陷进行检测。检测前，通过在梁的腹板上钻孔，确定该位置腹板厚度为 17.0cm，以此厚度进行波速标定，确定弹性波波速为 3.738km/s

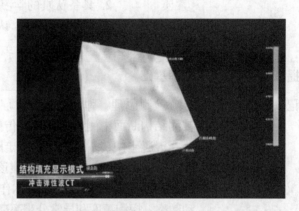

结构填充显示模式
冲击弹性波 CT

</td></tr>
<tr><td>

兴趣激发

想象一下，你要像一个医生一样去给结构物检查身体，是不是很激动呢

</td><td>

任务情景

作为某试验检测机构技术人员，你被安排去对该预制小箱梁腹板进行缺陷检测，通过检测前资料整理及收集，已清楚工程概况及现场结构物技术资料，要求根据已知的弹性波 CT 法验证该箱梁腹板缺陷位置区域并出具检测报告

</td></tr>
<tr><td>

学习目标

请在本次工作任务结束之后在下面记录你的学习目标达成情况

</td><td>

教学目标

</td></tr>
</table>

思政目标	培养学生敬畏生命的观念，培育科学严谨、精益求精的"工匠精神"
知识目标	1. 熟悉混凝土缺陷检测的目的、意义及适用范围 2. 掌握弹性波 CT 法检测混凝土缺陷的流程和检测方法 3. 掌握参数设置注意事项 4. 掌握弹性波 CT 检测仪器连接注意事项

	技能目标	1. 会查阅检测规程学习混凝土缺陷检测、运用公路工程质量检验评定标准 2. 能按照弹性波 CT 检测仪操作规程在安全环境下正确连接检测设备，会检查仪器 3. 会用弹性波 CT 检测仪进行参数设置、布点、数据采集 4. 会导出检测数据并对数据进行分析 5. 会根据检测报告填写要求填写混凝土缺陷检测评定记录表 6. 能根据公路工程质量检验评定标准出具缺陷检测报告
	素质目标	1. 具有严格遵守安全操作规程的态度 2. 具备认真的学习态度及解决实际问题的能力 3. 能够以严谨、认真负责的工作态度完成混凝土强度检测任务
知识点提炼	**知识基础**	
笔记	检测原理：弹性波计算机层析扫描技术（CT）主要是利用被测结构断面中测线的弹性波传播时间，由于弹性波中的 P 波成分在混凝土中传播时间最快，走时判断相对最准，因此，弹性波 CT 一般利用的是 P 波，来反演该断面上弹性波波速的分布情况 检测特点：弹性波 CT 技术作为混凝土无损检测方法，具有振动频率、探测精度和异常分辨率高等特点，同时还有良好的指向性特性，成为弹性波法混凝土内部缺陷质量检测最常用的方法之一 检测方法： （1）波速测定 在一侧检测面使用与加速度传感器相连的激振锤激发产生弹性波，另一侧布置加速度传感器接收信号，如图 1-15 所示。两传感器接收到的信号首波间的时间差 Δt，若 P 波在结构内传播距离为 L，则 P 波波速为 $$V_{\mathrm{p}} = L / \Delta t \qquad (1\text{-}9)$$	

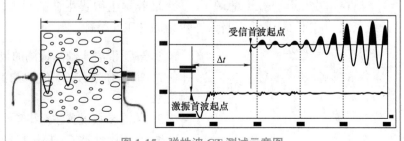

图 1-15 弹性波 CT 测试示意图

（2）测试参数与分析方法　目前，对于混凝土构件检测时，常用的弹性波参数是波速、波幅、频率以及波形，其中，波速的准确、真实是最重要的参数

超声波检测由于其激发信号的频率一致性较高、稳定性较好，因此接收信号中的波幅参数也可作分析结果时的参数之一

波幅的测量是用某种指标来度量接收波首波波峰的高度，并将它们作为比较多个测点声波信号强弱的一种相对指标。目前在波幅测量中，一般都采用分贝（dB）表示法，即将测点首波信号峰值（a）与某一固定信号量值（a_0）的比值取对数后的量值定为该测点波幅的分贝（A）值，表示为 $A=20\lg(a/a_0)$

对于平行测线，均可采用 PSD 判据法作为缺陷的判定依据，若是采用的冲击弹性波，还可以用弹性波波速推算出的混凝土强度作为参考判据

对于交叉测线，则需要采用 CT 法进行反演。根据"走时成像原理"将速度函数信号作为投影数据，在有网格计算的数学模型下，利用同时迭代重建技术（SIRT）和约束最小二乘类算法（ILST）等反演算法求解方程，求出检测断面上波速的分布，即实现 CT 断层扫描成像，可直观地评价混凝土的质量和判断混凝土内部可能存在的缺陷，如图 1-16、图 1-17 所示

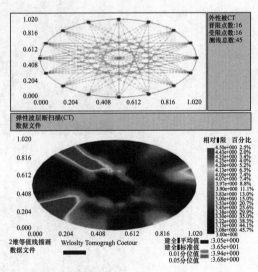

图 1-16　圆形 CT 检测

检测实例：高速铁路零号块 CT 检测

受浙江某单位委托，对某高速铁路的零号块进行了内部缺陷检测。检测时采用的方法为弹性波 CT 法。经检测，三个检测剖面反映的缺陷位置与外观检查（图 1-18）的缺陷位置基本一致

（图 1-19 中红框位置为缺陷位置）

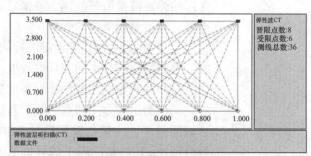

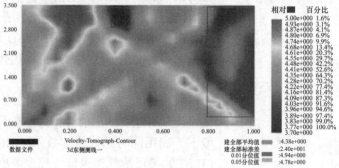

图 1-17　方形 CT 检测

图 1-18　外观检测

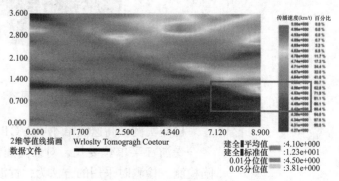

图 1-19　CT 检测结果图形

重难点初探	任务分析	
熟悉弹性波 CT 法检测混凝土强度的目的及适用范围	请参考《冲击回波法检测混凝土缺陷技术规程》JGJ/T 411—2017 及《混凝土内部缺陷（弹性波 CT）检测指南 V1.02》SCIT-1-ZN-09-2019-C 完成任务分析单	

检测目的	测定混凝土结构缺陷
适用范围	适用于具有不少于 2 个临空测面的大体积混凝土结构内部缺陷（蜂窝、空洞等）检测。例如桥墩墩身、零号段、柱等
仪器设备及要求	1. 仪器主机 （1）可对混凝土结构做材质模量、厚度、裂缝、表层脱空及内部缺陷检测 （2）最适工作温度：0~45℃ （3）采样点数：>20000 个，可调 （4）前置放大器：多档位可调（X1、X5、X30、X100） （5）采样精度：24 位 （6）采样频率：500kHz，可调 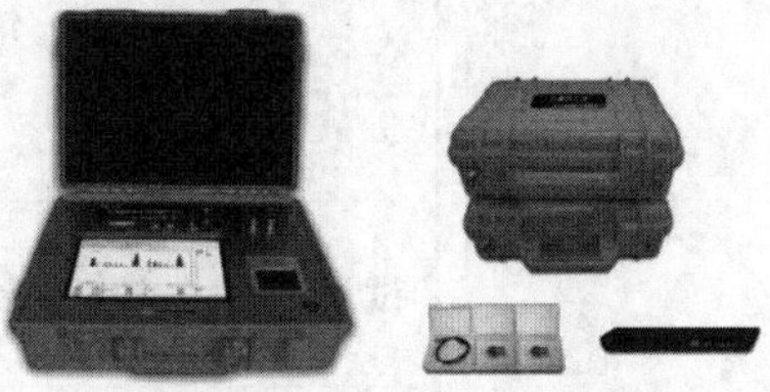 2. 传感器 传感器类型：加速度传感器 IE 测试耦合：高阻尼传感器支座

请根据检测规程完善仪器设备及要求，会检查仪器

熟记测区布置与测点选择要求

测线布置	（1）在被测结构两个对称面上对称布置测线和测点，此处的测线即测试断面，根据检测频率以及测区大小，确定测试断面（测线）间距和测点间距，同时对测试断面以及测点进行编号。测试断面以及测点布置以高铁零号块内部缺陷检测为例进行说明，例如图 1-20、图 1-21 所示，该测区 3 个测试断面 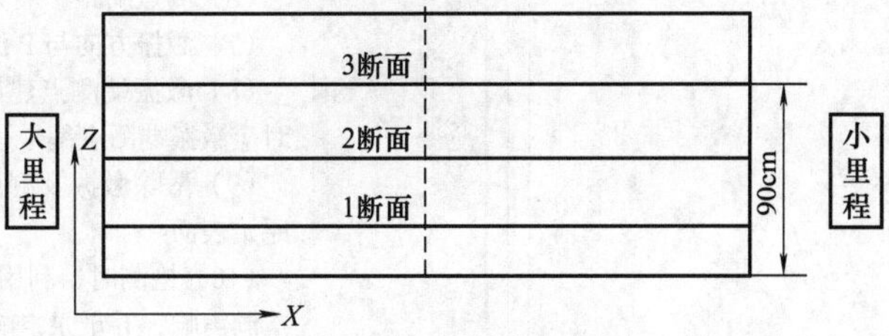

图 1-20 检测断面布置图

（2）弹性波 CT 法测试的方法根据测线的交叉情况，分为斜测法与平测法，斜测法能够确定缺陷的具体位置及大致面积，而平测法对缺陷位置敏感度相对较高，但不能识别缺陷距离测试面的距离，能够较准确地确定缺陷对应的测点，如图 1-22 所示

（续）

测线布置	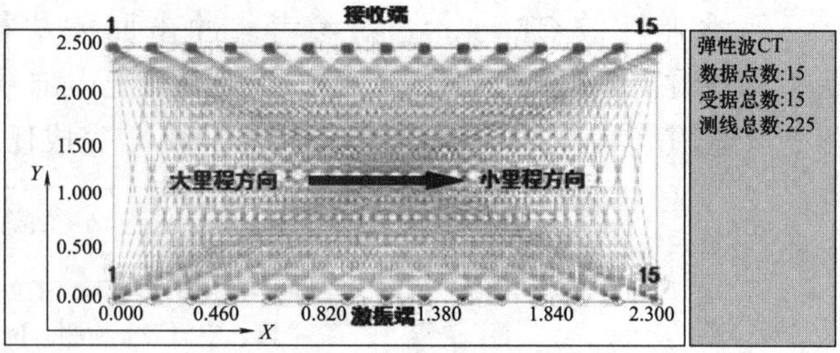 图 1-21 测点（线）分布图（斜测）  图 1-22 平测法布置
试验流程	波速标定 ▷ 测点布置 ▷ 数据采集 ▷ 数据分析 ▷ 出具报告
注意事项	（1）传感器：传感器在安装和卸下时须多加注意，有可能因为热粘胶造成烧伤，或由于拆卸工具造成意想不到的损伤 （2）电荷电缆：电荷电缆与传感器连接时，必须防止电缆头与导线扭曲，否则可能折断导线。电荷电缆使用中，防止踩踏和机械损伤，否则可能折断导线 （3）请勿放置在易受振动、撞击的地方，并且勿将重物置于仪器上，否则可能导致火灾、触电等事故 （4）测试断面间距现场一般为 0.3~0.5m，结合现场需要可适当调整 （5）测试面布置时，应避免与结构主筋平行 （6）测点间距一般为 0.2m，不宜过大，可适当调小 （7）激振方向与 P 波传播方向的夹角不宜超过 45° （8）激振端测点建议从左往右或从下往上编号，接收端测点一一对应激振端测点编号 （9）凿除激振及测点位置表面饰面层，确保测点位置为混凝土的原始表面 （10）检测时，利用激振锤敲击激振及接收点表面，如发现有明显空洞声响，并记录空响位置，为后期的数据分析提供依据 （11）针对建筑、水利等其他结构的测区布置，需要明确测区敲击方向与接收方向（特别是建筑结构，激振及接收方向一般以绝对方向为基础布置，并做好测试及接收信息的相关记录，水利结构的激振与接收方向一般以水流方向为基础），以便能够根据检测结构图确定缺陷的部位

重点记录	任务实施
笔记：主要记录检测步骤要点及注意事项	1. 弹性波 CT 法检测混凝土缺陷 弹性波 CT 法裂缝深度检测，主要分为五步： （1）设备准备：准备混凝土多功能无损检测仪 （2）测区布置：确定检测部位及测区，对测区无缺陷位置进行波速标定 （3）测线测点布置：布置测点测线，混凝土缺陷检测测试，软 / 硬件参数设置 （4）数据采集：采集数据，保存有效波形数据 （5）设备整理：数据采集完毕后对设备拆卸及还原

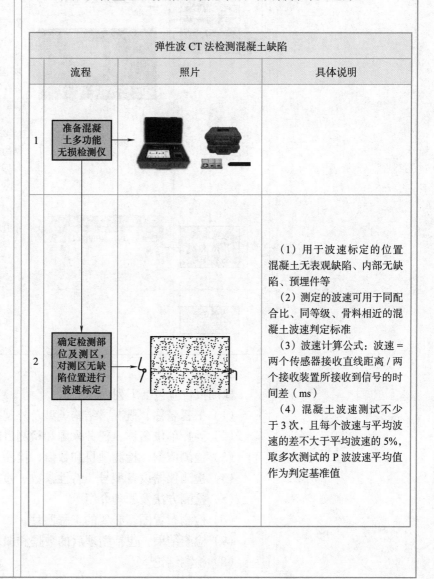

弹性波 CT 法检测混凝土缺陷			
	流程	照片	具体说明
1	准备混凝土多功能无损检测仪		
2	确定检测部位及测区，对测区无缺陷位置进行波速标定		（1）用于波速标定的位置混凝土无表观缺陷、内部无缺陷、预埋件等 （2）测定的波速可用于同配合比、同等级、骨料相近的混凝土波速判定标准 （3）波速计算公式：波速 = 两个传感器接收直线距离 / 两个接收装置所接收到信号的时间差（ms） （4）混凝土波速测试不少于 3 次，且每个波速与平均波速的差不大于平均波速的 5%，取多次测试的 P 波速平均值作为判定基准值

（续）

	流程	照片	具体说明
		弹性波 CT 法检测混凝土缺陷	
3	布置测点测线，混凝土缺陷检测测试；软/硬件参数设置	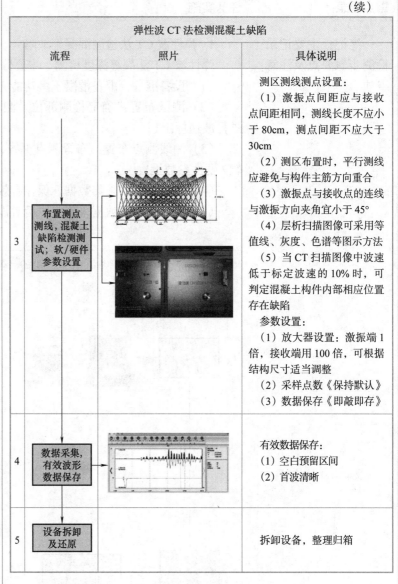	测区测线测点设置： （1）激振点间距应与接收点间距相同，测线长度不应小于 80cm，测点间距不应大于 30cm （2）测区布置时，平行测线应避免与构件主筋方向重合 （3）激振点与接收点的连线与激振方向夹角宜小于 45° （4）层析扫描图像可采用等值线、灰度、色谱等图示方法 （5）当 CT 扫描图像中波速低于标定波速的 10% 时，可判定混凝土构件内部相应位置存在缺陷 参数设置： （1）放大器设置：激振端 1 倍，接收端用 100 倍，可根据结构尺寸适当调整 （2）采样点数《保持默认》 （3）数据保存《即敲即存》
4	数据采集，有效波形数据保存		有效数据保存： （1）空白预留区间 （2）首波清晰
5	设备拆卸及还原		拆卸设备，整理归箱

2. 检测报告

检测报告应包括下列内容：

（1）工程名称、概况，结构类型及外观描述

（2）委托单位名称，任务来源和检测目的

（3）检测依据，检测项目和数量，检测方法

（4）检测仪器设备型号、特性参数、检定情况

（5）检测方法及原理介绍

（6）检测布置图，必要的工程照片

（7）检测结果，包括整理后的数据和图表及需要说明的事项

（8）检测结论

请完成混凝土缺陷检测报告（弹性波CT法）并提交

混凝土结构（混凝土缺陷）检测记录表

检测： 记录： 复核： 日期： 年 月 日

工程名称				
工程部位 / 部位				
样品信息				
检测日期		检测条件		
检测依据	T/CECS 925—2021	判定依据	T/CECS 925—2021	
主要仪器设备名称及编号	混凝土多功能无损检测仪 SCE-MATS-S			

混凝土结构（混凝土缺陷）检测

序号	构件编号	结构尺寸/m	设计强度	浇筑日期	测区编号	X坐标范围/m	Y坐标范围/m	测点间距/m	结构厚度/m	原点位置	激振方向
1											
2											
3											
4											
5											
6											
7											
8											

附加声明：

综合提升	自我测验
请你在课后完成自我测验试题，以自我评定知识、技能、素养获得情况	**【单选】**1.（☆☆☆）下列（　　）属于强制性标准 　　A. 工程建设的质量、安全卫生标准及国家需要控制的其他工程建设标准 　　B. 环境保护的污染物排放标准和环境质量标准 　　C. 重要的通用技术术语、符号、代号和制图方法标准 　　D. 通用的试验、检验方法标准 **【单选】**2.（☆）下列关于工程进度、质量、成本安全之间的关系及其管理工作的说法中，正确的是（　　） 　　A. 工程进度控制与工程质量、成本无关 　　B. 赶工会导致工程质量和安全问题出现，但会降低工程成本 　　C. 缩短工期要以确保工程质量、安全为前提 　　D. 只要赶工所增加的成本可以承受，就应尽量缩短工期 **【单选】**3.（☆☆）关于冲击弹性波，下列说法错误的是（　　） 　　A. 利用激振锤产生的冲击弹性波不是单一的某一类波 　　B. 弹性波在两种阻抗完全一样的介质中传播时不会发生反射现象 　　C. P 波是实体波 　　D. 冲击弹性波只存在于混凝土中 **【单选】**4.下列关于弹性波 CT 法布置测线和测点的说法中，不正确的是（　　） 　　A. 根据检测频率以及测区大小，确定测试断面（测线）间距 　　B. 根据检测频率以及测区大小，确定测点间距 　　C. 对测试断面进行编号以及测点进行编号 　　D. 测点布置不需要编号 **【多选】**5.下列关于弹性波 CT 法测试的方法的说法中，正确的有（　　） 　　A. 根据测线的交叉情况，分为斜测法与平测法 　　B. 斜测法能够确定缺陷的具体位置及大致面积 　　C. 平测法对缺陷位置敏感度相对较高，但不能识别缺陷距离测试面的距离 　　D. 平测法能够较准确地确定缺陷对应的测点 **【多选】**6.（☆）下列属于现场质量检查的方法主要有（　　） 　　A. 目测法　　　　　　　　　　B. 试验法 　　C. 验证法　　　　　　　　　　D. 实测法 **【判断】**7.（☆）建设工程施工质量验收应划分为单位工程、分部工程、分项工程和检验批（　　） **【判断】**8.弹性波 CT 检测法适用于具有不少于 2 个临空测面的大体积混凝土结构内部缺陷（蜂窝、空洞等）检测（　　）

任务评价

考核评价

考核阶段	考核项目		占比（%）	方式	得分
过程评价（60%）	课前探究学习（20%）	课前学习态度（线上）	5	理论（师评）	
		课前任务完成情况（线上）	10	理论（师评）	
		课前任务成果提交（线上）	5	理论（师评）	
	课中内化（30%）	懂检测原理（线上＋线下）	5	理论＋技能（自评）	
		能运用规范编制检测计划	5	理论＋技能（自评）	
		能完成检测步骤	10	技能＋素质（师评＋自评）	
		会分析检测数据	5	技能＋素质（师评＋小组互评）	
		能提交质量报告	5	理论＋技能＋素质（师评＋小组互评）	
	课后提升（10%）	第二课堂	10	技能＋素质（自评＋小组互评）	
结果评价（40%）	综合能力评价（40%）	理论综合测试（参照1+X路桥 无损检测技能等级证书理论 考试形式展开）	20	理论获取证书结果	
		技能综合测试（参照1+X路桥 无损检测技能等级证书实操 考试形式展开）	20	技能＋素质获取证书结果	
教师根据学生的学习成果，在能力发展、质量意识、职业发展三个方面探索增值评价，对完成整个项目的学习情况进行动态综合评价					
增值评价	能力发展（学习、合作能力）	平台课前自主学习动态轨迹（师评）			
		提升自我的持续学习能力（师评＋小组互评）			
		融入小组团队合作的能力（小组互评）			
	质量意识	规范操作意识（自评＋小组互评）			
		实训室 6S 管理意识（师评＋小组互评）			

模块一　混凝土材料及结构检测

任务三　检测混凝土结构缺陷

🏠	工作任务三	声频法检测混凝土缺陷
🔢	学时	2
✉	团队名称	

课前探究

探索声频法检测混凝土缺陷的工作原理

任务引入

受某单位委托，需要对某隧道二次衬砌混凝土内部缺陷及脱空进行检测。前期已通过冲击弹性波法及弹性波CT法对该结构物进行了检测

兴趣激发

作为一种新的缺陷检测手段，利用声频来判定结构物内部缺陷，该方法的特点是什么呢

任务情景

作为某试验检测机构技术人员，你被安排去对该隧道二次衬砌进行缺陷检测，通过检测前资料整理及收集，已清楚工程概况及现场结构物技术资料，要求根据前期已经完成的冲击弹性波法及弹性波CT法的缺陷检测结果，再利用声频法完成对比试验，并出具检测报告

学习目标

请在本次工作任务结束之后在下面记录你的学习目标达成情况

教学目标

思政目标	培养学生敬畏生命的观念，培育科学严谨、精益求精的"工匠精神"
知识目标	1. 熟悉声频法检测混凝土缺陷的特点及适用范围 2. 掌握声频法检测混凝土结构缺陷的流程和方法 3. 掌握参数设置注意事项 4. 掌握声频检测仪器连接注意事项
技能目标	1. 会查阅检测规程学习声频法检测混凝土缺陷、运用公路工程质量检验评定标准 2. 能按照声频法仪器操作规程在安全环境下正确连接检测设备，会检查仪器 3. 会用声频检测仪进行参数设置、布点、数据采集

技能目标	4. 会导出检测数据并对数据进行分析 5. 会根据检测报告填写要求填写混凝土缺陷检测评定记录表 6. 能根据公路工程质量检验评定标准出具缺陷检测报告	
素质目标	1. 具有严格遵守安全操作规程的态度 2. 具备认真的学习态度及解决实际问题的能力 3. 能够以严谨、认真负责的工作态度完成混凝土强度检测任务	
知识点提炼	**知识基础**	
笔记	基于手机声频的脱空检测：利用手机的录音功能，可以简单地对隧道衬砌表层、钢管混凝土的脱空进行检测。在脱空检测中，脱空与否的阈值是关键问题之一。在大多数情况下，难以给出阈值的理论计算方法，因此只能采用统计的方法确定。通过敲击扫描的方式，对被测物内部缺陷进行精准、快速检测。以弹性波为测试介质，专业拾声器为接收装置，再结合成熟的 IE 算法分析，既扩大了测试范围又避免了钢筋影响，与雷达检测的应用形成互补 声频检测技术：冲击声频回波（IAE）法 检测原理：结合弹性波冲击回波法和敲击法的优点，开发了基于声频的非接触、移动式的工程无损检测方法——冲击声频回波法（Impact Acoustic Echo method，IAE） 检测特点： 1）采用拾声器相阵 2）采用差分和积分，在得到空气柱的加速度的同时消减周围噪声 3）对处理得到的信号进行高分辨率 IE（冲击弹性波法）分析 检测方法：该方法对测试结构的测试部位激振并诱发振动以及声响，通过广频域、高指向拾声装置拾取该声音信号，并通过差分处理计算空气柱的加速度。由于该加速度与被测结构表面的加速度有密切的相关关系，因此分析该加速度信号即可达到快速、准确了解测试结构内部情况的目的，避免接触式测试产生的误差，提高测试精度及效率，并可用于移动测试，如图 1-23 所示 首先进行测区、测点的布置，沿测试轴线的方向，以扫描的形式逐点进行激振和接收信号。通过分析测点从衬砌底部以及衬砌缺陷位置的反射信号的有无、强弱、传播时间等特性，来判断测试隧道衬砌缺陷的位置及大小 测线布置方式为沿隧道纵向，例如拱顶、左右拱腰及左右边	

墙，也可根据实际检测要求适当调整测线，如图 1-24 所示

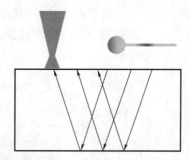

图 1-23 冲击声频回波法测试

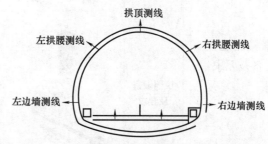

图 1-24 冲击声频回波法检测测线布置示意图

隧道衬砌缺陷检测测点间距布置宜为 0.5m，或在采用雷达法检测存在疑似缺陷位置可适当减小测点间距，一般为 0.2m

提示：激振点与拾声器轴心之间的距离为 0.2m 左右

检测案例：利用冲击声频回波法（IAE）对隧道衬砌混凝土的脱空进行了检测，如图 1-25 所示

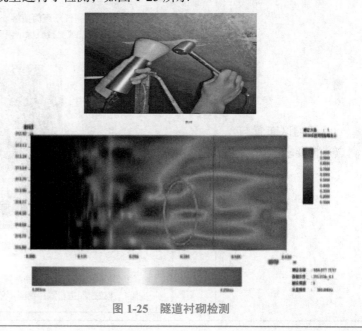

图 1-25 隧道衬砌检测

重难点初探	任务分析		
熟悉声频法检测混凝土缺陷的目的及适用范围	请参考《冲击回波法检测混凝土缺陷技术规程》JGJ/T 411—2017 及 XE 冲击声频缺陷检测仪—操作手册 2021-10 完成任务分析单		

检测目的	测定混凝土结构缺陷	
适用范围	适用于单面反射法的混凝土内部缺陷检测	
仪器设备及要求		名称：_____ 作用：_____
		名称：_____ 作用：_____
		名称：_____ 作用：_____
		名称：_____ 作用：_____
测线布置	请你描述声频法布设要求	
声频隔声筒常规性维护保养	（1）声频检测仪隔声筒前端麦克风保护罩为易损耗材，长期使用宜及时进行清洗或更换，保证麦克风保护罩无灰尘堵塞等现象 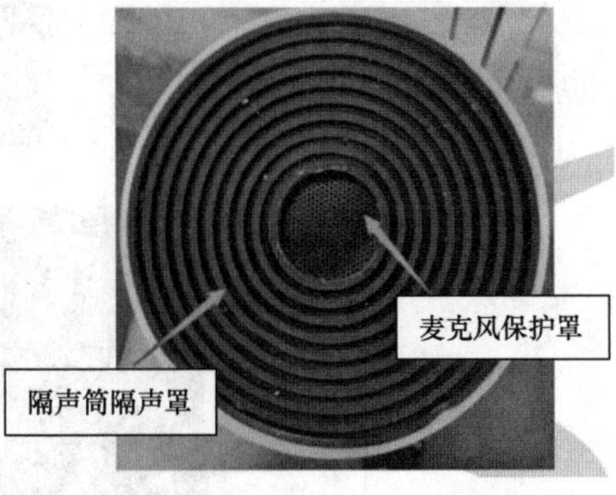 隔声筒隔声罩及麦克风保护罩 （2）声频检测仪隔声筒隔声罩在隧道等灰尘多的环境下使用，容易变脏，建议定期进行隔声筒隔声罩的清洗，以保证其良好的隔声效果	

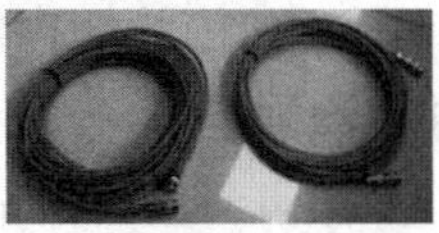

请根据检测规程完善仪器设备及要求，会检查仪器

熟记测区布置与测点选择要求

（续）

检测工作要求	（1）防振：仪器在搬运过程中应防止剧烈振动 （2）防磁：使用时尽量避开电焊机、电锯等强电磁场干扰源 （3）防腐蚀：在潮湿、灰尘、腐蚀性气体环境中使用时应采用必要的防护措施 （4）储存：仪器应放在通风、阴凉、干燥（相对湿度小于80%）、室温环境下保存。若长期不使用应定期通电开机检查
试验步骤	波速标定 测点布置 数据采集 数据分析 出具报告
注意事项	（1）拔出电源插头时请勿用手直接拉扯电线，务必手持插头一起拔出，以免发生事故 （2）请勿放置在易受振动、撞击的地方，并且勿将重物置于仪器上，否则可能导致火灾、触电等事故 （3）请勿堵住通风口，否则可能导致火灾、触电等事故 （4）搬运系统时，测试操作不能进行，否则可能导致故障 （5）请勿在电源线上放置东西，电源线破损的话可能导致漏电、火灾等事故 （6）系统如果长期不使用，请把系统中的电池取出，否则可能导致火灾、触电等事故

重点记录

笔记：主要记录检测步骤要点及注意事项

混凝土缺陷检测 -
声频法

任务实施

声频法混凝土缺陷检测检测流程：

1. 准备工作

准备工作包括仪器连接和测线、测点布置

2. 数据采集

数据采集包括波速标定和现场检测，数据采集包括以下步骤：

（1）启动数据采集软件

（2）选择检测项目

（3）数据采集

数据采集			
	流程	照片	具体说明
1	打开采集界面并设置保存文件名	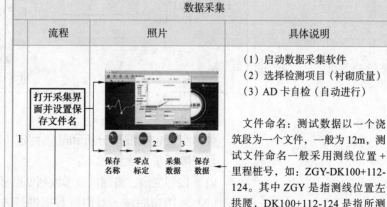	（1）启动数据采集软件 （2）选择检测项目（衬砌质量） （3）AD卡自检（自动进行） 文件命名：测试数据以一个浇筑段为一个文件，一般为12m，测试文件命名一般采用测线位置＋里程桩号，如：ZGY-DK100+112-124。其中ZGY是指测线位置左拱腰，DK100+112-124是指所测试的浇筑段里程桩号

（续）

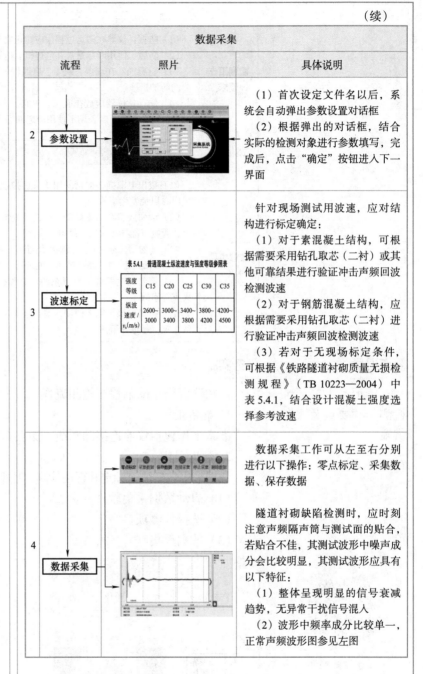

	数据采集		
	流程	照片	具体说明
2	参数设置		（1）首次设定文件名以后，系统会自动弹出参数设置对话框 （2）根据弹出的对话框，结合实际的检测对象进行参数填写，完成后，点击"确定"按钮进入下一界面
3	波速标定	表5.4.1 普通混凝土纵波速度与强度等级参照表 强度等级 C15 C20 C25 C30 C35 纵波速度/v₅(m/s) 2600~3000 3000~3400 3400~3800 3800~4200 4200~4500	针对现场测试用波速，应对结构进行标定确定： （1）对于素混凝土结构，可根据需要采用钻孔取芯（二衬）或其他可靠结果进行验证冲击声频回波检测波速 （2）对于钢筋混凝土结构，应根据需要采用钻孔取芯（二衬）进行验证冲击声频回波检测波速 （3）若对于无现场标定条件，可根据《铁路隧道衬砌质量无损检测规程》（TB 10223—2004）中表5.4.1，结合设计混凝土强度选择参考波速
4	数据采集		数据采集工作可从左至右分别进行以下操作：零点标定、采集数据、保存数据 隧道衬砌缺陷检测时，应时刻注意声频隔声筒与测试面的贴合，若贴合不佳，其测试波形中噪声成分会比较明显，其测试波形应具有以下特征： （1）整体呈现明显的信号衰减趋势，无异常干扰信号混入 （2）波形中频率成分比较单一，正常声频波形图参见左图

3. 数据解析

数据解析包括波形分析和缺陷判定

数据解析步骤大致如下：

（1）数列变换：将测试波形数列变换显示在一个数据解析页面

（2）海明窗滤波：对声频数据进行波形信号处理

（3）频谱解析：对波形数据进行频谱分析，转换频谱图

数据解析		
流程	照片	具体说明
1 打开解析软件并选择解析数据文件	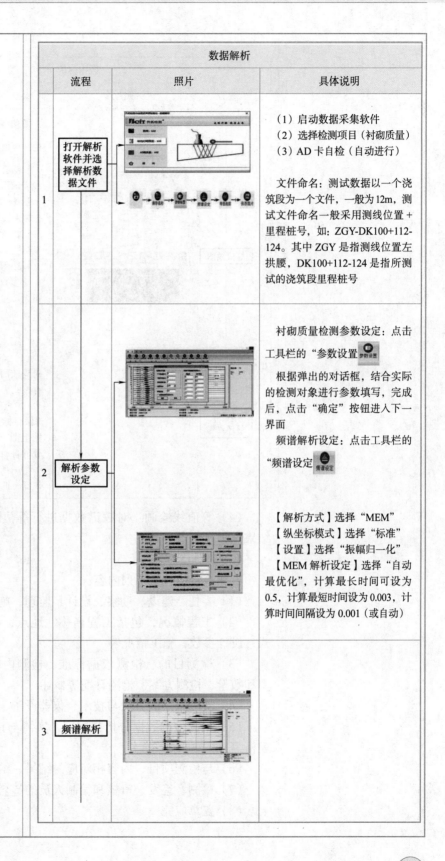	（1）启动数据采集软件 （2）选择检测项目（衬砌质量） （3）AD 卡自检（自动进行） 文件命名：测试数据以一个浇筑段为一个文件，一般为12m，测试文件名一般采用测线位置＋里程桩号，如：ZGY-DK100+112-124。其中 ZGY 是指测线位置左拱腰，DK100+112-124 是指所测试的浇筑段里程桩号
2 解析参数设定		衬砌质量检测参数设定：点击工具栏的"参数设置 参数设置" 根据弹出的对话框，结合实际的检测对象进行参数填写，完成后，点击"确定"按钮进入下一界面 频谱解析设定：点击工具栏的"频谱设定 频谱设定" 【解析方式】选择"MEM" 【纵坐标模式】选择"标准" 【设置】选择"振幅归一化" 【MEM 解析设定】选择"自动最优化"，计算最长时间可设为0.5，计算最短时间设为0.003，计算时间间隔设为0.001（或自动）
3 频谱解析		

（续）

数据解析		
流程	照片	具体说明
4 等值线图	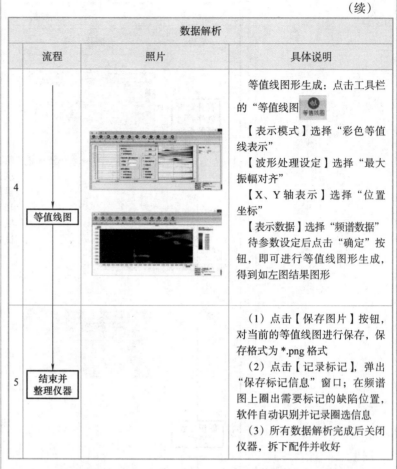	等值线图形生成：点击工具栏的"等值线图 等值线图" 【表示模式】选择"彩色等值线表示" 【波形处理设定】选择"最大振幅对齐" 【X、Y轴表示】选择"位置坐标" 【表示数据】选择"频谱数据" 待参数设定后点击"确定"按钮，即可进行等值线图形生成，得到如左图结果图形
5 结束并整理仪器		（1）点击【保存图片】按钮，对当前的等值线图进行保存，保存格式为 *.png 格式 （2）点击【记录标记】，弹出"保存标记信息"窗口；在频谱图上圈出需要标记的缺陷位置，软件自动识别并记录圈选信息 （3）所有数据解析完成后关闭仪器，拆下配件并收好

（4）等值线绘画：对频谱数据进行等值线绘画，以便进行结果位置及判定

4. 检测报告

检测报告应包括下列内容：

（1）委托、建设、勘察、设计、监理、施工等单位的全称

（2）工程概况，包括工程名称、地点，地质情况，结构形式，设计参数，施工情况等

（3）检测目的、检测依据标准、检测内容和项目、检测频率和数量、检测方案、检测日期等概述

（4）检测采用的方法与技术、仪器设备、检测过程叙述

（5）相关检测数据分析与判定，实测与计算数据绘制曲线、表格等

（6）与检测项目、内容相对应的结果、结论与建议

（7）检测、签发、审核和编制人员的签名

（8）盖章应完整

请完成混凝土缺陷检测报告（声频法）并提交	声频法混凝土缺陷检测报告									
	施工 / 委托单位									
	工程名称				委托 / 任务编号					
	工程地点				检测编号					
	工程信息				结构形式					
	检测依据				构件浇筑日期					
	委托日期				试验检测日期					
	判定依据				混凝土设计强度					
	检测内容				检测频率和数量					
	主要仪器设备名称及编号				检测方法					
	混凝土缺陷检测结果									
	序号	构件编号	结构尺寸 /m	测线编号	测试部位	起点位置 /m	检测范围 /m	测点间距 /m	测试数据文件名称	备注
	1									
	检测结果									
	评判结论及建议									
	检测结果图									
	附加声明	报告无本单位"专用章"无效；报告无三级审核无效；报告改动、换页无效；委托试验检测报告仅对来样负责；未经本单位书面授权，不得部分复制本报告或用于其他用途；若对本报告有异议，应于收到报告 15 个工作日内向本单位提出书面复议申请，逾期不予受理									

检测：　　　　　审核：　　　　　批准：　　　　　日期：

综合提升	自我测验
请你在课后完成自我测验试题，以自我评定知识、技能、素养获得情况	【单选】1. 强制性国家标准的立项由（　　）负责 　　A. 国务院 　　B. 国务院有关行政主管部门 　　C. 国务院标准化行政主管部门 　　D. 地方人民政府有关行政主管部门 【单选】2. 下列关于声频法测线与测点布置要求的描述，错误的是（　　） 　　A. 隧道衬砌缺陷检测测点间距布置宜为 0.5m 　　B. 在采用雷达法检测存在疑似缺陷位置可适当减小测点间距，一般为 0.2m 　　C. 激振点与拾声器轴心之间的距离为 0.2m 左右 　　D. 激振点与拾声器轴心之间的距离为 0.5m 左右 【单选】3. 混凝土厚度测试方法不包括（　　） 　　A. 电磁衰减法　　　　　　　B. 声频法 　　C. 冲击弹性波法　　　　　　D. 雷达法 【单选】4. 按要求维护和保养声频隔声筒能保证声频检测仪的使用性能，延长隔声筒的使用寿命，对按时完成检测计划、提高工作效率具有积极的意义，下列关于声频检测仪的保养措施，说法错误的是（　　） 　　A. 声频检测仪隔声筒前端麦克风保护罩为易损耗材，长期使用宜及时进行清洗或更换，保证麦克风保护罩无灰尘堵塞等现象 　　B. 声频检测仪隔声筒隔声罩在隧道等灰尘多的环境下使用，容易变脏，建议定期进行隔声筒隔声罩的清洗，以保证其良好的隔声效果 　　C. 在潮湿、灰尘、腐蚀性气体环境中使用时应加必要的防护措施 　　D. 仪器应放在通风、阴凉、干燥（相对湿度小于 80%）、室温环境下保存。若长期不使用关机存放即可 【单选】5. 仪器设备无法溯源到国家基准或国际测量标准的，检验检测机构应当（　　） 　　A. 采用设备内部比对，证明满足要求 　　B. 告知客户 　　C. 提供设备比对、能力验证结果与同类检验检测机构的一致性证据 　　D. 采用期间核查证明满足要求 【多选】6. 关于声频法检测混凝土缺陷进行的零点标定，下列说法正确的有（　　） 　　A. 检测仪器是否能够正常工作 　　B. 根据标定结果调整相应参数，降低环境噪声，以消除其对测试结果的不利影响 　　C. 环境噪声过大，不利于进行测试工作 　　D. 环境噪声不会影响测试工作 【判断】7. 声频法衬砌检测测线布置方式为沿隧道纵向，例如拱顶、左右拱腰及左右边墙，也可根据实际检测要求适当调整测线（　　） 【判断】8. 声频法测定缺陷开始之前，为数据采集输入数据文件的保存名，点击"保存"按钮进入下一步，此时需输入扩展名（　　） 【判断】9. 若隔声罩需清洗时，直接用水进行清洗即可（　　）

任务评价	考核评价

考核阶段	考核项目		占比（%）	方式	得分
过程评价（60%）	课前探究学习（20%）	课前学习态度（线上）	5	理论（师评）	
		课前任务完成情况（线上）	10	理论（师评）	
		课前任务成果提交（线上）	5	理论（师评）	
	课中内化（30%）	懂检测原理（线上＋线下）	5	理论＋技能（自评）	
		能运用规范编制检测计划	5	理论＋技能（自评）	
		能完成检测步骤	10	技能＋素质（师评＋自评）	
		会分析检测数据	5	技能＋素质（师评＋小组互评）	
		能提交质量报告	5	理论＋技能＋素质（师评＋小组互评）	
	课后提升（10%）	第二课堂	10	技能＋素质（自评＋小组互评）	
结果评价（40%）	综合能力评价（40%）	理论综合测试（参照 1+X 路桥 无损检测技能 等级证书理论 考试形式展开）	20	理论获取证书结果	
		技能综合测试（参照 1+X 路桥 无损检测技能等级 证书实操 考试形式展开）	20	技能＋素质获取证书结果	

教师根据学生的学习成果，在能力发展、质量意识、职业发展三个方面探索增值评价，对完成整个项目的学习情况进行动态综合评价

增值评价	能力发展（学习、合作能力）	平台课前自主学习动态轨迹（师评）
		提升自我的持续学习能力（师评＋小组互评）
		融入小组团队合作的能力（小组互评）
	质量意识	规范操作意识（自评＋小组互评）
		实训室 6S 管理意识（师评＋小组互评）

模块一　混凝土材料及结构检测

任务三　检测混凝土结构缺陷

🏠	工作任务四	雷达法检测混凝土缺陷
🗒	学时	2
✉	团队名称	

课前探究	任务引入

课前探究

雷达法检测结构物厚度与检测缺陷的方法有什么不同

任务引入

受某单位委托，需要对某预制小箱梁腹板进行缺陷检测。该梁已用冲击弹性波及弹性波CT法进行过缺陷检测，现要求利用雷达法进行对比试验

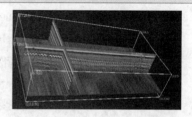

兴趣激发

雷达波属于哪一种类型的波

任务情景

作为某试验检测机构技术人员，你被安排去对该预制小箱梁腹板进行缺陷检测，通过检测前资料整理及收集，已清楚工程概况及现场结构物技术资料，要求利用雷达检测仪验证该箱梁腹板内部缺陷并出具检测报告

学习目标

请在本次工作任务结束之后在下面记录你的学习目标达成情况

教学目标

思政目标	培养学生敬畏生命的观念，培育科学严谨、精益求精的"工匠精神"
知识目标	1. 掌握混凝土结构缺陷检测的目的、意义及适用范围 2. 了解不同检测方法测定缺陷的特点 3. 熟悉雷达法检测混凝土缺陷的流程和方法
技能目标	1. 会查阅《雷达法检测混凝土结构技术标准》JGJ/T 456—2019学习混凝土缺陷检测的目的、意义、适用范围 2. 能按照雷达法仪器使用操作规程在安全环境下正确连接设备，会检查仪器 3. 会运用雷达检测仪进行数据采集、分析 4. 会根据采集数据准确判定混凝土结构缺陷区域 5. 能根据《公路工程质量检验评定标准》JTG F80/1—2017出具混凝土缺陷检测报告

素质目标	1. 具有严格遵守安全操作规程的态度 2. 具备认真的学习态度及解决实际问题的能力 3. 能够以严谨、认真、负责的工作态度出具准确的检测报告

知识点提炼	知识基础
笔记 雷达检测方法介绍	地质雷达法是一种利用电磁波反射及散射确定地下或内部介质分布情况的电磁探测方法，而使用这种方法的仪器称为地质雷达 　　1. 地质雷达工作原理 　　地质雷达在工作时，在雷达主机控制下，脉冲产生周期性的毫微秒信号，并直接发送给天线，经过天线耦合到地下的信号在传播路径上碰到介质的非均匀体（面）时，产生反射信号。位于地面上的接收天线在接收到地下回波后，直接传输到接收机，信号在接收机上经过整形和放大等处理后，经电缆传播到雷达主机，经处理后，传输到计算机。在计算机中对信号按照幅度进行编码，并以伪彩色电平图/灰色电平图或波形堆积图的方式显示出来，经信号处理，可以判定目标的深度、大小、方位等参数。地质雷达的工作频率主要以 MHz~GHz 为单位。在地质介质中以位移电流为主，电磁波动方程与地震波类似 　　2. 地质雷达探测系统组成 　　地质雷达探测系统由地质雷达主机、天线、数据采集软件、数据分析处理软件等组成。地质雷达天线可采用不同频率的天线组合，低频天线探测距离长、精度低；高频天线探测距离短、精度高，天线频率有 50MHz、100MHz、400MHz、900MHz、1GHz、1.5GHz、2GHz 等 　　3. 地质雷达的应用 　　地质雷达应用于混凝土结构及隧道检测。实测时将雷达的发射和接收天线密贴混凝土结构或衬砌表面，雷达波通过天线进入混凝土衬砌中，遇到钢筋、钢拱架、材质有差别的混凝土、不连续面或分界面（如混凝土中间的不连续面，混凝土与空气、混凝土与岩石分界面、岩石中的裂面）等产生反射。接收天线接收到反射波，测出反射波的入射、反射双向走时，就可计算出反射波走过的路程长度，从而求出天线距反射面的距离 　　（1）隧道衬砌质量检测　最常用的无损检测方法之一是探地雷达，可用于检测喷射混凝土、二次衬砌混凝土厚度、仰拱深度、混凝土衬砌内部情况及空洞、钢筋及钢架位置等。其检测和数据处理方法均相同，差别主要在于天线的选取、部分参数的设定和各自反射图像的特征

（2）天线的选取 探地雷达法进行隧道衬砌质量检测的主要内容是混凝土密实性、脱空和衬砌厚度。检测中一般采用400MHz 或 900MHz 高频天线，检测厚度可达几十厘米

根据探测对象和目的不同、探测深度和分辨率要求综合选择探测天线

1）对于探测深度 ≤ 1.3m 的混凝土结构（如隧道衬砌结构、路基路面密实性）宜采用 400~600MHz 天线；900MHz 天线探测深度 <0.5m；900MHz 加强型天线探测深度 <1.1m；1.5GHz 天线探测深度 <0.25m，宜作为辅助探测

2）对于探测深度为 1.3~15m 的混凝土结构（如仰拱深度、厚度等）或较大不良地质（空洞、溶洞、采空区等）宜采用 100MHz 和 200MHz 天线

（3）现场检测 隧道施工过程中质量检测以纵向布线为主，环向（横向）布线为辅。两车道纵向测线应分别在隧道拱顶、左右拱腰、左右边墙布置测线，根据检测需要可布置 5~7 条测线；三车道、四车道隧道应在隧道的拱腰部位增加两条测线，遇到衬砌有缺陷的地方应加密；隧底测线根据现场情况布置，一般为 1~3 条，特殊要求的地段可布置网格状测线，主要是探测密实情况或岩溶发育情况，宜在施作完成路基或路基调平层后进行。为将测线名称和编号与隧道实体对应和统一，建议面向隧道出口方向（里程增大方向），各测线从左到右依次编号，并标注各测线高度及其在纵向上的起伏变化。路面中心测线应避开中央排水管影响

环向测线实施较困难，可按检测内容和要求布设测线，一般环向测线沿隧道纵向的布置距离为 8~12m。若检测中发现不合格地段，应加密测线或测点

测量方式采用连续点测方式，测点间隔一般为几厘米，由测距轮跟踪测量里程

（4）检测布线及现场注意事项 隧道衬砌的地质雷达检测布线应遵循以下原则：

1）纵向布线采用连续方式，特殊地段或条件不允许时，可采用点测方式，测量点距不宜大于 200mm，测线每 5~10m 应有里程标记

2）环向测线尽量采用连续方式检测，也可采用点测方式，每道测线不小于 20 个测点。天线的定位方法可采用常用的手动打标定位法和测量轮测距定位法。测量轮测距定位法一般用在表面平整的二次衬砌地段，且应加强定位的误差标定或实施分段标定。隧道检测时雷达天线的快速运动往往形成天线贴壁不良，

有较强的多次波出现，此外，隧道内电缆、钢管排架以及混凝土内部钢筋等对雷达数据有较大干扰，为了压制干扰，对隧道检测的探地雷达数据在解析前必须经过水平滤波、反褶积滤波和偏移滤波等数据处理，消除剖面上的多次波和其他背景干扰波

（5）混凝土结构背后回填密实性分析　地质雷达法检测混凝土结构背后回填的密实性（密实、不密实、空洞），可根据探地雷达剖面反射波振幅、相位和频率特征划分为三种类型，主要判定特征如下：

1）密实：反射信号弱，图像均一且反射界面不明显

2）不密实：反射信号强，信号同相轴呈绕射弧形，不连续且分散、杂乱

3）空洞：反射信号强，反射界面明显，下部有多次反射信号，两组信号时程差较大

重难点初探	任务分析

重难点初探：熟悉雷达法检测混凝土缺陷的目的及适用范围

任务分析

请参考《冲击回波法检测混凝土缺陷技术规程》JGJ/T 411—2017 及《地质雷达检测技术体系》SCIT-1-TEC-11-2021-C 完成任务分析单

检测目的	雷达法以电磁波为介质，对混凝土的结构缺陷进行检测，可用于路面、隧道衬砌、挡墙、楼板等混凝土结构的缺陷检测。雷达法不适用于钢筋过于密集的位置。可检测缺陷包括内部空洞、裂缝、不密实、脱空等
适用范围	通过连接不同型号的天线，探地雷达可完成对不同深度目标的探测（天线主频越高，探测深度越浅，垂向分辨率越高）。下表中天线探测深度是常规条件中能到达的深度，实际探测时与现场条件有关，测试混凝土时，因混凝土介电常数较大，测试深度会变小

检测对象	天线频率	探测深度
隧道衬砌结构、路基路面密实性	400~600MHz	≤1.3m
	900MHz	<0.5m
	900MHz 加强型天线	<1.1m
	1.5GHz	<0.25m
混凝土结构（如仰拱深度、厚度等）或较大不良地质（空洞、溶洞、采空区等）	100MHz 和 200MHz	1.3~15m

（续）

请根据检测规程完善仪器设备及要求，会检查仪器	仪器设备及要求	仪器设备要求： （1）雷达检测系统应具有图像表示的功能，宜具有快速形成图像的功能 （2）雷达检测系统应提供天线布置形式和天线极化方向及辐射角度等参数 （3）雷达主机及天线应保证电磁波发射符合国家相关标准 （4）由雷达天线和主机等组成的检测系统，其性能应满足以下规定： 1）信噪比宜大于 110 2）信号稳定性变化宜小于 1% 3）测距误差宜小于 0.3% 4）时基精度值宜小于 0.02% 5）系统动态范围宜大于 120dB 6）主机分辨率不宜大于 5ps 7）主机最大扫描速度不宜小于每秒 100 扫 8）主机脉冲重复频率不宜小于 100kHz 9）系统 A/D 转换的动态位数不应低于 16 位 10）应根据测试厚度要求配置不同频率天线
	测线布置	检测开始前，应先了解干扰钢筋的分布情况，测线与干扰钢筋的走向不宜重合。根据检测环境和检测目的布置测线。应根据被测目标物的尺寸建立测区坐标系统，确定测区对应的测线条数及间距，并应对测线依次编号 测区对应的测线布置应计入边界效应的影响 一般情况下沿结构表面延线测定，如结构尺寸较大，可加密测线布置
	试验流程	仪器连接 ▶ 软件设置 ▶ 数据采集 ▶ 数据分析 ▶ 出具报告
	注意事项	1）测区表面应干燥、平整，并应能保证雷达天线接触良好 2）测区内不应存在干扰检测结果的其他电磁波源 3）在符合检测厚度要求时，应选用较高频率的天线 4）数据采集过程中，天线应沿测线方向匀速移动。使用测距模式时，应在标记位置处打标 5）缺陷测试时，需要对已知厚度结构进行标定，计算介电常数及波速 6）在检测结构表面有预埋件或表面异常时，应做标记 7）对于钢筋密集区域检测时，需要注意避免或排除钢筋影响 8）缺陷测试时，需要保证天线与结构表面接触良好，保证测试精度 9）在疑似缺陷位置，可加密测线检测，确保测线能覆盖怀疑缺陷区域 10）分析处理结果，应采用雷达剖面图像确定缺陷水平位置及深度

重点记录	任务实施
笔记：主要记录检测步骤要点及注意事项	雷达法混凝土结构缺陷检测流程： 1. 混凝土介电常数标定（混凝土波速） 　　混凝土缺陷检测需要先标定混凝土的介电常数，即在已知厚度混凝土位置测试（可测试完取芯测量厚度），分析介电常数或电磁波速值。如只判断缺陷位置和类型，不需要准确的深度，也可使用推荐波速或介电常数 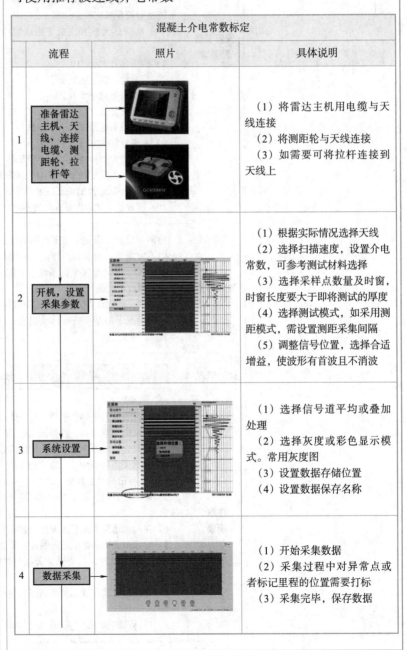

混凝土介电常数标定			
	流程	照片	具体说明
1	准备雷达主机、天线、连接电缆、测距轮、拉杆等		（1）将雷达主机用电缆与天线连接 （2）将测距轮与天线连接 （3）如需要可将拉杆连接到天线上
2	开机，设置采集参数		（1）根据实际情况选择天线 （2）选择扫描速度，设置介电常数，可参考测试材料选择 （3）选择采样点数量及时窗，时窗长度要大于即将测试的厚度 （4）选择测试模式，如采用测距模式，需设置测距采集间隔 （5）调整信号位置，选择合适增益，使波形有首波且不消波
3	系统设置		（1）选择信号道平均或叠加处理 （2）选择灰度或彩色显示模式。常用灰度图 （3）设置数据存储位置 （4）设置数据保存名称
4	数据采集		（1）开始采集数据 （2）采集过程中对异常点或者标记里程的位置需要打标 （3）采集完毕，保存数据

（续）

混凝土介电常数标定		
流程	照片	具体说明
5 数据处理	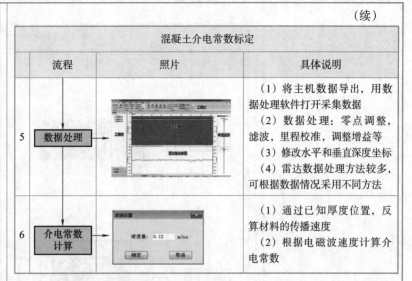	（1）将主机数据导出，用数据处理软件打开采集数据 （2）数据处理：零点调整，滤波，里程校准，调整增益等 （3）修改水平和垂直深度坐标 （4）雷达数据处理方法较多，可根据数据情况采用不同方法
6 介电常数计算	波速设置 波速值：0.12 m/ns 确定　取消	（1）通过已知厚度位置，反算材料的传播速度 （2）根据电磁波速度计算介电常数

混凝土缺陷检测 - 雷达法

2. 混凝土缺陷检测

利用标定得到的电磁波速值，分析判断混凝土的内部缺陷位置、深度和类型

混凝土缺陷检测		
流程	照片	具体说明
1 准备雷达主机、天线、连接电缆、测距轮、拉杆等		（1）将雷达主机用电缆与天线连接 （2）将测距轮与天线连接 （3）如需要可将拉杆连接到天线上 （4）按要求布置测线 （5）根据测试深度选择天线
2 开机，设置采集参数		（1）根据实际情况选择天线 （2）选择扫描速度，根据标定结果设置介电常数 （3）选择采样点数量及时窗，时窗长度要大于即将测试的厚度 （4）选择测试模式，如采用测距模式，需设置测距采集间隔 （5）调整信号位置，选择合适增益，使直达波位置合适
3 系统设置		（1）选择信号道平均或叠加处理 （2）选择灰度或彩色显示模式，常用灰度图 （3）设置数据存储位置 （4）设置数据保存名称

（续）

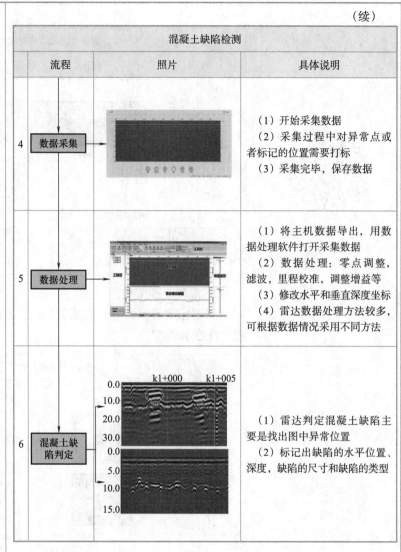

混凝土缺陷检测		
流程	照片	具体说明
4 数据采集		（1）开始采集数据 （2）采集过程中对异常点或者标记的位置需要打标 （3）采集完毕，保存数据
5 数据处理		（1）将主机数据导出，用数据处理软件打开采集数据 （2）数据处理：零点调整，滤波，里程校准，调整增益等 （3）修改水平和垂直深度坐标 （4）雷达数据处理方法较多，可根据数据情况采用不同方法
6 混凝土缺陷判定		（1）雷达判定混凝土缺陷主要是找出图中异常位置 （2）标记出缺陷的水平位置、深度，缺陷的尺寸和缺陷的类型

3. 检测报告

检测报告应包括下列内容：

（1）工程概况：工程的名称、性质、规模、用途；地理位置和场地条件；工程建设特点；开竣工日期、实际完成工作量；检测目的、范围和内容等

（2）检测技术措施：检测依据、检测仪器与检测方法

（3）现场检测情况：日期、天气、异常现象、环境情况和明显缺陷情况

（4）质量评定

（5）结论与建议

（6）附图与附表

请完成混凝土缺陷检测报告（雷达法）并提交

混凝土结构（混凝土缺陷）检测记录表

检测：　　　　记录：　　　　复核：　　　　日期：　　年　月　日

工程名称			
工程部位/部位			
样品信息			
检测日期		检测条件	
检测依据		判定依据	
主要仪器设备名称及编号			

混凝土缺陷检测

序号	里程号/m	位置	缺陷类型	缺陷长度/m	缺陷深度/m
1					
2					
3					
4					
5					
6					
7					
8					
9					
10					

附加声明：

综合提升	自我测验
请你在课后完成自我测验试题，以自我评定知识、技能、素养获得情况	【单选】1.（☆☆）利用雷达法检测含水丰富的混凝土缺陷时，反射波首波的相位是（　　） 　　A. 正向　　　　　　　　B. 负向 　　C. 没变化　　　　　　　D. 以上都不是 【单选】2.（☆☆）利用雷达法对某混凝土模型进行内部缺陷检测，经过计算反射系数为 –0.35，其内部缺陷中的媒介属于（　　） 　　A. 水　　　　　　　　　B. 空气 　　C. 塑料　　　　　　　　D. 泡沫夹层 【单选】3.（☆☆）对于隧道二衬的混凝土缺陷，可以采用的检测方法是（　　） 　　A. 雷达法　　　　　　　B. 冲击弹性波法 　　C. 敲击法　　　　　　　D. 超声法 【单选】4.（☆）在影响施工质量的主要因素中，方法的因素主要包括（　　）等方面 　　A. 施工技术方案　　　　B. 施工工艺 　　C. 检验方法　　　　　　D. 施工技术措施 【多选】5.（☆☆）对混凝土内部缺陷进行检测时，既可以用于单面检测也可以用于双面检测的方法有（　　） 　　A. 弹性波法　　　　　　B. 超声波法 　　C. 雷达法　　　　　　　D. 超声阵列法 【多选】6.（☆☆）下面关于探地雷达法（电磁波法）的叙述正确的有（　　） 　　A. 测试效率较高 　　B. 对结构物中钢筋敏感 　　C. 在钢结构检测中应用广 　　D. 能检测基桩完整性 【判断】7.（☆☆）雷达法对地下水发育的隧道衬砌进行缺陷检测时，特定的衬砌厚度情况下，会出现检测盲区（　　） 【判断】8.（☆☆）对隧道衬砌的钢筋混凝土内部缺陷进行检测，冲击弹性波法的检出精度要高于地质雷达（　　） 【判断】9.（☆）采用冲击弹性波、超声波、微波都可以对混凝土缺陷进行检测（　　）

任务评价

考核评价

考核阶段	考核项目		占比（%）	方式	得分
过程评价（60%）	课前探究学习（20%）	课前学习态度（线上）	5	理论（师评）	
		课前任务完成情况（线上）	10	理论（师评）	
		课前任务成果提交（线上）	5	理论（师评）	
	课中内化（30%）	懂检测原理（线上＋线下）	5	理论＋技能（自评）	
		能运用规范编制检测计划	5	理论＋技能（自评）	
		能完成检测步骤	10	技能＋素质（师评＋自评）	
		会分析检测数据	5	技能＋素质（师评＋小组互评）	
		能提交质量报告	5	理论＋技能＋素质（师评＋小组互评）	
	课后提升（10%）	第二课堂	10	技能＋素质（自评＋小组互评）	
结果评价（40%）	综合能力评价（40%）	理论综合测试（参照1+X 路桥 无损检测技能等级证书理论 考试形式展开）	20	理论 获取证书结果	
		技能综合测试（参照1+X 路桥 无损检测技能等级证书实操 考试形式展开）	20	技能＋素质 获取证书结果	
增值评价	教师根据学生的学习成果，在能力发展、质量意识、职业发展三个方面探索增值评价，对完成整个项目的学习情况进行动态综合评价				
	能力发展（学习、合作能力）	平台课前自主学习动态轨迹（师评）			
		提升自我的持续学习能力（师评＋小组互评）			
		融入小组团队合作的能力（小组互评）			
	质量意识	规范操作意识（自评＋小组互评）			
		实训室 6S 管理意识（师评＋小组互评）			

模块一　混凝土材料及结构检测

任务四　检测混凝土结构裂缝

⌂	工作任务一	相位反转法检测混凝土裂缝
▦	学时	2
✉	团队名称	

课前探究	任务引入
冲击弹性波的相位是指什么，相位反转的含义是什么	应某单位邀请，某公司技术人员对某现浇箱梁裂缝进行了裂缝深度检测。经研究，采用相位反转法检测。检测时，采用 S31SC 传感器与直径 17mm 激振锤激振与收信。根据现场情况，测线垂直于裂缝走向，两侧均匀布点，测点间距为 1cm，每侧 5 个测点，测点布置如右图所示 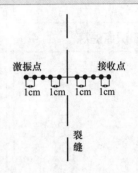

兴趣激发	任务情景
混凝土结构裂缝的要素有哪些	作为某试验检测机构技术人员，你被安排去对该现浇箱梁进行裂缝检测，通过检测前资料整理及收集，已清楚工程概况及现场结构物技术资料，要求根据现场情况及测点布置要求利用相位反转法进行裂缝深度检测并出具检测报告

学习目标	教学目标	
请在本次工作任务结束之后在下面记录你的学习目标达成情况	思政目标	通过引入"交通建设发展"新理念——质量、安全思政元素，培养学生对树立"工程质量、终身负责"的理念
	知识目标	1. 熟悉混凝土结构裂缝检测的目的、意义及适用范围 2. 掌握裂缝检测仪检测混凝土裂缝的步骤及注意事项 3. 掌握裂缝检测测区确定方法、测点布置要求
	技能目标	1. 会查阅检测规程、运用公路工程质量检验评定标准 2. 能按照混凝土裂缝检测仪使用操作规程在安全环境下正确使用仪器 3. 会根据操作规程确定裂缝检测的测区、布置测点

技能 目标	4. 会运用数据采集及分析软件采集、分析波形，判定混凝土结构裂缝深度 5. 能根据公路工程质量检验评定标准出具混凝土裂缝深度检测报告 6. 能运用检测新技术——便携式裂缝检测仪（工程版）检测混凝土裂缝并指导工程实际
素质 目标	1. 具有严格遵守安全操作规程的态度 2. 具备认真的学习态度及解决实际问题的能力 3. 具有严谨、认真负责的工作态度

知识点提炼	知识基础
笔记 混凝土常见裂缝 处理方法	1. 混凝土裂缝的概念 　　裂缝是混凝土结构常见的、难以避免的现象。根据裂缝形成时间，可分为施工期裂缝和使用期裂缝；按照裂缝的形成原因，分为结构性裂缝与非结构性裂缝；根据裂缝的形状可分为纵向裂缝、横向裂缝、剪切裂缝、斜向裂缝及各种不规则裂缝 　　结构性裂缝是指混凝土实体出现长度较长、宽度较宽、面积较大、影响结构安全的裂缝，产生的原因主要包括： 　　（1）设计原因引起的裂缝　例如设计与实际受力情况不符产生的裂缝 　　（2）施工原因引起的裂缝　例如模板支护不当在构件中产生裂缝 　　（3）使用原因引起的裂缝 　　非结构性裂缝是由各种变形变化引起的裂缝，此类裂缝在混凝土结构裂缝中占比达 80% 以上，主要种类包括： 　　（1）收缩裂缝（图 1-26）　收缩裂缝主要是由湿度变化引起的，它是混凝土非结构性裂缝中的主要情况；根据收缩裂缝的形成机理与形成时间的不同，工程中常见的收缩裂缝主要有塑性收缩裂缝、沉降收缩裂缝和干燥收缩裂缝三类 　　（2）温度裂缝（图 1-27）　混凝土受温度变化产生热胀冷缩，材料内部应力分布不均匀、温度应力超过混凝土抗拉强度时而产生的裂缝；此类裂缝在大体积混凝土中比较常见 　　（3）沉降裂缝（图 1-28）　地基基础承载力不均匀或建筑物建成后不同部位荷载差异较大，导致地基产生不均匀沉降而产生的裂缝 　　裂缝的形状分类包括： 　　（1）纵向裂缝（图 1-29）　多数平行于混凝土构件底面、顺筋分布，主要是由钢筋锈蚀作用引起的

图 1-26 收缩裂缝

图 1-27 温度裂缝

图 1-28 沉降裂缝

图 1-29 纵向裂缝

混凝土常见裂缝
测试方法

（2）横向裂缝 垂直于构件底面，主要是由荷载作用、温差作用引起的

（3）剪切裂缝（图 1-30） 主要是由于竖向荷载或振动位移产生的

（4）斜向裂缝 八字形或倒八字形裂缝，常见于混凝土墙体和混凝土梁，主要是由地基的不均匀沉降及温度作用引起的

（5）各种不规则裂缝（图 1-31） 例如因反复冻融或者高温引起的裂缝，有直缝及不规则裂缝，此种裂缝中间宽并且贯通，两端深度较浅，多发生于混凝土楼板

此外，还有因为混凝土搅拌或运输时间较长引起的网状裂缝，现浇楼板四角出现的放射状裂缝或板面出现的十字裂缝等

图 1-30 剪切裂缝

图 1-31 不规则裂缝

2. 混凝土裂缝深度检测的意义

裂缝的产生能够影响结构的承载力、使用安全性、防水性及耐久性，不少钢筋混凝土结构的破坏都是从简单的裂缝开始的。因此，必须要重视混凝土裂缝检测。裂缝分布、走向、长度、宽度等外观特征比较容易检查与测量，而裂缝深度无法用简单方法进行检查，只能采用无破损或局部破损的方法进行检测。过去传统方法多用跨缝钻取芯样或钻孔压水进行裂缝深度观测。传统方法既费事又会对混凝土造成局部破坏，而且检测的裂缝深度局限性很大。因此，采用无损检测的方法检测混凝土裂缝深度，既方便省事，又不受裂缝深度限制，而且还可以进行重复检测，以便观察裂缝发展情况。

冲击弹性波法：利用冲击弹性波法检测混凝土裂缝深度，根据被测裂缝所处部位的实际情况，用相位反转法

检测原理：如图 1-32 所示，利用激振装置在混凝土表面激振，在对称于裂缝走向的位置布置传感器，接收经过裂缝后的信号。激发的弹性波（包括声波、超声波）信号在混凝土内传播，穿过裂缝时在裂缝端点处产生衍射，其衍射角与裂缝深度具有一定的几何关系。相位反转法正是根据衍射角与裂缝深度的几何关系，来对裂缝深度进行快速测试。将激振点与接收点沿裂缝对称配置，从近到远逐步移动。当激振点与裂缝的距离与裂缝深度相近时，接收信号的初始相位会发生反转

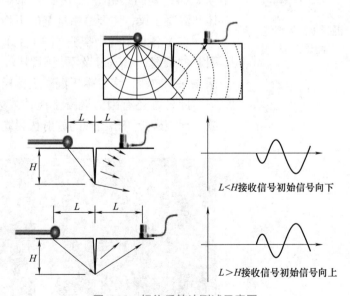

图 1-32　相位反转法测试示意图

检测特点：这种方法利用传播的波的初动成分（到达时间或者是初始相位）。尽管在金属探伤技术中有广泛应用，但在测试混凝土裂缝时，却会遇到很大的困难

（1）接触面/充填物的影响　受裂缝的接触面（紧密程度或压力情况）或充填物（水、灰尘）的影响，导致波会提前通过，测试的传播时间变短，测试结果会比裂缝实际深度要浅

（2）接收信号能量的影响　若混凝土结构物中的裂缝比较深，那么在裂缝端衍射的弹性波能量会降低，衍射的信号会很变弱，这对接收波初始时刻的判断不利。极端的例子是：若混凝土结构物中的裂缝是贯通的，那么几乎不会有衍射波通过

（3）初始波成分（类型）不明的影响　对于没有裂缝或裂缝比较浅的时候，接收波的初始成分主要是表面波和 SV 波。而裂缝比较深的时候，信号又很微弱，这对初始信号的判断带来困难。因此，由于裂缝面的接触、钢筋、水分以及信号衰减的影响，使得标准测试方法得到的裂缝深度往往较实际值偏浅，特别是对于深裂缝，其测试误差更大

检测方法：测试时，激振位置与传感器接收位置由近至远对称移动，当传感器接收点或接收点位置移动到某个位置时，传感器接收到信号的首波会发生反转的现象，利用该现象对混凝土裂缝深度检测的方法，称为相位反转法

检测实例：利用智能巡检设备（手机）对裂缝深度及宽度进行检测，如图 1-33 所示

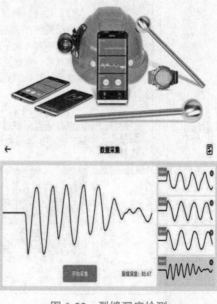

图 1-33　裂缝深度检测

重难点初探	任务分析

重难点初探

　　熟悉相位反转法检测混凝土裂缝的目的及适用范围

　　请根据检测规程完善仪器设备及要求，会检查仪器

　　熟记测区布置与测点选择要求

任务分析

　　请参考《冲击回波法检测混凝土缺陷技术规程》JGJ/T 411—2017 及《混凝土裂缝深度现场检测指南 V1.02》SCIT-1-ZN-07-2019-C 完成任务分析单

检测目的	测定混凝土结构裂缝深度
适用范围	测试深度一般不宜超过 50cm 的裂缝
仪器设备及要求	名称：＿＿＿＿＿　作用：＿＿＿＿＿ 名称：＿＿＿＿＿　作用：＿＿＿＿＿ 名称：＿＿＿＿＿　作用：＿＿＿＿＿ 名称：＿＿＿＿＿　作用：＿＿＿＿＿
测线布置与布点及激振锤选择	（1）在进行数据采集之前，需对被测构件表面进行处理（如清除表面浮浆等），然后进行测点、测线布置及描画；垂直于裂缝在裂缝两边对称各布置一条测线，一条作激振用，一条作收信用；确定起始测点后，依次从距裂缝由近到远的沿测线等距布置测点。测量构件壁厚、起始测点距裂缝距离及测点间距，将相关信息填入检测记录表中 （2）实际测试时测点间隔距离，需根据构件大小适当调整间距，测点起始点距裂缝距离及测线间距可根据实际情况选择，但原则上间距越小，测试精度越高

画测线

布测点

（续）

检测工作要求	（1）防振：仪器在搬运过程中应防止剧烈振动 （2）防磁：使用时尽量避开电焊机、电锯等强电磁场干扰源 （3）防腐蚀：在潮湿、灰尘、腐蚀性气体环境中使用时应加必要的防护措施
试验步骤	波速标定　测点布置　数据采集　数据分析　出具报告
注意事项	（1）传感器：传感器在安装和卸下时须多加注意，有可能因为热粘胶造成烧伤，或由于拆卸工具造成意想不到的损伤 （2）电荷电缆：电荷电缆与传感器连接时，必须防止电缆头与导线扭曲，否则可能折断导线。电荷电缆使用中，防止踩踏和机械损伤，否则可能折断导线 （3）请勿放置在易受振动、撞击的地方，并且勿将重物置于仪器上，否则可能导致火灾、触电等事故

重点记录

笔记：主要记录检测步骤要点及注意事项

混凝土裂缝深度检测 -
冲击弹性波 - 相位
反转法

任务实施

1. 准备工作

在收到检测任务时，需明确检测项目的基本信息，主要包括以下几个方面：

（1）检测时间、地点及检测量

（2）待检测裂缝可能的成因

（3）现场工作环境情况，是否为特殊环境作业，有无相关防护措施

（4）无法直接检测到的地方，是否准备提供检测平台的机具

2. 检测条件

使用相位反转法检测混凝土裂缝深度时，应保证待测裂缝满足以下规定：

（1）待测裂缝为开口裂缝

（2）预估深度不超过 0.2m

（3）裂缝内无水、基本无充填物

（4）裂缝表面平整、干净

相位反转法测试混凝裂缝深度，主要分为四步，①布置测点；②采集波形；③解析数据；④完成测试，并拆解仪器设备

仪器设备连接时，应按照"由远到近"的方式连接设备。远端一般是指传感器接收端，近端指的是仪器设备的显示端。

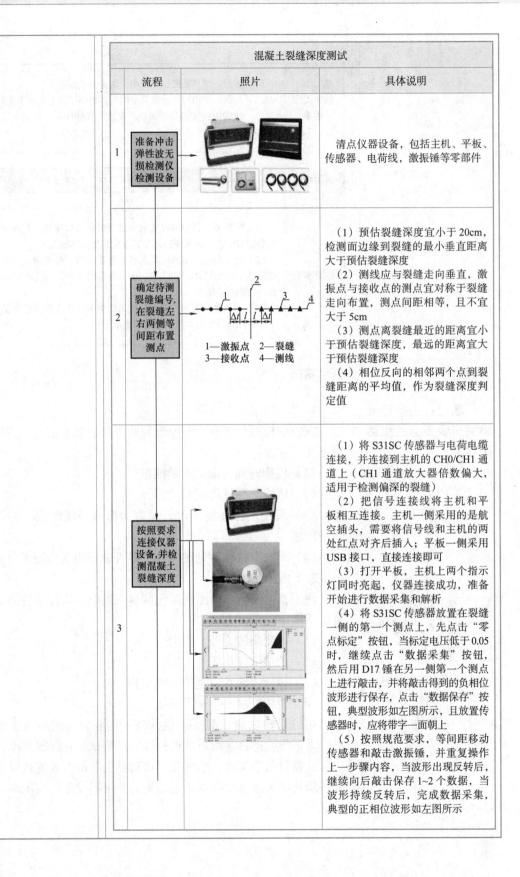

混凝土裂缝深度测试		
流程	照片	具体说明
1 准备冲击弹性波无损检测仪检测设备		清点仪器设备，包括主机、平板、传感器、电荷线、激振锤等零部件
2 确定待测裂缝编号，在裂缝左右两侧等间距布置测点	1—激振点 2—裂缝 3—接收点 4—测线	（1）预估裂缝深度宜小于20cm，检测面边缘到裂缝的最小垂直距离大于预估裂缝深度 （2）测线应与裂缝走向垂直，激振点与接收点的测点宜对称于裂缝走向布置，测点间距相等，且不宜大于5cm （3）测点离裂缝最近的距离宜小于预估裂缝深度，最远的距离宜大于预估裂缝深度 （4）相位反向的相邻两个点到裂缝距离的平均值，作为裂缝深度判定值
3 按照要求连接仪器设备，并检测混凝土裂缝深度		（1）将S31SC传感器与电荷电缆连接，并连接到主机的CH0/CH1通道上（CH1通道放大器倍数偏大，适用于检测偏深的裂缝） （2）把信号连接线将主机和平板相互连接。主机一侧采用的是航空插头，需要将信号线和主机的两处红点对齐后插入；平板一侧采用USB接口，直接连接即可 （3）打开平板，主机上两个指示灯同时亮起，仪器连接成功，准备开始进行数据采集和解析 （4）将S31SC传感器放置在裂缝一侧的第一个测点上，先点击"零点标定"按钮，当标定电压低于0.05时，继续点击"数据采集"按钮，然后用D17锤在另一侧第一个测点上进行敲击，并将敲击得到的负相位波形进行保存，点击"数据保存"按钮，典型波形如左图所示，且放置传感器时，应将带字一面朝上 （5）按照规范要求，等间距移动传感器和敲击激振锤，并重复操作上一步骤内容，当波形出现反转后，继续向后敲击保存1~2个数据，当波形持续反转后，完成数据采集，典型的正相位波形如左图所示

（续）

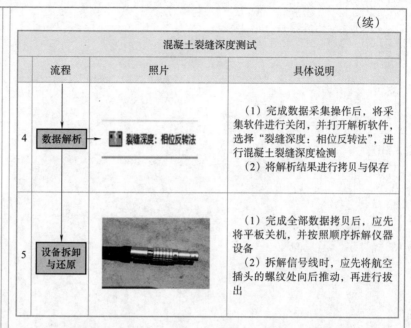

	流程	照片	具体说明
		混凝土裂缝深度测试	
4	数据解析	裂缝深度：相位反转法	（1）完成数据采集操作后，将采集软件进行关闭，并打开解析软件，选择"裂缝深度：相位反转法"，进行混凝土裂缝深度检测 （2）将解析结果进行拷贝与保存
5	设备拆卸与还原		（1）完成全部数据拷贝后，应先将平板关机，并按照顺序拆解仪器设备 （2）拆解信号线时，应先将航空插头的螺纹处向后推动，再进行拔出

3. 检测报告

检测报告应包括下列内容：

（1）工程名称，工程地址，设计、施工、监理、建设和委托方信息

（2）工程概况

（3）构件名称、数量及设计要求的混凝土构件厚度

（4）施工时模板、浇筑工艺、养护情况及成型日期等

（5）抽样方案

（6）抽样数量及抽样方法

（7）检测设备

（8）检测依据

（9）现场检测环境条件（温度等）

（10）检测人员及检测日期

（11）构件及测区测点布置示意图

（12）检测结果，包括波形反转情况、混凝土裂缝深度结果

请完成混凝土裂缝深度检测报告（相位反转法）并提交

混凝土裂缝深度检测报告（相位反转法）

工程名称		报告编号	
建设单位		委托日期	
设计单位		勘察单位	
施工单位		施工日期	
监理单位		测区数量	
检测项目		检测日期	
检测执行标准代号	T/CECS 925-2021		

检测主要仪器设备	序号	仪器设备名称	仪器设备型号或规格	仪器设备编号
	1	冲击弹性波无损检测仪	PE	

检测结论	
备注	

项目负责人		报告日期	
主要检测人			
报告审核人		报告签发人	

115

综合提升	自我测验
请你在课后完成自我测验试题，以自我评定知识、技能、素养获得情况	【单选】1.（☆）某工程质量验收过程中，发现个别检验批试块强度不满足要求，但是请具有资质的法定检测单位检测鉴定后，鉴定结果能够达到设计要求。这种情况下应（　　） 　　A. 认为通过验收 　　B. 不能通过验收 　　C. 由建设单位决定是否通过验收 　　D. 由监理单位决定是否通过验收 【单选】2.（☆）施工生产安全事故应急预案体系由（　　）构成 　　A. 综合应急预案、单项应急预案、重点应急预案 　　B. 企业应急预案、项目应急预案、人员应急预案 　　C. 企业应急预案、职能部门应急预案、项目应急预案 　　D. 综合应急预案、专项应急预案、现场处置方案 【单选】3.（☆☆）相位反转法中，测试的波形首波与上一测点相比，相位发生明显反转，说明传感器固定位置到裂缝的距离 L 与裂缝深度 H 的关系是（　　） 　　A. $L<H$　　　B. $L=H$　　　C. $L>H$　　　D. $L \geqslant H$ 【单选】4.（☆☆）下列波在混凝土中传播速度最快的是（　　） 　　A. P 波　　　B. S 波　　　C. R 波　　　D. 板波 【单选】5.（☆☆）关于冲击弹性波，下列说法错误的是（　　） 　　A. 利用激振锤产生的冲击弹性波不是单一的某一类波 　　B. 弹性波在两种阻抗完全一样的介质中传播时不会发生反射现象 　　C. P 波是实体波 　　D. 冲击弹性波只存在于混凝土中 【单选】6.（☆☆）测试小于 0.2m 深度的裂缝，且无填充物优先选用的方法是（　　） 　　A. 平测法　　B. 斜测法　　C. 跨孔法　　D. 取芯法 【单选】7.（☆☆）容易出现脱空的常见结构是（　　） 　　A. 高速公路立柱　　　　　B. 预制梁 　　C. 高铁轨道板与调整层　　D. 混凝土桥墩 【多选】8.（☆☆）对于 50cm 厚的钢筋混凝土梁的裂缝深度检测，结果容易偏浅的方法有（　　） 　　A. 超声波平测法　　　　　B. 相位反转法 　　C. 表面波法　　　　　　　D. 超声波斜测法 【多选】9.（☆☆）下列属于影响面波法测试混凝土裂缝深度的因素有（　　） 　　A. 裂缝面压力　　　　　　B. 测试对象的位置和形状 　　C. 外界温度　　　　　　　D. 无 【多选】10.（☆☆）混凝土出现裂缝十分普遍，不少钢筋混凝土结构的破坏都是从裂缝开始的。把握裂缝的状况对分析其成因和危害程度有着重要的意义。其中（　　）等外观特征容易检查和测量，而裂缝深度以及是否在结构或构件截面上贯穿，则只能采用无破损或局部破损的方法进行检测 　　A. 裂缝分布　　　　　　　B. 走向 　　C. 长度　　　　　　　　　D. 宽度

【多选】11.（☆☆）下列属于措施费的项目有（　　　）

A. 安全文明施工费　　　　　　B. 二次搬运费

C. 夜间施工费　　　　　　　　D. 冬雨期施工增加费

【判断】12. 建设工程施工质量验收应划分为单位工程、分部工程、分项工程和检验批（　　　）

任务评价	考核评价				
	考核阶段	考核项目		占比（%）	方式	得分

考核阶段		考核项目	占比（%）	方式	得分
过程评价（60%）	课前探究学习（20%）	课前学习态度（线上）	5	理论（师评）	
		课前任务完成情况（线上）	10	理论（师评）	
		课前任务成果提交（线上）	5	理论（师评）	
	课中内化（30%）	懂检测原理（线上+线下）	5	理论+技能（自评）	
		能运用规范编制检测计划	5	理论+技能（自评）	
		能完成检测步骤	10	技能+素质（师评+自评）	
		会分析检测数据	5	技能+素质（师评+小组互评）	
		能提交质量报告	5	理论+技能+素质（师评+小组互评）	
	课后提升（10%）	第二课堂	10	技能+素质（自评+小组互评）	
结果评价（40%）	综合能力评价（40%）	理论综合测试（参照1+X路桥 无损检测技能等级证书理论 考试形式展开）	20	理论获取证书结果	
		技能综合测试（参照1+X路桥 无损检测技能等级证书实操 考试形式展开）	20	技能+素质获取证书结果	
增值评价	教师根据学生的学习成果，在能力发展、质量意识、职业发展三个方面探索增值评价，对完成整个项目的学习情况进行动态综合评价				
	能力发展（学习、合作能力）	平台课前自主学习动态轨迹（师评）			
		提升自我的持续学习能力（师评+小组互评）			
		融入小组团队合作的能力（小组互评）			
	质量意识	规范操作意识（自评+小组互评）			
		实训室6S管理意识（师评+小组互评）			

模块一　混凝土材料及结构检测

任务四　检测混凝土结构裂缝

🏠	工作任务二	面波法检测混凝土裂缝
▦	学时	2
✉	团队名称	

课前探究	任务引入
描述面波法与相位反转法检测原理的区别	应某单位邀请，你公司受邀对某山隧道混凝土衬砌裂缝的修补效果进行检测，根据相关单位提供的资料，裂缝发生于线路右侧，呈纵向发展，裂缝宽度约 3mm，测试部位的混凝土厚度约 2.1m 

兴趣激发	任务情景
测定混凝土裂缝的方法有哪些，你最擅长哪一种方法	作为某试验检测机构技术人员，你被安排去对该隧道混凝土衬砌进行裂缝检测，验证裂缝修补效果，通过检测前资料整理及收集，已清楚工程概况及现场结构物技术资料，要求根据现场情况及测点布置要求利用面波法进行裂缝深度检测并出具检测报告

学习目标	教学目标	
请在本次工作任务结束之后在下面记录你的学习目标达成情况	思政目标	通过引入"交通建设发展"新理念——质量、安全思政元素，培养学生对树立"工程质量、终身负责"的理念
	知识目标	1. 熟悉混凝土结构裂缝检测的目的、意义及适用范围 　　2. 掌握裂缝检测仪检测混凝土裂缝的步骤及注意事项 　　3. 掌握裂缝检测测区确定方法、测点布置要求
	技能目标	1. 会查阅检测规程、运用公路工程质量检验评定标准

	技能目标	2. 能按照混凝土裂缝检测仪使用操作规程在安全环境下正确使用仪器 3. 会根据操作规程确定裂缝检测的测区、布置测点 4. 会运用数据采集及分析软件采集、分析波形，判定混凝土结构裂缝深度 5. 能根据公路工程质量检验评定标准出具混凝土裂缝深度检测报告 6. 能运用检测新技术——便携式裂缝检测仪（工程版）检测混凝土裂缝并指导工程实际
	素质目标	1. 具有严格遵守安全操作规程的态度 2. 具备认真的学习态度及解决实际问题的能力 3. 具有严谨、认真负责的工作态度
知识点提炼	**知识基础**	
笔记		面波法采用冲击弹性波中的 R 波（面波的一种），根据其传播在裂缝前后的衰减特性来推算混凝土构造物中裂缝的深度。该方法测试范围大，受充填物、钢筋、水分的影响较小，与超声波单面平测法相似，不需钻孔，但对深裂缝的测试精度有了较大的提高，适用于形状规则、表面积较大的混凝土结构 检测原理：R 波（瑞利波）是由 P 波（纵波）和 S 波（横波）在媒介边界上相互作用形成的，其传播速度比 S 波稍慢，并且主要集中在介质表面及构件的浅层位置。在传播过程中所发生的几何衰减和材料衰减可以通过系统补正，而保持其振幅不变。但瑞利波遇到裂缝时，其传播在某种程度上被遮断，在通过裂缝以后波的能量会减少 检测特点： （1）面波法测试裂缝的范围很大，可达几米，受充填物、水分的影响较小 （2）测试精度高。但该方法属于半理论半经验的方法，理论不是特别严密 （3）对于坝面等近似于半无限平面体，非常适合面波法测试。但不适合狭窄结构，因为表面波受边界条件（侧壁、边角等）的影响较大 （4）利用双方向发振回归技术降低了测试误差，提高了测试精度

（5）有剥离的场合，会引起板波和振动，导致测试误差大

检测方法：R 波在传播过程中所发生的几何衰减和材料衰减可以通过系统补正，而保持其振幅不变。但是 R 波在遇到裂缝时，其传播在某种程度上被中断，在通过裂缝以后波的能量和振幅会减少，如图 1-34 所示。因此，根据裂缝前后的波的振幅的变化（振幅比），便可以推算裂缝深度。根根试验资料和理论分析，有：

$$H=-0.7429\lambda\ln(x) \tag{1-10}$$

其中，H、λ 和 x 为裂缝深度、面波波长和裂缝后 / 前的振幅比（需经几何衰减修正）

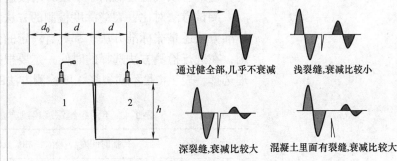

图 1-34　R 波在混凝土中的传播特性

检测结果校核：

（1）裂缝深度校核

1）裂缝深度检测结果 H 不应大于 1.3 倍面波波长 λ。若不符合该项要求，则更换冲击锤重新测试

2）当裂缝深度检测结果 H 满足上述要求时，则应按下述方法对面波波长 λ 进行复核后，再通过式（1-10）进行修正

（2）面波波长 λ 复核

1）选取与裂缝测线相近的、健全的混凝土结构

2）按照与裂缝深度测试相同的布点方式并选取同样的冲击锤

3）敲击产生的面波的波速 C_R 通过式（1-11）进行计算：

$$C_R=\frac{2d}{t_2-t_1} \tag{1-11}$$

式中　t_1——面波到达传感器 1 的时间

　　　t_2——面波到达传感器 2 的时间

4）面波的波长通过下式进行计算：

$$\lambda=\frac{C_R}{f_1} \tag{1-12}$$

式中　f_1——在裂缝测试时传感器 1 测试面波的卓越频率，可通过快速傅立叶变换（FFT）得到

检测影响因素：

1）裂缝面的压力：对裂缝深度检测的影响很大。当裂缝面上作用的压力超过 50kPa 时，各种方法均难以检测裂缝深度

2）测试对象的位置和形状：面波法对测试对象的位置和形状要求较高，一般要求平坦，具有一定的厚度并距边界一定的距离

3）外界温度：温度对测试结果的影响体现在裂缝面上的压力。一般来说，温度低时裂缝容易张开，因此在测试裂缝深度时，通常选取气温较低的季节或时间段进行

测试方法对比：裂缝深度检测的方法无论是哪一种，无论是标准方法还是非标准方法，都具有一定的优缺点及对应的适用范围，在进行检测方法选择的时候一定要根据裂缝的情况和性质合理选择，表 1-4 是不同裂缝深度检测方法的对比

表 1-4　不同裂缝深度检测方法的对比

方法	传播时间差法	相位反转法	面波法
使用弹性波的种类	P 波 /S 波	P 波	R 波
使用弹性的成分	初始成分		卓越成分
基本测试原理	传播时间的延迟	初始相位的反转	R 波的衰减
测试原理的严密性	比较严密		半理论半经验
弹性波波速	必要	不必	需要
裂缝填充物的影响	大		小
钢筋的影响	大		小（可修正）
裂缝面压力的影响	大		有
测试对象厚度的影响	小		有
测试对象背面状况的影响	小		有
适用裂缝	浅、开口裂缝		深裂缝
测试面的形状	灵活		平坦、规则

重难点初探	任务分析

重难点初探

熟悉面波法检测混凝土裂缝的目的及适用范围

请根据检测规程完善仪器设备及要求，会检查仪器

熟记测区布置与测点选择要求

任务分析

请参考《冲击回波法检测混凝土缺陷技术规程》JGJ/T 411—2017 及《混凝土裂缝深度现场检测指南 V1.02》SCIT-1-ZN-07-2019-C 完成任务分析单

检测目的	测定混凝土结构裂缝深度
适用范围	适用于形状规则、表面积较大的混凝土结构，深度小于 2m 的裂缝
仪器设备及要求	名称：_____ 作用：_____ 名称：_____ 作用：_____ 名称：_____ 作用：_____ 名称：_____ 作用：_____
测线布置与布点及激振锤选择	采用面波法检测时，应确保两个传感器与测试表面的耦合力度基本一致 （1）激振位置 1 到 CH0 的距离为 0.25m。激振位置 2 到 CH1 的距离为 5m。两个传感器间距为 0.4m （2）预估裂缝深度越深，传感器间距及激振点与传感器距离越大，可根据情况成倍调整距离 （3）两个传感器之间只能有一条裂缝 （4）传感器固定位置的表面应洁净平整 （5）两个传感器与测试面的耦合力度大致相同 激振位置2　传感器CH1　传感器CH0　激振位置1 裂缝 测线布置

		（续）
检测工作要求	（1）防振：仪器在搬运过程中应防止剧烈振动 （2）防磁：使用时尽量避开电焊机、电锯等强电磁场干扰源 （3）防腐蚀：在潮湿、灰尘、腐蚀性气体环境中使用时应加必要的防护措施	
试验步骤	波速标定 → 测点布置 → 数据采集 → 数据分析 → 出具报告	
注意事项	（1）面波法检测裂缝深度采用双方向激振，即在传感器安装位置不变的情况下，先后敲击两个方向，且不同方向测试的数据分开保存 （2）数据采集过程中，应查看波形幅值，正常情况下，激振端的传感器的信号幅值大于另一端传感器的幅值，否则应检查传感器的耦合 （3）测试过程中，若出现触发端传感器有信号，而接收端信号很弱或没有，则需要同时增大两个通道的放大器倍数，或选择更大的激振锤进行激振 （4）数据采集过程中，激振端的信号先到达，否则应检查敲击方式与触发通道、数据保存文件名的方向是否一致 （5）激振时，应采用不同波长的激振锤分别激振	

重点记录	任务实施
笔记：主要记录检测步骤要点及注意事项	**1. 面波法裂缝深度检测** 面波法裂缝深度检测主要分为四步：①仪器连接；②测区布置；③波速标定；④深度检测

面波法裂缝深度检测

	流程	照片	具体说明
1	准备混凝土多功能检测仪并连接		仪器组成包括主机，外置放大器，连接线缆，传感器支架及激振锤等
2	确定检测部位及测区布置		（1）裂缝较浅：$L_1=0.2m$ $L_2=0.25m$，若裂缝深度较深，$L_1=0.4m$ $L_2=0.5m$ （2）传感器之间只能有一条裂缝 （3）改变发振方向时，不能移动传感器的位置 （4）在传感器固定位置，需要清除结构剥离层，尽量让传感器接触在结构物上 （5）为了提高测试精度，激振时，对于深裂缝采用大的冲击锤，浅裂缝采用小的冲击锤

（续）

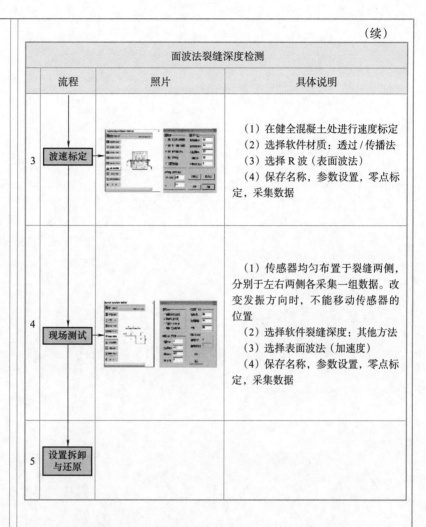

面波法裂缝深度检测		
流程	照片	具体说明
3 波速标定		（1）在健全混凝土处进行速度标定 （2）选择软件材质：透过/传播法 （3）选择R波（表面波法） （4）保存名称，参数设置，零点标定，采集数据
4 现场测试		（1）传感器均匀布置于裂缝两侧，分别于左右两侧各采集一组数据。改变发振方向时，不能移动传感器的位置 （2）选择软件裂缝深度：其他方法 （3）选择表面波法（加速度） （4）保存名称，参数设置，零点标定，采集数据
5 设置拆卸与还原		

2. 检测报告

检测报告应包括下列内容：

（1）工程名称、概况，结构类型及外观描述

（2）委托单位名称，任务来源和检测目的

（3）检测依据，检测项目和数量，检测方法

（4）检测仪器设备型号、特性参数、检定情况

（5）检测布置图，必要的工程照片

（6）检测结果，包括整理后的数据和图表及需要说明的事项

（7）检测结论

请完成混凝土裂缝检测报告（面波法）并提交

<table>
<tr><td colspan="5" align="center">混凝土裂缝检测报告（面波法）</td></tr>
<tr><td>施工/委托单位</td><td colspan="4"></td></tr>
<tr><td>工程名称</td><td></td><td>委托/任务编号</td><td></td></tr>
<tr><td>工程地点</td><td></td><td>检测编号</td><td></td></tr>
<tr><td>工程部位/用途</td><td></td><td>环境条件</td><td></td></tr>
<tr><td>样品描述</td><td></td><td>养护情况</td><td></td></tr>
<tr><td>测面情况</td><td></td><td>龄期</td><td></td></tr>
<tr><td>泵送混凝土</td><td>□是 □否</td><td>设计强度</td><td></td></tr>
<tr><td>检测依据</td><td></td><td>委托日期</td><td></td></tr>
<tr><td>判定依据</td><td></td><td>试验检测日期</td><td></td></tr>
<tr><td>主要仪器设备名称及编号</td><td colspan="4"></td></tr>
</table>

检测结果

测区	激振锤型号	激振锤面波波长/m	激振点到CH0距离/m	激振点到CH1距离/m	声速平均值/（km/s）	深度平均值/m
1						
2						
3						
4						
5						
6						
7						
8						

检测结论	
附加声明	报告无本单位"专用章"无效；报告无三级审核无效；报告改动、换页无效；委托试验检测报告仅对来样负责；未经本单位书面授权，不得部分复制本报告或用于其他用途；若对本报告有异议，应于收到报告15个工作日内向本单位提出书面复议申请，逾期不予受理

检测：　　　　审核：　　　　批准：　　　　日期：

127

综合提升	自我测验
请你在课后完成自我测验试题，以自我评定知识、技能、素养获得情况	**【单选】1.** 下列有关检验检测机构记录的规定，错误的是（　　） 　　A. 记录应按照适当程序规范进行 　　B. 修改后的记录应重抄后存档 　　C. 规定了原始观测记录的保存期限 　　D. 保存记录应防止虫蛀 **【单选】2.** （☆☆）在利用面波法检测裂缝深度时，根据裂缝前后波的（　　）的变化，便可以推算其深度 　　A. 频率　　B. 振幅　　C. 波速　　D. 相位 **【单选】3.** （☆☆）某混凝土结构厚度为 80cm，表面出现 1 条预估深度大于 50cm 的裂缝，现对该裂缝深度进行检测，采用的检测方法是（　　） 　　A. 相位反转法　　　　B. 超声平测法 　　C. 面波法　　　　　　D. 超声法 **【单选】4.** （☆☆）下面关于混凝土结构中冲击回波法的波速标定，不需要修正的是（　　） 　　A. 同条件下的标定值 　　B. 同种混凝土材料的试块标定值 　　C. 采用平测法得到 P 波波速值 　　D. 采用面波法得到的 R 波波速值 **【单选】5.** （☆☆）某工程项目施工过程中，监理人对已同意承包人覆盖的隐蔽工程质量有怀疑，指示承包人进行重新检验。检验结果表明该部分施工质量未达到合同约定的质量标准，但满足行业规范的要求。下述说法正确的是（　　） 　　A. 承包人有权拒绝监理人重新检验的要求 　　B. 监理人应判定质量合格 　　C. 承包人应自费对该部分工程进行修复 　　D. 应补偿承包人费用，但工期不顺延 **【单选】6.** （☆）水泥混凝土路面横向缩缝构造一般是（　　） 　　A. 半缝带拉杆型 　　B. 假缝、假缝加传力杆型 　　C. 企口缝、企口缝加传力杆型 　　D. 假缝、假缝加拉杆型 **【单选】7.** 仪器长时间不使用时，应（　　） 　　A. 定期对仪器充电　　　　B. 取出电池 　　C. 密封保存　　　　　　　D. 不用理会 **【多选】8.** （☆☆）对于 50cm 厚的钢筋混凝土梁的裂缝深度检测，结果容易偏浅的方法有（　　） 　　A. 超声波平测法　　　　B. 相位反转法 　　C. 面波法　　　　　　　D. 超声波斜测法 **【多选】9.** （☆☆）下列属于影响面波法测试混凝土裂缝深度的因素有（　　） 　　A. 裂缝面压力　　　　　B. 测试对象的位置和形状 　　C. 外界温度　　　　　　D. 无

【多选】10.（☆☆）公路工程专项类分为（　　　　）

　　　A. 公路工程　　　　　　　　　B. 交通工程
　　　C. 桥梁隧道工程　　　　　　　D. 机电工程

【判断】11.（☆）工地实验室持证人员均为母体实验室正式合同人员，因此，工地实验室授权负责人对违规人员无权辞退（　　　）

【判断】12.（☆☆）采用面波法检测裂缝深度时主要的波成分为 P 波（　　　）

任务评价	考核评价

考核评价

考核阶段	考核项目		占比（%）	方式	得分
过程评价（60%）	课前探究学习（20%）	课前学习态度（线上）	5	理论（师评）	
		课前任务完成情况（线上）	10	理论（师评）	
		课前任务成果提交（线上）	5	理论（师评）	
	课中内化（30%）	懂检测原理（线上＋线下）	5	理论＋技能（自评）	
		能运用规范编制检测计划	5	理论＋技能（自评）	
		能完成检测步骤	10	技能＋素质（师评＋自评）	
		会分析检测数据	5	技能＋素质（师评＋小组互评）	
		能提交质量报告	5	理论＋技能＋素质（师评＋小组互评）	
	课后提升（10%）	第二课堂	10	技能＋素质（自评＋小组互评）	
结果评价（40%）	综合能力评价（40%）	理论综合测试（参照 1+X 路桥 无损检测技能等级证书理论 考试形式展开）	20	理论 获取证书结果	
		技能综合测试（参照 1+X 路桥 无损检测技能等级证书实操 考试形式展开）	20	技能＋素质 获取证书结果	

教师根据学生的学习成果，在能力发展、质量意识、职业发展三个方面探索增值评价，对完成整个项目的学习情况进行动态综合评价

增值评价	能力发展（学习、合作能力）	平台课前自主学习动态轨迹（师评）
		提升自我的持续学习能力（师评＋小组互评）
		融入小组团队合作的能力（小组互评）
	质量意识	规范操作意识（自评＋小组互评）
		实训室 6S 管理意识（师评＋小组互评）

模块一　混凝土材料及结构检测

任务五　检测钢筋质量

🏠	工作任务一	钢筋位置及保护层厚度检测
🖫	学时	2
✉	团队名称	

课前探究

混凝土保护层的意义是什么

任务引入

某钢筋混凝土T梁预制场现场，有一批（30片）T梁需要进行混凝土保护层厚度及钢筋布置质量检测，应施工单位邀请，作为检测公司负责人，需要派出检测人员对该项指标进行质量检测

兴趣激发

混凝土结构内部钢筋的布置及保护层厚度需要符合规范要求，那么检测的方法有哪些呢

任务情景

作为试验检测机构技术人员，你被公司安排去对该现批次T梁进行保护层厚度及钢筋位置检测，通过检测前资料整理及收集，已清楚工程概况及现场结构物技术资料，要求根据现场情况、抽样检测频率要求，利用电磁感应法进行钢筋位置及保护层厚度检测并出具检测报告

学习目标

请在本次工作任务结束之后在下面记录你的学习目标达成情况

教学目标

思政目标	通过视频展示某大桥的宏伟壮观，技术手段的先进，体会中国交通人力量，培养学生热爱交通事业，勇于拼搏，追求卓越的精神
知识目标	1. 了解结构中钢筋位置、保护层厚度检测的目的、意义及适用范围 2. 掌握钢筋扫描仪操作流程 3. 掌握扫描探头检测过程中测定方向及位置要求
技能目标	1. 会查阅检测规程、运用公路工程质量检验评定标准 2. 能按照钢筋扫描仪使用操作规程在安全环境下正确连接设备，会检查仪器 3. 会使用钢筋扫描仪进行钢筋位置及保护层厚度测定

	技能目标	4. 会根据检测规程在检测对象上布置测点并进行钢筋位置标识 5. 会根据扫描的钢筋位置在图样上绘制纵向、横向钢筋位置分布图 6. 会根据公路工程质量检验评定标准填写钢筋位置及保护层厚度记录表并出具检测报告
	素质目标	1. 具有严格遵守安全操作规程的态度 2. 具备认真的学习态度及解决实际问题的能力 3. 能够以科学严谨的态度准确检测钢筋位置、保护层厚度、锈蚀，出具正确结果

知识点提炼	知识基础
笔记 钢筋保护层作用	1. 钢筋检测的意义 钢筋工程是现代建筑工程建设的主要内容，其质量对建筑工程建设施工及投入使用后的安全性与可靠性具有重要影响，而保障钢筋工程质量的重要途径是对其进行科学检测。混凝土中钢筋分布、保护层厚度、钢筋的锈蚀对结构的承载力及耐久性产生很大的影响，此项工作属于隐蔽工程，受施工中的偷工减料、环境条件等影响，在工程实际中，经常会出现钢筋直径和数量不足、保护层厚度不够等问题；钢筋锈蚀则是影响结构物耐久性的主要因素之一，随着工业污染及建筑结构的老化，钢筋锈蚀问题越来越突出，直接影响到结构物的安全使用。所以工程行业内迫切需要相应的检测技术来检查以上问题，本节内容将以电磁法及半电磁电位法为例分别介绍钢筋布置及锈蚀检测 2. 钢筋位置及保护层厚度检测 （1）检测原理　仪器探头产生一个电磁场，当某条钢筋或其他金属物体位于这个电磁场内时，会引起这个电磁场磁力线的改变，造成局部电磁场强度的变化。电磁场强度的变化和金属物大小与探头距离存在一定的对应关系。如果把特定尺寸的钢筋和所要调查的材料进行适当标定，通过探头测量并由仪表显示出来这种对应关系，即可估测混凝土中钢筋的位置、深度和尺寸 发射线圈通电后产生一次电磁场，钢筋切割磁感线从而产生感应电流，钢筋内感应电流再次行成二次场，此时，探头中的接收线圈切割接收二次场信号。在输入钢筋直径参数后，通过接收线圈感应到的二次磁场强度可计算出钢筋埋深，从而检测保护层厚度。检测设备的体系组成如图 1-35 所示，检测原理示意图如图 1-36 所示

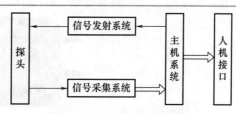

图 1-35　检测设备的体系组成

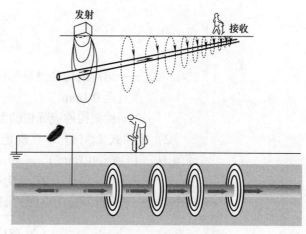

图 1-36　检测原理示意图

（2）检测特点　与传统的剔凿法相比，电磁感应法省时省力、操作简便、效率高，对结构完整性破坏小（仅需要局部剔凿验证），可以用作日常检测手段，如图 1-37、图 1-38 所示。但是此方法容易受预埋件及其他金属件影响；测试深度较浅，一般不超过 10cm 左右。所以该方法适用于测定浅层钢筋的位置、直径和保护层厚度，同时钢筋分布不宜太密集的情况

（3）检测方法　采用电磁无损检测方法确定钢筋位置，辅以现场修正确定保护层厚度，估测钢筋直径，量测值精确至毫米

图 1-37　传统剔凿法

3. 数据处理及评定

（1）数据处理

1）首先根据某一测量部位各测点混凝土厚度实测值，按式（1-13）求出混凝土保护层厚度平均值 $\overline{D}_n$（精确至 0.1mm）

图 1-38 电磁感应法

$$\overline{D}_{n} = \frac{\sum\limits_{i=1}^{n} D_{ni}}{n} \quad (1\text{-}13)$$

式中　D_{ni}——结构或构件测量部位测点混凝土保护层厚度，精确
　　　　　至 0.1mm

　　　　n——检测构件或部位的测点数

　　2）按照式（1-14）计算确定测量部位混凝土保护层厚度特
征值 D_{ne}（精确至 0.1mm）

$$D_{ne} = \overline{D}_{n} - K_{P} s_{D} \quad (1\text{-}14)$$

式中　s_{D}——测量部位测点保护层厚度的标准差，精确至 0.1mm

$$s_{D} = \sqrt{\frac{\sum\limits_{i=1}^{n} (D_{ni})^{2} - n(\overline{D}_{n})^{2}}{n-1}} \quad (1\text{-}15)$$

　　　　K_{P}——合格判定系数值，按表 1-5 取用

表 1-5　混凝土保护层厚度合格判定系数值表

n	10~15	16~24	$\geqslant 25$
K_{P}	1.695	1.645	1.595

（2）结果判定　根据测量部位实测保护层厚度特征值 D_{ne} 与
其设计值 D_{nd} 的比值，混凝土保护层厚度对结构钢筋耐久性的影
响评定可参考表 1-6 中的经验值。

表 1-6　钢筋保护层厚度评定标准表

D_{ne}/D_{nd}	对结构钢筋耐久性的影响	评定标度
>0.95	影响不显著	1
(0.85, 0.95]	有轻度影响	2
(0.70, 0.85]	有影响	3
(0.55, 0.70]	有较大影响	4
$\leqslant 0.55$	钢筋易失去碱性保护，发生锈蚀	5

重难点初探	任务分析

重难点初探

熟悉电磁法检测钢筋位置及保护层厚度的目的及适用范围

请根据检测标准完善仪器设备及要求，会检查仪器

熟记测区布置与测点选择要求

任务分析

《混凝土结构工程施工质量验收规范》GB 50204—2015 及设计图样重点学习一下任务分析内容

检测目的	测定混凝土结构中钢筋的布置及保护层厚度
检测依据	（1）《混凝土结构工程施工质量验收规范》GB 50204—2015 （2）《混凝土中钢筋检测技术标准》JGJ/T 152—2019 （3）原设计图
适用范围	混凝土中钢筋分布及保护层厚度的检测针对主要承重构件或承重构件的主要受力部位，或钢筋锈蚀电位测试结果表明钢筋可能锈蚀活化的部位，以及根据结构检算及其他检测需要确定的部位
选定构件的检验部位及数量	（1）对选定的梁类构件，应对全部纵向受力钢筋的保护层厚度进行检验 （2）对选定的板类构件，应抽取不少于 6 根纵向受力钢筋的保护层厚度进行检验 对于单向板，应沿两受力边检测负弯矩钢筋；对于常见的双向板，应沿两长边检测负弯矩钢筋；检测位置尽量靠近钢筋根部，并且在两长边中间 1/2 范围检测 （3）对每根钢筋，应在有代表性的部位测量 1 点 双向板负筋保护层厚度测点位置示意图
仪器设备及要求	1. 钢筋位置、保护层厚度测试仪 检测仪器一般包含探头、仪表和连接导线，仪表可进行模拟或数字的指示输出，较先进的仪表还具有图形显示功能，仪器可用电池或外接电源供电 2. 钢筋保护层测试仪的技术要求 （1）钢筋保护层测试仪应通过技术鉴定，必须具有产品合格证 （2）仪器的保护层测量范围应大于 120mm （3）仪器的准确度应满足： 0~60mm，±1mm 60~120mm，±3mm >120mm，±10% （4）适用的钢筋直径范围应为直径 6~50mm，并不少于符合有关钢筋直径系列规定的 12 个档次 （5）仪器应具有在未知保护层厚度的情况下，测量钢筋直径的功能

（续）

仪器的标定	（1）钢筋保护层测试仪使用期间的标定校准应使用专用的标定块。当测量标定块所给定的保护层厚度时，测读值应在仪器说明书所给定的准确度范围之内 （2）标定块为一根直径16mm的普通碳素钢筋垂直浇铸在长方体无磁性的塑料块内，钢筋距四个侧面分别为15mm，30mm，60mm，90mm （3）标定应在无外界磁场干扰的环境中进行 （4）每次试验检测前均应对仪器进行标定，若达不到应有的准确度，应送专业机构维修检验
测区布置与测点选择	1. 测区布置 （1）按单个构件检测时，应根据尺寸大小，在构件上均匀布置测区，每个构件上的测区数不应少于3个 （2）对于最大尺寸大于5m的构件，应适当增加测区数量 （3）测区应均匀分布，相邻两测区的间距不宜小于2m （4）测区表面应清洁、平整，避开接缝、蜂窝、麻面、预埋件等部位 （5）测区应注明编号，并记录测区位置和外观情况 2. 测点数量及要求 （1）构件上每一测区应不少于10个测点 （2）测点间距应小于保护层测试仪传感器长度 3. 对某一类构件的检测 可采取抽样的方法，抽样数不少于同类构件数的30%，且不少于3件，每个构件测区布置按单个构件要求进行 4. 对结构整体的检测 可先按构件类型分类，再按类型进行检测
试验步骤	仪器标定 ▷ 钢筋定位 ▷ 检测保护层厚度 ▷ 出具报告
注意事项	（1）主机信号线与仪器主机连接时注意接口处红点应与信号线端红点位对准 （2）标定应在无外界磁场干扰的环境中进行 （3）检测时，应避免外加磁场的影响

重点记录

笔记：主要记录检测步骤要点及注意事项

任务实施

钢筋布置及保护层厚度测试

流程	照片	具体说明
1 准备钢筋扫描仪并连接	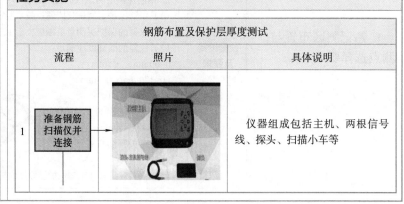	仪器组成包括主机、两根信号线、探头、扫描小车等

（续）

钢筋布置及保护层
厚度检测 - 电磁法

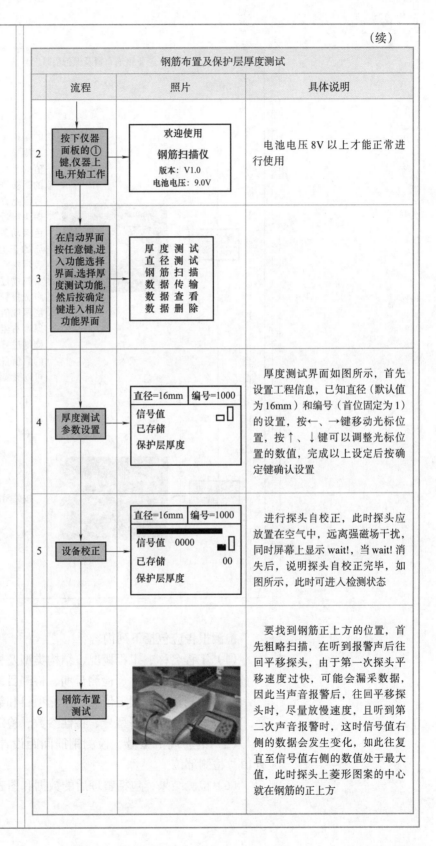

钢筋布置及保护层厚度测试		
流程	照片	具体说明
2 按下仪器面板的①键,仪器上电,开始工作	欢迎使用 钢筋扫描仪 版本: V1.0 电池电压: 9.0V	电池电压 8V 以上才能正常进行使用
3 在启动界面按任意键,进入功能选择界面,选择厚度测试功能,然后按确定键进入相应功能界面	厚 度 测 试 直 径 测 试 钢 筋 扫 描 数 据 传 输 数 据 查 看 数 据 删 除	
4 厚度测试参数设置	直径=16mm 编号=1000 信号值 已存储 保护层厚度	厚度测试界面如图所示,首先设置工程信息,已知直径(默认值为16mm)和编号(首位固定为1)的设置,按←、→键移动光标位置,按↑、↓键可以调整光标位置的数值,完成以上设定后按确定键确认设置
5 设备校正	直径=16mm 编号=1000 信号值 0000 已存储 00 保护层厚度	进行探头自校正,此时探头应放置在空气中,远离强磁场干扰,同时屏幕上显示 wait!,当 wait! 消失后,说明探头自校正完毕,如图所示,此时可进入检测状态
6 钢筋布置测试		要找到钢筋正上方的位置,首先粗略扫描,在听到报警声后往回平移探头,由于第一次探头平移速度过快,可能会漏采数据,因此当声音报警后,往回平移探头时,尽量放慢速度,且听到第二次声音报警时,这时信号值右侧的数据会发生变化,如此往复直至信号值右侧的数值处于最大值,此时探头上菱形图案的中心就在钢筋的正上方

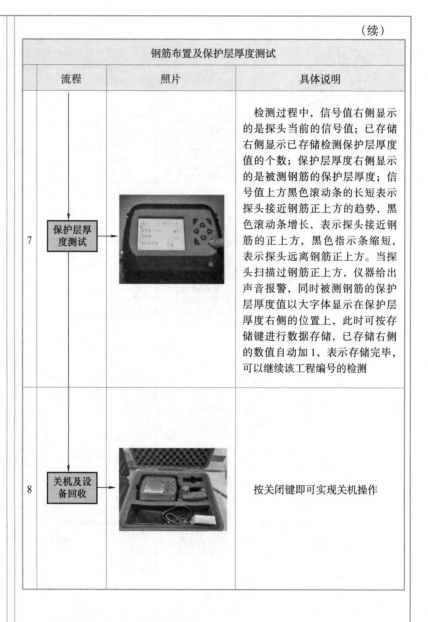

(续)

	钢筋布置及保护层厚度测试		
	流程	照片	具体说明
7	保护层厚度测试		检测过程中,信号值右侧显示的是探头当前的信号值;已存储右侧显示已存储检测保护层厚度值的个数;保护层厚度右侧显示的是被测钢筋的保护层厚度;信号值上方黑色滚动条的长短表示探头接近钢筋正上方的趋势,黑色滚动条增长,表示探头接近钢筋的正上方,黑色指示条缩短,表示探头远离钢筋正上方。当探头扫描过钢筋正上方,仪器给出声音报警,同时被测钢筋的保护层厚度值以大字体显示在保护层厚度右侧的位置上,此时可按存储键进行数据存储,已存储右侧的数值自动加1,表示存储完毕,可以继续该工程编号的检测
8	关机及设备回收		按关闭键即可实现关机操作

检测报告应包括下列内容:

(1)工程名称、工程概况、结构类型及外观描述

(2)委托单位名称、检测日期、检测目的、检测条件

(3)检测依据、判定依据、检测项目和数量

(4)检测仪器设备型号、特性参数、检定情况

(5)钢筋规格型号、检测钢筋间距设计值、保护层厚度设计值、检测部位

(6)检测结果,包括整理后的数据和图表及需要说明的事项

<table>
<tr><td rowspan="30">请完成混凝土保护层厚度和钢筋间距检测报告并提交</td><td colspan="8" style="text-align:center">混凝土保护层厚度和钢筋间距检测报告</td></tr>
</table>

检测单位名称：	记录编号：

工程名称	混凝土保护层厚度和钢筋间距检测		
工程部位／用途	混凝土保护层厚度及钢筋间距检测模型		
样品信息	测区混凝土无饰面层，且表面平整、清洁		
检测日期	××××年××月××日	检测条件	测区混凝土无饰面层，且表面平整、清洁
检测依据	《混凝土中钢筋检测技术标准》JGJ/T 152—2019	判定依据	《混凝土中钢筋检测技术标准》JGJ/T 152—2019
主要仪器设备名称及编号	钢筋扫描仪（ST-702）编号：STJC-018		
构件名称	混凝土保护层厚度及钢筋间距检测模型	钢筋规格型号	HPB400，$\phi 8$
钢筋间距设计值 /mm	100	保护层厚度设计值 /mm	40

钢筋间距

测点号	1	2	3	4	5	6	7	8
实测值 /mm	104	105	107	104	105	102	96	103
测点号	9	10	11	12	13	14	15	16
实测值 /mm	102	102						
测点号	17	18	19	20	21	22	23	24
实测值 /mm								

保护层厚度

序号	钢筋保护层厚度设计值 /mm	检测部位	钢筋公称直径 /mm	保护层厚度检测值 /mm				备注
				第1次检测值	第2次检测值	平均值	验证值	
1	40	模型顶面	8	41	41	41	40	
2	40	模型顶面	8	40	40	40	41	
3	40	模型顶面	8	41	41	41	40	
4	40	模型顶面	8	40	40	40	40	
5	40	模型顶面	8	41	41	41	41	

检测结论	
附加声明：	

检测：　　　　记录：　　　　复核：　　　　日期：　　年　月　日

综合提升	自我测验
请你在课后完成自我测验试题，以自我评定知识、技能、素养获得情况	【单选】1.（☆☆）当钢筋保护层厚度较薄，如仅 3mm 时，可检测钢筋位置及其分布的方法是（　　） 　　A. 电磁感应法　　　　　　　B. 电磁波雷达法 　　C. 半电池电位法　　　　　　D. 其他选项均错误 【单选】2.（☆☆）钢筋探测仪在（　　）时要将主机连上探头和扫描小车 　　A. 厚度测试　　　　　　　　B. 直径测试 　　C. 锈蚀测试　　　　　　　　D. 钢筋扫描 【单选】3.（☆☆）对于钢筋探测仪，其基本原理是根据钢筋对仪器探头所发出的（　　）来判定钢筋的大小和深度 　　A. 电磁波的能量衰减　　　　B. 电磁场的感应强度 　　C. 冲击弹性波的反射　　　　D. 超声波的信号强度 【单选】4.（☆☆）当混凝土保护层厚度值过小时，有些钢筋探测仪无法进行检测或示值偏差较大，可采用（　　） 　　A. 此情况无法进行无损检测 　　B. 将钢筋直径设置成比实际值大些 　　C. 在探头下附加已知厚度的垫块来人为增大保护层厚度的检测值 　　D. 将探头悬空固定高度进行检测 【单选】5.（☆☆）钢筋间距检测时，遇到钢筋直径未知的情况，应选取不少于（　　）的已测钢筋，且不应少于（　　）处，采用钻孔、剔凿等方式验证 　　A. 30%，5　　　　　　　　B. 20%，5 　　C. 30%，6　　　　　　　　D. 20%，6 【单选】6.（☆☆）使用钢筋探测仪时，探头移动速度不应大于（　　），否则容易造成较大的检测误差甚至造成漏筋 　　A. 15mm/s　　　　　　　　B. 20mm/s 　　C. 25mm/s　　　　　　　　D. 30mm/s 【单选】7.（☆☆）钢筋直径检测时，被测钢筋与相邻钢筋的间距应不小于（　　） 　　A. 50mm　　B. 100mm　　C. 150mm　　D. 200mm 【单选】8.钢筋探测仪清零校准时，拿起探头，远离铁磁性物品（　　）mm 以上 　　A. 60　　　　B. 50　　　　C. 40　　　　D. 30 【单选】9.现行国家标准《混凝土结构工程施工质量验收规范》GB 50204 附录"结构实体钢筋保护层厚度检验"中，对钢筋保护层厚度的检测误差规定不应大于（　　） 　　A. 1mm　　　B. 2mm　　　C. 3mm　　　D. 4mm 【单选】10.当钢筋保护层厚度小于（　　）时，应加垫非铁磁性垫块进行检测 　　A. 5mm　　　B. 10mm　　　C. 15mm　　　D. 20mm 【判断】11.使用钢筋探测仪对混凝土中钢筋进行扫描时，其测线方向应和钢筋相平行（　　）

任务评价	考核评价

考核评价

考核阶段	考核项目		占比（%）	方式	得分
过程评价（60%）	课前探究学习（20%）	课前学习态度（线上）	5	理论（师评）	
		课前任务完成情况（线上）	10	理论（师评）	
		课前任务成果提交（线上）	5	理论（师评）	
	课中内化（30%）	懂检测原理（线上＋线下）	5	理论＋技能（自评）	
		能运用规范编制检测计划	5	理论＋技能（自评）	
		能完成检测步骤	10	技能＋素质（师评＋自评）	
		会分析检测数据	5	技能＋素质（师评＋小组互评）	
		能提交质量报告	5	理论＋技能＋素质（师评＋小组互评）	
	课后提升（10%）	第二课堂	10	技能＋素质（自评＋小组互评）	
结果评价（40%）	综合能力评价（40%）	理论综合测试（参照1+X路桥 无损检测技能等级证书理论 考试形式展开）	20	理论 获取证书结果	
		技能综合测试（参照1+X路桥 无损检测技能等级证书实操 考试形式展开）	20	技能＋素质 获取证书结果	
教师根据学生的学习成果，在能力发展、质量意识、职业发展三个方面探索增值评价，对完成整个项目的学习情况进行动态综合评价					
增值评价	能力发展（学习、合作能力）	平台课前自主学习动态轨迹（师评）			
		提升自我的持续学习能力（师评＋小组互评）			
		融入小组团队合作的能力（小组互评）			
	质量意识	规范操作意识（自评＋小组互评）			
		实训室6S管理意识（师评＋小组互评）			

模块一 混凝土材料及结构检测

任务五 检测钢筋质量

🏠	工作任务二	电位差法检测钢筋锈蚀
▦	学时	2
✉	团队名称	

课前探究	**任务引入**
为什么结构物内部的钢筋会出现锈蚀的情况	某混凝土框架结构钢筋严重锈蚀，通过原因分析得出混凝土中氯离子含量偏高是导致钢筋锈蚀事故的主要原因，而混凝土和钢材的材质不均匀性导致不同部位的钢筋锈蚀程度差别较大，先需要进行钢筋锈蚀情况鉴定，便于提出维护方案 

兴趣激发	**任务情景**
描述电位差法的原理	作为某试验检测机构技术人员，你被安排去对该框架结构进行钢筋锈蚀检测，通过检测前资料整理及收集，已清楚工程概况及现场结构物技术资料，要求根据现场情况及测点布置利用电位差法进行钢筋锈蚀检测并出具检测报告

学习目标	**教学目标**	
请在本次工作任务结束之后在下面记录你的学习目标达成情况	思政目标	通过展示特色交通工程案例，树立质量理念，培养学生科学严谨、精益求精的"工匠精神"
	知识目标	1. 熟悉钢筋锈蚀检测的目的、意义及适用范围 　2. 掌握电位差法检测钢筋锈蚀的检测流程和方法 　3. 掌握参数设置注意事项 　4. 掌握检测仪器连接注意事项
	技能目标	1. 会查阅检测规程学习钢筋锈蚀检测、运用公路工程质量检验评定标准 　2. 能按照电位差法检测钢筋锈蚀操作规程在安全环境下正确连接检测设备，会检查仪器 　3. 会操作钢筋锈蚀仪进行设置参数、测点布置、数据采集 　4. 会导出检测数据并对数据进行分析

技能目标	5. 会根据检测报告填写要求填写钢筋锈蚀检测评定记录表 6. 能根据公路工程质量检验评定标准出具检测报告
素质目标	1. 具有严格遵守安全操作规程的态度 2. 具备认真的学习态度及解决实际问题的能力 3. 能够以严谨、认真负责的工作态度完成钢筋锈蚀检测任务
知识点提炼	**知识基础**
笔记	1. 检测原理 半电池电位法是指利用混凝土中钢筋锈蚀的电化学反应引起的电位变化来测定钢筋锈蚀状态。通过测定钢筋/混凝土半电池电极与在混凝土表面的铜/硫酸铜参考电极之间电位差的大小，来评定混凝土中钢筋的锈蚀活化程度 2. 检测特点 钢筋锈蚀状况检测范围应为主要承重构件或承重构件的主要受力部位，或根据一般检查结果有迹象表明钢筋可能存在锈蚀的部位。用于估测在用的现场和实验室硬化混凝土中无镀层钢筋的半电池电位，测试与这些钢筋的尺寸和埋在混凝土中的深度无关，可以在混凝土构件使用寿命中的任何时期使用 此方法用于检测混凝土中钢筋的锈蚀活化程度。已经干燥到绝缘状态的混凝土或已发生脱空层离的混凝土表面，测试时不能提供稳定的电回路，不适用本方法。对特殊环境，如海水浪溅区、处于盐雾中的混凝土结构等，不具有普遍适用性 3. 检测方法 （1）测区的选择与测点布置 1）在测区上布置测试网格，网格节点为测点，网格间距可选20cm×20cm、30cm×30cm、20cm×10cm等，根据构件尺寸而定，测点位置距构件边缘应大于5cm，一般不宜少于20个测点 2）当一个测区内相邻测点的读数超过150mV时，通常应减小测点的间距 3）测区应统一编号，注明位置，并描述外观情况 （2）混凝土表面处理　用钢丝刷、砂纸打磨测区混凝土表面，去除涂料、浮浆、污迹、尘土等，并用接触液将表面润湿 （3）二次仪表与钢筋的电连接 1）现场检测时，铜/硫酸铜电极一般接二次仪表的正输入端，钢筋接二次仪表的负输入端

2）局部打开混凝土或选择裸露的钢筋，在钢筋上钻一小孔并拧上自攻螺钉，用加压型鳄鱼夹夹住并润湿，采用图 1-39 所示的测试系统连接方法连接，确保有良好的电连接。若在远离钢筋连接点的测区进行测量，必须用万用表检查内部钢筋的连续性，如不连续，应重新进行钢筋的连接

3）铜／硫酸铜参考电极与测点的接触。测量前应预先将电极前端多孔塞充分浸湿，以保证良好的导电性，正式测读前应再次用喷雾器将混凝土表面润湿，但应注意被测表面不应存在游离水

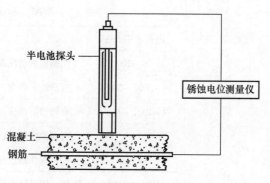

图 1-39　测试系统连接方法

（4）铜／硫酸铜电极的准备　饱和硫酸铜溶液由硫酸铜晶体溶解在蒸馏水中制成。当有多余的未溶解硫酸铜结晶体沉积在溶液底部时，可以认为该溶液是饱和的。电极铜棒应清洁，无明显缺陷；否则，需用稀释盐酸溶液清洁铜棒，并用蒸馏水彻底冲净。硫酸铜溶液应注意更换，保持清洁，溶液应充满电极，以保证电连接

（5）测量值的采集　测点读数变动不超过 2mV，可视为稳定。在同一测点，同一支参考电极重复测读的差异不应超过 10mV；不同参考电极重复测读的差异不应超过 20mV。若不符合读数稳定要求，应检查测试系统的各个环节

4. 注意事项

混凝土含水率对测值的影响较大，测量时构件应处在自然干燥状态。为提高现场评定钢筋状态的可靠度，一般要进行现场比较性试验。现场比较性试验通常按已暴露钢筋的锈蚀程度不同，在它们的周围分别测出相应的锈蚀电位。比较这些钢筋的锈蚀程度和相应测值的对应关系，提高评判的可靠度，但不能与有明显锈蚀胀裂、脱空、层离现象的区域比较。若环境温度在 22℃ ±5℃范围之外，应对铜／硫酸铜电极做温度修正。此外，

各种外界因素产生的波动电流对测量值影响较大，特别是靠近地面的测区，应避免各种电、磁场的干扰。混凝土保护层电阻对测量值有一定影响，除测区表面处理要符合规定外，仪器的输入阻抗要符合技术要求

5. 数据分析及评定

（1）对已处理的数据（已进行温度修正）进行判读，按前惯例将这些数据加以负号，绘制等电位图，然后进行判读

（2）按照表 1-7 的规定判断混凝土中钢筋发生锈蚀的概率或钢筋正在发生锈蚀的锈蚀活化程度

表 1-7　混凝土桥梁钢筋锈蚀电位评定标准

电位水平 /mV	钢筋状况	评定标度
≤ −200	无锈蚀活动性或锈蚀活动性不确定	1
（−200，−300］	有锈蚀活动性，但锈蚀状态不确定，可能坑蚀	2
（−300，−400］	有锈蚀活动性，发生锈蚀概率大于 90%	3
（−400，−500］	有锈蚀活动性，严重锈蚀可能性极大	4
≥ 500	构件存在锈蚀开裂区域	5

注：1. 量测时，混凝土桥梁结构或构件应为自然状态
　　2. 表中电位水平为采用铜／硫酸铜电极时的量测值

重难点初探	任务分析

重难点初探

熟悉电位差法检测钢筋锈蚀的原理及适用范围

请根据检测规程完善仪器设备及要求，会检查仪器

熟记测区布置与测点选择要求

任务分析

请参考《建筑结构检测技术标准》GB/T 50344—2019 完成任务分析单

检测目的	检测混凝土中钢筋的锈蚀活化程度
适用范围	本方法不适用已经干燥到绝缘状态的混凝土或已发生脱空层离的混凝土表面，对特殊环境，如海水浪溅区、处于盐雾中的混凝土结构等，不具有普遍适用性
仪器设备及要求	1. 参考电极（半电池） （1）本方法参考电极为铜／硫酸铜半电池 （2）铜／硫酸铜参考电极温度系数：0.9mV/℃ 2. 二次仪表的技术性能要求 （1）测量范围大于 1V （2）准确度优于 0.5% ± 1mV （3）输入电阻大于 1010Ω （4）仪器使用环境条件：环境温度 0~+40℃；相对湿度 ≤ 95% 3. 导线总长 不应超过 150m，一般选择截面面积大于 0.75mm² 的导线，以使在测试回路中产生的电压降不超过 0.1mV

	（续）

测区布置与测点选择	（1）钢筋锈蚀状况检测范围应为主要承重构件或承重构件的主要受力部位，或根据一般检查结果有迹象表明钢筋可能存在锈蚀的部位。但测区不应有明显的锈蚀胀裂、脱空或层离现象 （2）测区面积不应大于 5m×5m，并应按确定第二位置进行编号，每个测区应采用矩阵式（行、列）布置测点，依据被测结构及构件尺寸，宜用 10cm×10cm~50cm×50cm 划分网格，根据构件尺寸而定，测点位置距构件边缘应大于 5cm，一般不宜少于 30 个测点 
试验步骤	准备工作 ＞ 测试 ＞ 清洗电极 ＞ 出具报告
注意事项	（1）若环境温度在 22℃±5℃范围之外，应对铜/硫酸铜电极做温度修正 （2）各种外界因素产生的波动电流对测量值影响较大，特别是靠近地面的测区，应避免各种电、磁场的干扰 （3）混凝土保护层电阻对测量值有一定影响，除测区表面处理要符合规定外，仪器的输入阻抗要符合技术要求

重点记录

笔记：主要记录检测步骤要点及注意事项

任务实施

1. 钢筋锈蚀检测

钢筋锈蚀检测，主要分为三步，①仪器连接；②结构测区描画；③电位测试

钢筋锈蚀测试			
	流程	照片	具体说明
1	准备钢筋锈蚀仪并连接		仪器组成包括主机、延长线、金属电极、电位电极、连接杆等

(续)

钢筋锈蚀测试		
流程	照片	具体说明
2 确定检测部位及测区,描画网格	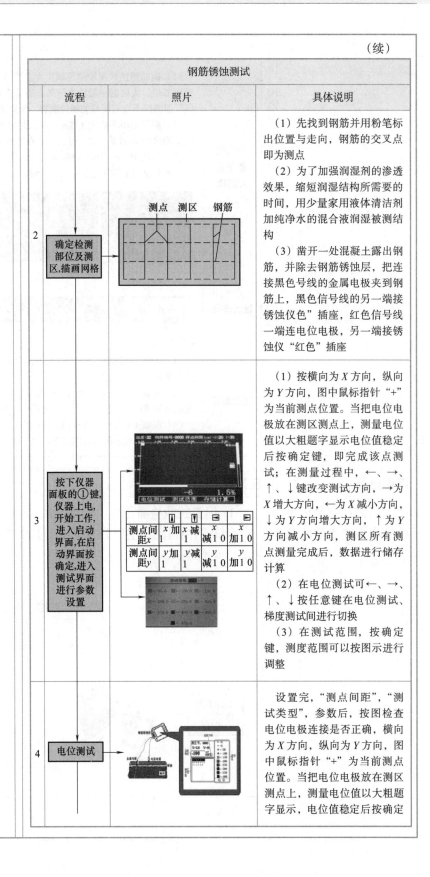	（1）先找到钢筋并用粉笔标出位置与走向，钢筋的交叉点即为测点 （2）为了加强润湿剂的渗透效果，缩短润湿结构所需要的时间，用少量家用液体清洁剂加纯净水的混合液润湿被测结构 （3）凿开一处混凝土露出钢筋，并除去钢筋锈蚀层，把连接黑色号线的金属电极夹到钢筋上，黑色信号线的另一端接锈蚀仪色"插座，红色信号线一端连电位电极，另一端接锈蚀仪"红色"插座
3 按下仪器面板的①键，仪器上电，开始工作，进入启动界面，在启动界面按确定，进入测试界面进行参数设置		（1）按横向为 X 方向，纵向为 Y 方向，图中鼠标指针"+"为当前测点位置。当把电位电极放在测区测点上，测量电位值以大粗题字显示电位值稳定后按确定键，即完成该点测试；在测量过程中，←、→、↑、↓键改变测试方向，→为 X 增大方向，←为 X 减小方向，↓为 Y 方向增大方向，↑为 Y 方向减小方向，测区所有测点测量完成后，数据进行储存计算 （2）在电位测试可←、→、↑、↓按任意键在电位测试、梯度测试间进行切换 （3）在测试范围，按确定键，测度范围可以按图示进行调整
4 电位测试		设置完，"测点间距"，"测试类型"，参数后，按图检查电位电极连接是否正确，横向为 X 方向，纵向为 Y 方向，图中鼠标指针"+"为当前测点位置。当把电位电极放在测区测点上，测量电位值以大粗题字显示，电位值稳定后按确定

（续）

钢筋锈蚀测试		
流程	照片	具体说明
4 电位测试		键，即完成该点测试。在测量过程中，按←、→、↑、↓键改变测试方向，→为 X 增大方向，←为 X 减小方向，↓为 Y 方向增大方向，↑为 Y 方向减小方向，测区所有测点测量完成后，按存储计算进行储存；如继续测量下一测区，在测试时按确定键进行测试。否则关机
5 梯度测试		梯度测试无须将混凝土凿开，用连接杆连接两个电位电极，测区和测点布置同上图。点距建议采用 20cm。锈蚀仪连接如图所示。除测试类型改为梯度测试，其他同电位测试
6 存储计算		按←、→、↑、↓键查看各位置的测试数值 按 M 键可以在查看、传输、删除、测试间进行切换到所在位置，颜色进行标识
7 完成测试，设备拆卸与还原		按①键即可实现关机操作

2. 检测报告

检测报告应包括下列内容：

（1）工程名称、工程部位，结构类型及外观描述

（2）检测单位名称、检测日期、检测条件

（3）检测依据，判定依据

（4）检测仪器设备型号、特性参数、检定情况

（5）检测钢筋规格型号

（6）检测结果，包括整理后的数据和图表及需要说明的事项

请完成钢筋锈蚀检测报告并提交	钢筋锈蚀状况检测报告								

钢筋锈蚀状况检测报告

检测单位名称：　　　　　　　　　　记录编号：

工程名称	钢筋锈蚀检测		
工程部位/用途	钢筋锈蚀状况检测模型		
样品信息	测区混凝土无绝缘涂层介质隔离，且表面平整、清洁		
检测日期	××××年××月××日	检测条件	测区混凝土无绝缘涂层介质隔离，且表面平整、清洁
检测依据	《混凝土中钢筋检测技术标准》JGJ/T 152—2019	判定依据	《混凝土中钢筋检测技术标准》JGJ/T 152—2019
主要仪器设备名称及编号	钢筋锈蚀仪（ST102）编号：SCIT-017		
构件名称	钢筋锈蚀状况检测模型	钢筋规格型号	HRB400，$\phi16$

测试部位	测点电位值/mV								
构件上表面	1	2	3	4	5	6	7	8	9
	−96	−88	−101	−98	−68	−102	−155	−131	−79
	10	11	12	13	14	15	16	17	18
	−88	−74	−72	−85	−100	−94	−87	−93	−94
	19	20	21	22	23	24	25	26	27
	−90	−79	−101	−98	−81	−79	−72	−79	−87
	28	29	30	31	32	33	34	35	36
	−101	−98	−95	−83	−79	−94	−76	−85	−70
	37	38	39	40	41	42	43	44	45
	−81	−82	−81	−94	−95	−106	/	/	/
	46	47	48	49	50	51	52	53	54
	/	/	/	/	/	/	/	/	/
	55	56	57	58	59	60	61	62	63
	/	/	/	/	/	/	/	/	/

检测结论：

附加声明：

检测：　　　记录：　　　复核：　　　日期：　年 月 日

综合提升	自我测验
请你在课后完成自我测验试题，以自我评定知识、技能、素养获得情况	【单选】1.（☆☆）引起混凝土中钢筋锈蚀的主要原因是（　　） A. 电化学腐蚀 B. 电磁感应法设备导致钢筋磁化 C. 无线电信号导致钢筋锈蚀 D. 以上均不对 【单选】2.（☆☆）半电池电位法的测量仪器组成不包括的部分是（　　） A. 铜／硫酸铜半电池 B. 电压表 C. 导线 D. 加速度传感器 【单选】3.（☆☆）钢筋锈蚀测定得到的结果值为（　　） A. 钢筋锈蚀概率 B. 钢筋锈蚀率 C. 钢筋锈蚀速度 D. 钢筋锈蚀长度 【单选】4.（☆☆）判断钢筋腐蚀的大小除了需要测量半电池电位之外，还有必要参考其他数据，如（　　）以及所处环境调查等，以评价其对结构使用寿命可能产生的影响 A. 氯离子含量 B. 碳化深度 C. 层离状况 D. 混凝土电阻率 【多选】5.（☆☆）工地实验室标准化建设的核心是（　　） A. 质量管理精细化 B. 检测工作科学化 C. 硬件建设标准 D. 数据报告公正化 【判断】6.（☆☆）对特殊环境，如海水浪溅区、处于盐雾中的混凝土结构，半电池电位法依旧具有普遍适用性（　　） 【判断】7.（☆）混凝土中钢筋锈蚀程度的不同其产生的腐蚀电位也有所不同（　　） 【判断】8.（☆☆）采用半电池电位法进行钢筋锈蚀检测时，半电池测定仪一端无须与钢筋连接（　　） 【判断】9.（☆☆）在钢筋锈蚀检测中，电化学法判定的是钢筋发生锈蚀的概率，而非钢筋锈蚀的实际状态（　　） 【判断】10.（☆☆）钢筋锈蚀测定中，腐蚀电位并非唯一表征因素，还应配合其他方法及因素进行分析，并且配合剔凿法进行验证（　　）

| 任务评价 | 考核评价 |

考核评价

考核阶段	考核项目		占比（%）	方式	得分
过程评价（60%）	课前探究学习（20%）	课前学习态度（线上）	5	理论（师评）	
		课前任务完成情况（线上）	10	理论（师评）	
		课前任务成果提交（线上）	5	理论（师评）	
	课中内化（30%）	懂检测原理（线上＋线下）	5	理论＋技能（自评）	
		能运用规范编制检测计划	5	理论＋技能（自评）	
		能完成检测步骤	10	技能＋素质（师评＋自评）	
		会分析检测数据	5	技能＋素质（师评＋小组互评）	
		能提交质量报告	5	理论＋技能＋素质（师评＋小组互评）	
	课后提升（10%）	第二课堂	10	技能＋素质（自评＋小组互评）	
结果评价（40%）	综合能力评价（40%）	理论综合测试（参照1+X 路桥 无损检测技能等级证书理论 考试形式展开）	20	理论获取证书结果	
		技能综合测试（参照1+X 路桥 无损检测技能等级证书实操 考试形式展开）	20	技能＋素质获取证书结果	
增值评价	教师根据学生的学习成果，在能力发展、质量意识、职业发展三个方面探索增值评价，对完成整个项目的学习情况进行动态综合评价				
	能力发展（学习、合作能力）	平台课前自主学习动态轨迹（师评）			
		提升自我的持续学习能力（师评＋小组互评）			
		融入小组团队合作的能力（小组互评）			
	质量意识	规范操作意识（自评＋小组互评）			
		实训室6S管理意识（师评＋小组互评）			

模块一　混凝土材料及结构检测

任务六　检测混凝土模量

⌂	工作任务	冲击回波法检测混凝土模量
▦	学时	2
✉	团队名称	

课前探究	任务引入

课前探究

混凝土模量检测的意义

任务引入

某市东二环绕城高速公路某标段桥梁墩柱，设计混凝土强度等级为 C40，为保证墩柱混凝土质量，使用不同外加减水剂、不同施工工艺和时间，对不同龄期（龄期为 3.5d、7d、9d、10d、14d、15d、150d）的预制梁，在不同部位（梁顶板中部、腹板）测试了混凝土的材质（浇筑质量），检测混凝土模量及强度，评价质量

兴趣激发

测定混凝土模量的方法有哪些，不同方法的特点你了解吗

任务情景

作为试验检测机构技术人员，你被安排去该高速公路项目预制场进行混凝土质量检测，本次检测任务之一为利用冲击弹性波法检测结构混凝土模量，并出具检测报告

学习目标

请在本次工作任务结束之后在下面记录你的学习目标达成情况

教学目标

思政目标	培养学生敬畏生命的观念，培育科学严谨、精益求精的"工匠精神"
知识目标	1. 熟悉混凝土模量检测的目的、意义及适用范围 2. 掌握冲击回波法检测流程和检测方法 3. 掌握参数设置注意事项 4. 掌握冲击回波法检测仪器连接注意事项
技能目标	1. 会查阅检测规程学习混凝土模量检测、运用公路工程质量检验评定标准 2. 能按照冲击回波法仪器操作规程在安全环境下正确连接检测设备，会检查仪器 3. 会用冲击弹性波无损检测仪进行参数设置、布点、数据采集 4. 会导出检测数据并对数据进行分析 5. 会根据检测报告填写要求填写混凝土模量检测评定记录表 6. 能根据公路工程质量检验评定标准出具检测报告

素质 目标		1. 具有严格遵守安全操作规程的态度 2. 具备认真的学习态度及解决实际问题的能力 3. 能够以严谨、认真负责的工作态度完成混凝土强度检测任务
知识点提炼	**知识基础**	
笔记	1. 弹性模量的概念 　　弹性模量是指材料在外力作用下产生单位弹性变形所需要的应力。它是反映材料抵抗弹性变形能力的指标，相当于普通弹簧中的刚度。弹性模量的测试方法主要有静力受压法、共振法、超声波法和弹性波法。弹性模量材料在弹性变形阶段，其应力和应变成正比例关系（即符合胡克定律），其比例系数称为弹性模量。弹性模量的单位是达因每平方厘米。混凝土弹性模量是指压缩应力与应变之比，是衡量混凝土性能的重要指标。弹性模量一般分为静弹性模量和动弹性模量。动弹性模量反映的是动荷载状态下混凝土应变与应力的比值 2. 检测弹性模量的意义 　　混凝土的弹性模量决定了结构的变形特性，而且与强度、耐久性均有非常密切的关系。混凝土材料的老化往往先从弹性模量的降低开始，而新建结构的施工不良也会在弹性模量方面有所显现。为此，在多数的混凝土施工中，不仅要求控制强度，同时要求控制弹性模量 3. 弹性模量检测的方法 　　静力受压弹性模量为直接测试方法，主要通过压力机加载分析力和变形值来分析计算。动弹性模量为间接测试方法，主要测试混凝土的固有共振频率来推算动弹性模量。静力受压法主要在实验室应用，其设备较复杂，效率较低，测试时试件有破损无法重复测试。共振法是无损检测方法，试件可重复使用，测试快捷简便。但只能在室内针对特定尺寸的试件进行测试，而实际工程中的混凝土结构尺寸要大得多，且结构形式不同，共振法难以实现。超声波法和弹性波法原理都是通过测试混凝土材料的波速来推算动弹性模量。超声波法一般频率较高，而混凝土本身存在一定不均匀性，导致混凝土中小缺陷会对测试波速影响较大。冲击回波法测试混凝土动弹性模量，由于波长较大，受混凝土不均匀性、骨料和钢筋影响都较小，更适合测试实体结构

4. 冲击弹性波法测定混凝土弹性模量

测定原理：强度检测需要与现场同配合比（尤其是骨料）的 150mm×150mm×150mm 混凝土标准试块不少于 3 组，先测试每个试块的混凝土的动弹性模量，再将试块做抗压试验，获取每个试块的强度用于标定，建立动弹性模量与抗压强度的对应关系

利用冲击回波法测试每个试块的混凝土 P 波波速，如图 1-40 所示，具体过程如下：

试块厚度 H 为已知，在结构表面激发冲击弹性波，通过测试弹性波其在结构底部反射的时间 T，计算得到冲击弹性波波速 V_P，公式为

$$V_P = \frac{2H}{T} \tag{1-16}$$

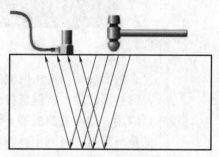

图 1-40 冲击回波法测试示意图

通过测得的弹性波波速计算出动弹性模量，与 3 组标准试块抗压强度建立拟合关系，测试系统及分析系统软件能够实现自动拟合

检测特点：混凝土的弹性模量不仅影响到结构的变形，而且也是反映混凝土质量、耐久性的重要指标。特别是对于高强度混凝土，简单地采用抗压强度反推弹性模量的方法往往具有较大的误差。弹性波的频率更低，基本不会受到骨料散射影响，钢筋也容易修正，而且冲击能量大，可以测试数十厘米厚度的混凝土结构，更适合实体混凝土的检测。测试参数为弹性波速度，在实验室和工程现场均可以应用。弹性波波速与混凝土动弹性模量存在直接的关系，与超声波相比，冲击弹性波的主频低，一般为数千赫，波长较长，远大于混凝土骨料，故受骨料等影响较小，测试精度提高。冲击锤产生的能量大，较之超声波，更适用于大型混凝土构件

检测方法：检测仪器为混凝土弹性模量测试仪（图 1-41），该设备可保证采样精度 24 位，采样点数可调，2 通道，触发与接收，同时可根据检测需要前置放大信号，该方法具有滤波成像等功能

检测过程分为三个阶段，准备工作—测试—保存分析数据。根据检测方法准备好相应设备后，量取试验试件或结构尺寸，同时了解混凝土强度等级、形状及龄期等，然后布置测点测线，注意避开表面不平整及破损位置。根据试件或结构尺寸选择测试方法及传感器和激振锤。连接设备主机和传感器。测试时，先标定周围噪声，然后测试，同时选取较好的波形保存数据

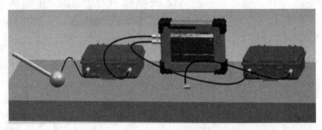

图 1-41　混凝土弹性模量测试仪

数据分析：冲击回波法适合用于测试方形试件、棱形试件以及圆柱形试件，在隧道衬砌、挡墙、梁板等已知厚度的结构中也可应用。即在被测混凝土结构的壁厚已知的前提下，利用弹性波的重复反射，可测出弹性波在被测混凝土试件的传播时间和弹性波波速，从而计算出混凝土的弹性模量。一般在试件的长轴方向激振和测试，如图 1-42 所示

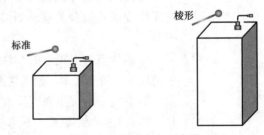

图 1-42　测试方向示意图

动弹性模量计算方法：

$$E_\text{d} = \rho V_\text{p1}{}^2 \tag{1-17}$$

$$V_\text{P1} = \frac{0.96}{\beta}\frac{2H}{T} \tag{1-18}$$

式中　E_d——混凝土动弹性模量（MPa）

ρ——材料的密度（kg/m³）

H——试件的测试方向的高度 / 长度

T——激振弹性波往返的时间（卓越周期）

β——几何形状系数，对于标准试件，可取 0.86；对于高宽比不小于 2 的棱形、圆柱形试件，可取 0.96

注意事项：

（1）测试时，要注意避开表面不平整、浮浆、小气泡、疏松等位置

（2）因钢筋传播速度一般大于混凝土，测试时尽量与钢筋错开测试，减少钢筋影响

（3）测试方法和结构形状对测试结果有一定的影响，需要注意每种方法的特性

（4）当混凝土内部有缺陷时会影响测试结果的准确性

重难点初探	任务分析
熟悉冲击回波法检测混凝土弹性模量的目的及适用范围 请根据检测规程完善仪器设备及要求，会检查仪器	根据《冲击弹性波检测混凝土质量技术规程》DBJ04/T 339—2017、CIT-1-TEC-02F-2021- 混凝土刚性及强度检测技术体系及《混凝土强度现场检测操作指南 V1.03》SCIT-1-ZN-01-2019-C，完成如下任务单

检测目的	通过对已知厚度的混凝土构件进行敲击，直接计算得出该混凝土构件的波速值，并由计算得出的波速值，再次计算得出混凝土的模量值
适用范围	冲击回波法检测混凝土强度，一般适用于检测厚度小于 80cm 的混凝土构件，且仅需要单一测试面即可
仪器设备及要求	 1. 仪器设备要求 检测设备应适合于冲击振动信号采集与分析，系统主要包括激振装置、传感器、耦合装置、采集系统、显示系统、数据分析系统等 2. 计量性能要求 （1）系统误差　检测系统标定幅相对误差 ±5% （2）声时误差　声信号测量相对误差 ±1.0% 3. 系统硬件性能 （1）采样分辨率　检测系统分辨率应在 16Bit，即测试量程的 1/216 以上。采样频率应达到 500kHz 以上 （2）频谱特性　接收系统频响范围应适用频率在 1kHz~50kHz 信号的采样 （3）增益性能　接收端信号的 S/N 比应在 5 以上 （4）元器件　测试系统的主要元器件应满足下表要求

（续）

主要测试元器件性能要求

传感器	类型	加速度传感器
	共振频率	40kHz 以上
电荷放大器	频率特性	0.2Hz~30kHz +0.5/3dB
低噪电缆		其产生的脉冲信号应小于 5mV
A/D 卡	采样频道数	2 以上
	变换速度	2μsec/ch
	分辨率	16bit

4. 系统软件性能要求

测试及分析系统的软件应满足下表要求

项　目		要　　求
数据采集	自检	应具有设备基本状态自检功能
	解发	应具有触发机能
	频道数	可双通道测试
信号处理	降噪	应具有滤波降噪的功能
	频响补偿	应具有频响补偿的机能
	频谱分析	应具有 FFT、MEM 频谱分析机能

5. 传感器耦合方式

传感器宜采用支座式阻尼耦合的传感器，此类传感器可以排除按压力度不均匀产生的影响

6. 激振方式

应采用激振锤进行激振

（1）激振力度。测试时，敲击力度不可过大（在软件中折合成电压，一般不超过 4V）

（2）激振位置。敲击点到传感器的距离，不宜超过构件厚度的 1/4，且大于 3cm

（3）激振锤选择。根据混凝土构件的设计厚度，选择合适大小的激振锤，见下表

冲击回波法检测混凝土模量激振锤选择表

混凝土构件深度	$h \leqslant 20cm$	$20<h<40cm$	$h>60cm$
激振锤型号	D10 锤	D17 锤	D30 锤

熟记测区布置与测点选择要求

测点布置

现场检测的测点方案如图所示。一般情况下，传感器放置在测区对角线的交点处，敲击位置在交点周围的圆环上，敲击点到传感器的距离不宜超过构件厚度的 1/4，且大于 3cm

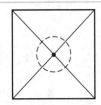

测点布置图

（续）

试验步骤	仪器连接　软件设置　数据采集　数据分析　出具报告
注意事项	（1）现场检测过程中，应保证检测混凝土表面清洁、干燥、平整 （2）数据采集过程中，需要预先知道测试混凝土构件的厚度，若不能确认厚度，可以通过检测芯样的方式来进行 （3）现场采集过程中，传感器需要与待测混凝土表面紧密接触，且检测设备周围不能有强磁场、强电场等环境干扰检测设备

重点记录

笔记：主要记录检测步骤要点及注意事项

任务实施

冲击回波法测试混凝土模量，主要分为四步，①结构测区描画；②数据采集；③数据解析；④完成检测，拆除仪器设备

混凝土模量测试			
流程		照片	具体说明
1	准备冲击弹性波无损检测仪		清点仪器设备，包括仪器主机、平板、传感器、激振锤，电荷线等
2	确定待测构件，并对待测构件测区进行描画		（1）以左图测区为例，在待测测区上表面上布置测点时，需将测区两对角线连接，交点即为传感器放置点，并在周围 3~5cm 范围布置敲击位置 （2）敲击时，应在敲击圆周上均匀分布敲击位置，避免定点敲击
3	按照要求连接检测设备，并检测混凝土模量		（1）将 ST-S21C 传感器连接到主机的 CH0/CH1 通道上（CH1 通道放大器倍数偏大，适用于检测偏深的裂缝） （2）用信号连接线将主机和平板相互连接。主机一侧采用的是航空插头，需要将信号线和主机的两处红点对齐后插入；平板一侧采用 USB 接口，直接连接即可 （3）打开平板，主机上两个指示灯同时亮起，仪器连接成功，准备开始进行数据采集和解析

（续）

混凝土模量测试		
流程	照片	具体说明
3	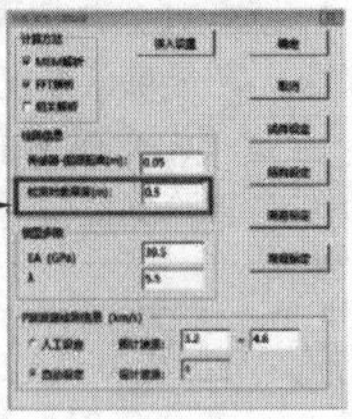 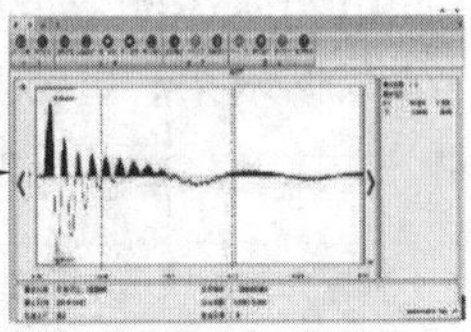	（4）将ST-S21C传感器放置在测点上，点击"速度标定"按钮，按照左图所示，将测试构件厚度准确输入，传感器到振源距离改为0.05cm（一般不大于构件厚度的1/4） （5）点击"零点标定"按钮，当标定电压低于0.05时，继续点击"数据采集"按钮，然后用激振锤在测区圆周上进行敲击，并将敲击得到的波形进行保存，点击"数据保存"按钮，典型波形如左图所示，重复敲击保存8组以上有效数据即可。且放置传感器时，应将传感器按压平整
4 数据解析	 结构材质：IE/EWR	（1）完成数据采集后，关闭采集软件，然后打开解析软件，并选择结构材质：IE/EWR按钮 （2）按照要求解析检测数据，并将检测结果拷贝保存
5 设备拆卸与还原	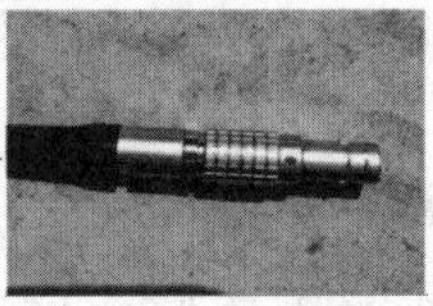	（1）完成全部数据拷贝后，应先将平板关机，并按照顺序拆解仪器设备 （2）拆解信号线时，应先将航空插头的螺纹处向后推动，再进行拔出

检测报告应包括下列内容：

（1）工程名称，工程地址，设计、施工、监理、建设和委托方信息

（2）工程概况

（3）构件名称、数量及设计要求的混凝土强度等级

（4）施工时模板、浇筑工艺、养护情况及成型日期等

（5）抽样方案

（6）抽样数量及抽样方法

（7）检测设备

（8）检测依据

（9）现场检测环境条件（温度等）

（10）检测人员及检测日期

（11）构件及测区平面布置示意图

（12）检测结果，包括平均值、标准差混凝土抗压强度推定值

请完成混凝土模量检测报告并提交

混凝土模量检测报告

工程名称		报告编号	
建设单位		委托日期	
设计单位		勘察单位	
施工单位		施工日期	
监理单位		检测数量	
检测项目		检测日期	
检测执行标准代号		T/CSPSTC 55-2020	

检测主要仪器设备	序号	仪器设备名称	仪器设备型号或规格	仪器设备编号
	1	混凝土弹性模量测试仪		
	—	—	—	

检测结论	
备注	

项目负责人		报告日期	
主要检测人			
报告审核人及日期		报告签发人及日期	

综合提升	自我测验
请你在课后完成自我测验试题，以自我评定知识、技能、素养获得情况	【单选】1.（☆☆）体现混凝土变形特性的最主要的指标，反映了固体材料抵抗外力产生形变的能力的是（　　） 　　A. 弹性模量　　　　　　　　B. 密度 　　C. 泊松比　　　　　　　　　D. 抗压强度 【单选】2.（☆☆）关于冲击弹性波，下列说法错误的是（　　） 　　A. 利用激振锤产生的冲击弹性波不是单一的某一类波 　　B. 弹性波在两种阻抗完全一样的介质中传播时不会发生反射现象 　　C. P波是实体波 　　D. 冲击弹性波只存在于混凝土中 【单选】3.（☆）下列关于工程进度、质量、成本安全之间的关系及其管理工作的说法中，正确的是（　　） 　　A. 工程进度控制与工程质量、成本无关 　　B. 赶工会导致工程质量和安全问题出现，但会降低工程成本 　　C. 缩短工期要以确保工程质量、安全为前提 　　D. 只要赶工所增加的成本可以承受，就应尽量缩短工期 【单选】4.（☆☆）建设工程施工质量验收时，分部工程的划分一般按（　　）确定 　　A. 施工工艺、设备类别　　　B. 专业性质、工程部位 　　C. 专业类别、工程规模　　　D. 材料种类、施工程序 【单选】5.（☆）下列关于水泥混凝土路面施工的说法中，错误的是（　　） 　　A. 模板拆除应在混凝土抗压强度不小于 8.0MPa 方可进行 　　B. 模板与混凝土拌合物接触表面应涂脱模剂 　　C. 常用施工方法有三辊轴机组铺筑和碾压混凝土 　　D. 外加剂应以稀释溶液加入 【单选】6. 混凝土的模量是指（　　） 　　A. 原点模量　　　　　　　　B. 切线模量 　　C. 割线模量　　　　　　　　D. 变形模量 【单选】7. 硬化混凝土的模量受骨料模量影响最大，（　　） 　　A. 骨料模量越小，混凝土模量越高 　　B. 骨料模量越小，混凝土模量越低 　　C. 骨料模量越大，混凝土模量越高 　　D. 骨料模量越大，混凝土模量越低 【多选】8.（☆☆）利用冲击回波法测试试件的模量时，以下正确的操作有（　　） 　　A. 传感器固定于试件某一侧面的中间，敲击传感器的旁边 　　B. 敲击点固定在试件某一侧面的中间，传感器位于敲击点旁边 　　C. 传感器固定于试件的顶面的中间，敲击试件的侧面 　　D. 在测试时，试件应放置于泡沫垫或软质织物上面 【多选】9.（☆☆）利用冲击回波法测试构件的波速时，以下说法正确的有（　　） 　　A. 应选择表面相对平整的位置进行测试 　　B. 每个测区只保存一条有效波形

C. 每个测区保存 10 条左右的有效波形

　　　D. 激振点与传感器之间的距离大于结构厚度

【判断】10.（☆☆）混凝土的弹性模量决定了结构的变形特性，而且与强度、耐久性均有密切的关系（　　　）

【判断】11.（☆☆）通过冲击弹性波的波速测得混凝土（动）模量，直接得到混凝土抗压强度（　　　）

【判断】12. 混凝土的模量与其强度等级成正比（　　　）

任务评价	考核评价

考核评价

考核阶段	考核项目		占比（%）	方式	得分
过程评价（60%）	课前探究学习（20%）	课前学习态度（线上）	5	理论（师评）	
		课前任务完成情况（线上）	10	理论（师评）	
		课前任务成果提交（线上）	5	理论（师评）	
	课中内化（30%）	懂检测原理（线上＋线下）	5	理论＋技能（自评）	
		能运用规范编制检测计划	5	理论＋技能（自评）	
		能完成检测步骤	10	技能＋素质（师评＋自评）	
		会分析检测数据	5	技能＋素质（师评＋小组互评）	
		能提交质量报告	5	理论＋技能＋素质（师评＋小组互评）	
	课后提升（10%）	第二课堂	10	技能＋素质（自评＋小组互评）	
结果评价（40%）	综合能力评价（40%）	理论综合测试（参照 1+X 路桥 无损检测技能等级证书理论 考试形式展开）	20	理论 获取证书结果	
		技能综合测试（参照 1+X 路桥 无损检测技能等级证书实操 考试形式展开）	20	技能＋素质 获取证书结果	
增值评价	教师根据学生的学习成果，在能力发展、质量意识、职业发展三个方面探索增值评价，对完成整个项目的学习情况进行动态综合评价				
	能力发展（学习、合作能力）	平台课前自主学习动态轨迹（师评）			
		提升自我的持续学习能力（师评＋小组互评）			
		融入小组团队合作的能力（小组互评）			
	质量意识	规范操作意识（自评＋小组互评）			
		实训室 6S 管理意识（师评＋小组互评）			

模块二 桩柱杆检测

任务一 基桩完整性检测

🏠	工作任务一	低应变法检测基桩完整性
▦	学时	2
✉	团队名称	

课前探究	任务引入
基桩根据施工工艺，可分为哪几类	某在建高层小区，钻孔灌注桩基础施工结束之后，受施工单位委托，由某公司技术人员对现场桩基进行基桩完整性检测。基桩数量为40根，已提供设计资料，设计桩长、桩径已知，桩头已漏出并清理完毕 
兴趣激发	任务情景
列举桩身完整性评价指标	作为该试验检测机构技术人员，你被安排和团队成员对该批桩基进行完整性检测，通过检测前资料整理及收集，已清楚工程概况及现场结构物技术资料，要求根据现场情况及委托方要求，利用冲击回波低应变法检测基桩完整性，并出具检测报告

学习目标	教学目标	
请在本次工作任务结束之后在下面记录你的学习目标达成情况	思政目标	通过引入"交通建设发展"新理念——质量、安全思政元素，培养学生树立"工程质量、终身负责"的理念
	知识目标	1. 熟悉基桩完整性检测的目的、意义及适用范围 2. 掌握低应变法检测基桩完整性的步骤及注意事项 3. 掌握典型波形图识读
	技能目标	1. 会查阅检测规程、运用公路工程质量检验评定标准 2. 能按照低应变检测仪器使用操作规程在安全环境下正确使用仪器 3. 会根据操作规程确定测区、布置测点 4. 会运用数据采集及分析软件采集、分析波形，判定桩身种类 5. 能根据公路工程质量检验评定标准出具基桩完整性检测报告

	素质目标	1. 具有严格遵守安全操作规程的态度 2. 具备认真的学习态度及解决实际问题的能力 3. 具有严谨、认真负责的工作态度
知识点提炼	**知识基础**	

笔记

桩基检测的意义

常用的基桩检测方法

1. 检测意义

基桩是最重要的基础形式之一，桩基工程除因受岩土工程条件、基础与结构设计、桩土体系相互作用、施工以及专业技术水平和经验等关联因素的影响而具有复杂性外，桩的施工还具有高度的隐蔽性，发现质量问题难，事故处理更难。因此，基桩检测工作是整个桩基工程中不可缺少的重要环节，只有提高基桩检测工作的质量和检测评定结果的可靠性，才能真正确保桩基工程质量与安全

2. 方法特点

常用的桩身完整性检测方法见表 2-1

表 2-1　常用的桩身完整性检测方法

方法名称	测试内容	优点	缺点
开挖目视法	基桩完整性	结果直观	工作量大，对结构破坏较大，成本高
低应变法	基桩完整性	操作简单、结果较为直观	桩头需露出，结果需人为确定
声波透射法	基桩完整性	精度较高	桩头需露出且需预埋声测管
孔内成像法	基桩完整性	结果比较直观、精度较高	桩头需露出且需钻孔
取芯法	基桩完整性	结果直观	桩头需露出，受取芯质量影响，成本高

低应变法具有仪器轻便、操作简单、检测速度快、成本低等特点，可检测桩身缺陷及位置，判定桩身完整性类别，但受低应变锤击能量影响检测深度受到限制，在桩基工程质量普查中应用较广。对于现役基桩，因其数量庞大、检测时间及经费有限，以及上部结构的影响，通常都会采用低应变法检测桩基完整性

3. 检测原理

低应变测试基桩完整性利用的是波的反射特性。在桩顶垂直敲击，产生的弹性波沿桩身进行传播，当遇到缺陷或桩底，弹

性波就会发生反射，弹性波在介质中传播时，介质波阻抗发生改变，会在该界面上发生反射和透射，当弹性波遇到截面变化或者材质变化时（如桩底、断桩或严重离析等部位）或桩身截面面积变化（如缩径或扩径）部位，其反映在机械阻抗（一般用 z 来表示材料的机械阻抗，$z=\rho CA$，这里的 A 是断面截面面积）的变化。在机械阻抗发生变化的界面上，传播的弹性波会产生波的反射和透过，如图 2-1 所示

在桩顶施加激振信号产生应力波。该应力波沿桩身传播过程中，遇到不连续界面（如蜂窝、夹泥、断裂、孔洞等缺陷）和桩底面（即波阻抗发生变化）时，将产生反射波。检测分析反射波的传播时间、幅值、相位和波形特征，就可得出桩缺陷的大小、类型、位置等信息，最终对桩基的完整性给予评价

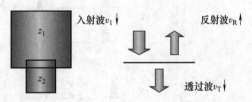

图 2-1 机械阻抗变化的界面发生的反射和透过

反射系数：

$$F=\frac{1-n}{1+n} \qquad (2\text{-}1)$$

透射系数：

$$T=\frac{2}{1+n} \qquad (2\text{-}2)$$

桩身各种形状以及桩底不同的支承条件，均可归纳成以下三种波阻抗变化类型：

当 $Z_1 \approx Z_2$ 时，即桩身连续、无明显阻抗差异时，$n=1$，$F=0$，$T=1$，由上述各式可知，$\sigma_R=0$，$V_R=0$，即桩身无反射波信号，应力波全透射，表示桩身完整

当 $Z_1 > Z_2$ 时，相当于桩身有缩径、离析、空洞及摩擦桩桩底的情况。此时 $n>1$，$F<0$，$T>0$，可知，σ_R 与 σ_1 异号，反射波为上行拉力波。由公式可知，V_R 与 V_1 符号一致，所以反射波与入射波同相。另外，由弹性杆波动传播的符号定义来理解，上行拉力波与下行压力波的方向一致，则反射波引起的质点速度 V_R 与入射波 V_1 同相，这样在桩顶检测出的反射波速度和应力均与入射波信号极性一致

当 $Z_1<Z_2$ 时，相当于桩身扩径、膨胀或端承桩的情况，则 $n<1$，$F>0$，$T>0$，由上述各式可知，σ_R 与 σ_1 同号，反射波为上行压缩波，V_R 与 V_1 符号相反，这样在桩顶接收到的反射波速度及应力均与入射波信号的极性相反。同理可得，桩底处的速度为零，而应力加倍

根据以上三种反射波与入射波相位的关系，可判别某一波阻抗界面的性质，这是低应变法判别桩底情况及桩身缺陷的理论依据。根据上述理论绘制出与桩身阻抗变化相对应的反射波特征曲线示意图，桩身阻抗变化的反射波典型曲线及特征见表 2-2

表 2-2　桩身阻抗变化的反射波典型曲线及特征

缺陷	典型曲线	曲线特征
完整		（1）短桩：桩底反射波与入射波频率相近，振幅略小 （2）长桩：桩底反射振幅小，频率低 （3）摩擦桩的桩底反射波与入射波同相位，端承桩的桩底反射波与入射波反相位
扩径		（1）曲线不规则，可见桩间反射，扩径第一反射子波与入射波反相位；后续反射子波与入射波同相位，反射子波的振幅与扩径尺寸正相关 （2）可见桩底反射
缩径		（1）曲线不规则，可见桩间反射，缩径第一反射子波与入射波同相位 （2）后续反射子波与入射波反相位，反射子波的振幅大小与缩径尺寸正相关 （3）一般可见桩底反射
离析		（1）曲线不规则，一般见不到桩底反射 （2）离析的第一反射子波与入射波同相位，幅值视离析程度呈正相关，但频率明显降低 （3）中、浅部严重离析，可见到多次反射子波
断裂		（1）浅部断裂（<2m）由于受钢筋和下部桩影响，反映为锯齿状子波又叠加在低频背景上的脉冲子波，峰—峰为 4A （2）中、浅部断裂为多次反射子波等距出现，振幅和频率逐次下降 （3）深部断裂似桩底反射曲线，但所计算的波速远大于正常波速 （4）一般见不到桩底反射
夹泥空洞微裂		（1）曲线不规则，一般可见桩底反射 （2）缺陷的第一反射子波与入射波同相位，后续反射子波与入射波反相位 （3）子波的幅值与缺陷的程度呈正相关
桩底沉渣		桩底存在沉渣，桩底反射波与入射波同相位，其幅值大小与沉渣的厚度呈正相关

注：I 为入射波，R 为反射波。

4. 基桩的典型缺陷类型

基桩的典型缺陷类型如图 2-2 所示

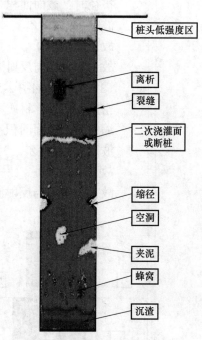

图 2-2 基桩的典型缺陷类型

桩身完整性：桩身截面尺寸相对变化、材料密实性、连续性等

桩身缺陷：使桩身完整性恶化，在一定程度上引起桩身结构强度和耐久性降低的桩身断裂、裂缝、夹泥（杂物）、空洞、蜂窝、松散

桩身缺陷指标：位置、类型（性质）和程度；被测桩的桩长范围应结合现场试验确定

5. 基桩小应变的信号反射规律

（1）空洞、孔隙、离析 如图 2-3 所示

截面面积 A 一致，材质不变，波速 c 一致

密度 $\rho_1 > \rho_2$

波阻抗：$Z_1 > Z_2$

故：$Z_1 - Z_2 > 0$

故：入射波与反射波同相

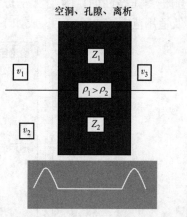

图 2-3 空洞、孔隙、离析信号反射

（2）扩径　如图 2-4 所示

密度 ρ 一致，材质不变，波速 c 一致

扩径时：截面面积 $A_1 < A_2$

波阻抗：$Z_1 < Z_2$

故：$Z_1 - Z_2 < 0$

故：入射波与反射波反相

（3）缩径　如图 2-5 所示

密度 ρ 一致，材质不变，波速 c 一致

缩径时，截面面积：$A_1 > A_2$

波阻抗：$Z_1 > Z_2$

故：$Z_1 - Z_2 > 0$

故：入射波与反射波同相

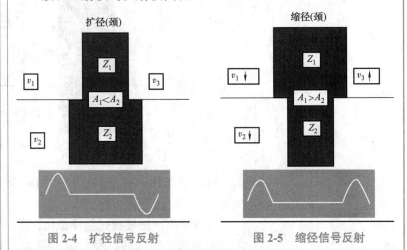

图 2-4　扩径信号反射　　　　图 2-5　缩径信号反射

重难点初探

熟悉低应变法检测桩身完整性的目的及适用范围

任务分析

根据《公路工程基桩检测技术规程》JTG/T 3512—2020 及《基桩完整性现场检测技术指南 V1.01》SCIT-1-ZN-06-2019-C 完成如下任务单

检测目的	检测桩身缺陷、位置及类型，判定桩身完整性类别
适用范围	（1）低应变法的理论基础以一维线弹性杆件模型为依据。因此受检桩的长细比、瞬态激励脉冲有效高频分量的波长与桩的横向尺寸之比均宜大于 5，设计桩身截面宜基本规则。另外，一维理论要求应力波在桩身中传播时平截面假设成立，所以，对薄壁钢管桩和类似于 H 型钢桩的异型桩，本方法不适用 （2）本方法对桩身缺陷程度只做定性判定，尽管利用实测曲线拟合法分析能给出定量的结果，但由于桩的尺寸效应、测试系统的幅频相频响应、高频波的弥散、滤波等造成的实测波形畸变，以及桩侧土阻尼、土阻力和桩身阻尼的耦合影响，曲线拟合法还不能达到精确定量的程度

（续）

适用范围		（3）对于桩身不同类型的缺陷，低应变测试信号中主要反映出桩身阻抗减小的信息，缺陷性质往往较难区分。例如，混凝土灌注桩出现的缩颈与局部松散、夹泥、空洞等，只凭测试信号很难区分。因此，对缺陷类型进行判定，应结合地质、施工情况综合分析，或采取钻芯、声波透射等其他方法
仪器设备及要求		1）动测仪产品主要技术性能分为_____个等级 2）2级基桩动测仪 A/D 转换器分辨率不低于_____，单道采样频率不低于_____ 3）数据采集装置的模数转换器不得低于_____bit 4）采样间隔宜为_____μs 5）单通道采样点不少于_____点
		1）加速度传感器的电压灵敏度应大于 100mV/g，电荷灵敏度应大于 20pc/g，上限频率不应小于____，安装谐振频率不应小于____，量程应大于____ 2）速度传感器的固有谐振频率不应大于____，灵敏度应大于____，上限频率不应小于____，安装谐振频率不应小于____
	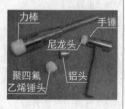	1）对大直径长桩，应选择质量____的锤或力棒 2）锤头材料____，产生的高频脉冲波有利于提高桩身缺陷的分辨率，但高频信号衰减快，不容易探测桩身深部缺陷 3）激振锤越____，产生的频率越高；打击对象越硬，信号频率也越___
		信号传输电缆与传感器连接时，必须防止_____，否则可能折断导线。信号传输电缆使用中，防止_____，否则可能折断导线
测试准备工作		（1）现场检测前，需要向相关单位收集以下现场资料及信息： 1）了解被检工程项目名称及建设、设计、施工、监理单位名称 2）了解施工工艺及施工过程中出现的异常情况 3）明确被检工程概况 4）明确被检工程岩土工程勘察资料 5）明确被检桩基的相应资料信息（如桩号、桩长、桩径、混凝土强度等级、龄期、桩位图等）；明确桩基的施工工艺、施工记录

根据检测规程完善仪器设备及要求，会检查仪器

熟记传感器安装要求

力棒　手锤
尼龙头
聚四氟乙烯锤头　铝头

（续）

测试准备工作	（2）进行现场检测前，需要在室内对仪器、检测资料等方面进行准备： 1）对检测设备充电，并开机及信号连接，确保工作正常 2）准备现场检测的卷尺、耦合剂等 3）打印并携带现场记录表 4）明确现场检测人员职责，各司其职 （3）桩头处理。应根据相应的技术规范、标准的规定，并参考现场施工记录和基桩在工程中所起的作用来确定抽检数量及桩位。公路桥梁的钻孔灌注桩通常是每根桩都要进行检测，对受检桩，要求桩顶的混凝土质量、截面尺寸与桩身设计条件基本相同 1）凿除桩头浮浆或松散、破损部位，露出坚硬的新鲜混凝土表面，并确保桩面处于水平状态 2）打磨 2~4 个位置用于传感器的安装及激振，处理洁净、无破碎 （4）传感器的安装。一般采用加速度传感器，因为它的频率响应范围比较宽、动态范围大、失真度小，能较好地反映桩身的反射信息。加速度传感器灵敏度高，低频性能好，对检测桩体深部缺陷信息较好。《公路工程基桩动测技术规程》JTG/T F81-01-2004 对传感器安装做如下规定	

传感器安装要求

传感器安装规定	说明	备注
传感器的安装可采用石膏、黄油、橡皮泥等耦合剂，粘结应牢固，并与桩顶面垂直		安装的部位混凝土应完整、无松动，表面平整；用耦合剂粘结要粘牢，不可在击振时使其产生附加振动
对于混凝土灌注桩，传感器宜安装在距桩中心 1/2~2/3 半径处，且距离桩的主筋不宜小于 50mm。当桩径不大于 1000mm 时，不宜少于 2 个测点；当桩径大于 100mm 时，不宜少于 4 个检测点	 ●:激振点 ○:传感器	激振点与传感器安装位置应避开钢筋笼的主筋影响
对混凝土预制桩，当边长不大于 600mm 时，不宜少于 2 个测点；当边长大于 600mm 时，不宜少于 3 个测点		
对预应力管桩，不应少于 2 个测点		

（续）

测试准备 工作	（5）《建筑基桩检测技术规范》JGJ 106—2014 对传感器安装做如下规定 　1）安装传感器部位的混凝土应平整；传感器安装应与桩顶面垂直；用耦合剂粘结时，应具有足够的粘结强度 　2）激振点与测量传感器安装位置应避开钢筋笼主筋的影响 　3）根据桩径大小，桩心对称布置 2~4 个安装传感器的检测点：实心桩的激振点应选择在桩中心，检测点宜在距桩中心半径处；空心桩的激振点和检测点宜为桩壁厚的 1/2 处，激振点和检测点与桩中心连线形成的夹角宜为 90° 　（6）敲击锤的选择 《建筑基桩检测技术规范》JGJ 106—2014 有如下规定： 　1）激振点位置应避开钢筋笼的主筋 　2）激振方向应沿桩轴线方向 　3）瞬态激振应通过现场敲击试验，选择合适重量的激振锤和软硬适宜的锤垫；宜用宽脉冲获取桩底或桩身下部缺陷反射信号，宜用窄脉冲获取桩身上部缺陷反射信号 　4）产生脉冲的宽度（窄脉冲频率高，宽脉冲频率低）与激振锤锤头材质、锤头面积有关；锤头的材质软脉冲宽度；锤头的面积大脉冲宽度；锤的落距与脉冲宽度关系不大；不同材质的锤垫，能调整脉冲宽度 　5）根据桩长、地层状况和预期检测缺陷位置来选择激振脉冲波。激振主频率的一般原则： 　①长桩激振频率低（$L=40\mathrm{m}$ 左右，$f=500\,\mathrm{Hz}$ 左右） 　②硬地层的中长桩频率低（$L=15\sim25\mathrm{m}$，$f=500\sim1000\mathrm{Hz}$） 　③短桩激振频率高（$L=10\mathrm{m}$ 左右，$f=1000\sim1500\mathrm{Hz}$） 　④检测浅部缺陷频率高（$f=1500\mathrm{Hz}$）
检测流程	硬件连接　数据采集　数据分析
注意事项	1）传感器：传感器在安装和卸下时须多加注意，有可能因为热粘胶造成烧伤，或由于拆卸工具造成意想不到的损伤 　2）信号传输电缆：信号传输电缆与传感器连接时，必须防止电缆头与导线扭曲，否则可能折断导线。信号传输电缆使用中，防止踩踏和机械损伤，否则可能折断导线 　3）拔出电源插头时请勿用手直接拉扯电线，务必手持插头一起拔出，以免发生事故 　4）请勿将仪器放置在易受振动、撞击的地方，并且勿将重物置于仪器上，否则可能导致火灾、触电等事故 　5）请勿堵住通风口，否则可能导致火灾、触电等事故 　6）搬运本检测设备时，不能进行测试操作，否则可能导致故障 　7）请勿在电源线上放置东西，电源线破损的话可能导致漏电、火灾等事故 　8）如果长期不使用，请把检测设备中的电池取出，否则可能导致火灾、触电等事故

无损检测技术

重点记录	任务实施
笔记：主要记录检测步骤要点及注意事项	**1. 低应变法检测基桩完整性**

1. 低应变法检测基桩完整性

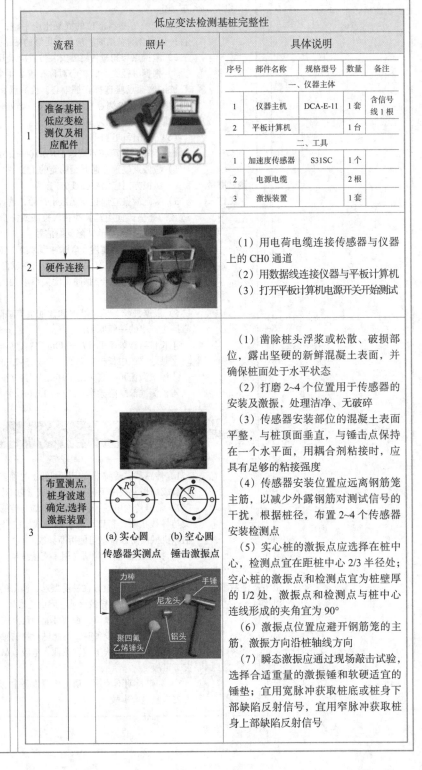

低应变法检测基桩完整性

	流程	照片	具体说明

流程1：准备基桩低应变检测仪及相应配件

序号	部件名称	规格型号	数量	备注
一、仪器主体				
1	仪器主机	DCA-E-11	1套	含信号线1根
2	平板计算机		1台	
二、工具				
1	加速度传感器	S31SC	1个	
2	电源电缆		2根	
3	激振装置		1套	

流程2：硬件连接

（1）用电荷电缆连接传感器与仪器上的CH0通道
（2）用数据线连接仪器与平板计算机
（3）打开平板计算机电源开关开始测试

流程3：布置测点，桩身波速确定，选择激振装置

(a) 实心圆　(b) 空心圆
传感器实测点　锤击激振点

力棒　手锤　尼龙头　聚四氟乙烯锤头　铝头

（1）凿除桩头浮浆或松散、破损部位，露出坚硬的新鲜混凝土表面，并确保桩面处于水平状态
（2）打磨2~4个位置用于传感器的安装及激振，处理洁净、无破碎
（3）传感器安装部位的混凝土表面平整，与桩顶面垂直，与锤击点保持在一个水平面，用耦合剂粘接时，应具有足够的粘接强度
（4）传感器安装位置应远离钢筋笼主筋，以减少外露钢筋对测试信号的干扰，根据桩径，布置2~4个传感器安装检测点
（5）实心桩的激振点应选择在桩中心，检测点宜在距桩中心2/3半径处；空心桩的激振点和检测点宜为桩壁厚的1/2处，激振点和检测点与桩中心连线形成的夹角宜为90°
（6）激振点位置应避开钢筋笼的主筋，激振方向应沿桩轴线方向
（7）瞬态激振应通过现场敲击试验，选择合适重量的激振锤和软硬适宜的锤垫；宜用宽脉冲获取桩底或桩身下部缺陷反射信号，宜用窄脉冲获取桩身上部缺陷反射信号

（续）

低应变法检测基桩完整性		
流程	照片	具体说明
4 基桩完整性测试		（1）于平板计算机新建测试文件夹，用于保存数据 （2）打开测试软件，选中新建文件夹，确定后点击"完整性及桩长（桩头）"进入采集界面 （3）点击"保存名称"输入测试名称并确定 （4）点击"零点标定"测试系统是否正常工作，同时判断测试环境的干扰 （5）点击"采集数据"，以激振装置对设定好的激振点进行敲击 （6）点击"保存数据"，保存良好波形数据
5 设备拆卸与还原		
6 完成		

2. 检测报告

检测报告应包括下列内容：

（1）委托方名称，工程名称、地点，建设、勘察、设计、监理和施工单位，基础、结构形式，层数，设计要求，检测目的，检测依据，检测数量，检测日期

（2）地基条件描述

（3）受检桩的桩型、尺寸、桩号、桩位、桩顶标高和相关施工记录

（4）检测方法，检测仪器设备，检测过程叙述

（5）受检桩的检测数据，实测与计算分析曲线、表格和汇总结果

（6）与检测内容相应的检测结论

（7）桩身波速取值

（8）桩身完整性描述、缺陷的位置及桩身完整性类别

（9）时域信号时段所对应的桩身长度标尺、指数或线性放大的范围及倍数；或幅频信号曲线分析的频率范围、桩底或桩身缺陷对应的相邻谐振峰间的频差

请完成基桩完整性检测记录表并提交

基桩完整性检测记录表

检测单位名称：　　　　　　　　　　　记录编号：

工程名称			
工程部位 / 部位			
检测数量		检测条件	
检测依据	《建筑基桩检测技术规范》JGJ 106—2014	判定依据	《建筑基桩检测技术规范》JGJ 106—2014
主要仪器设备名称、编号及仪器型号			

基桩完整性检测（低应变法）模拟检测

序号	桩号 / 测线	CH0/CH1距离标高桩顶距离 /m	设计桩长 /m	桩顶端外露长度 /m	成桩方式	混凝土强度等级	桩径 / mm	浇筑日期
1								
2								
3								
4								
5								
6								

测点示意图：

检测：　　　　　记录：　　　　　复核：　　　　　日期：

综合提升	自我测验
请你在课后完成自我测验试题，以自我评定知识、技能、素养获得情况	**【单选】1.**（☆☆）基桩低应变检测时，激励的信号振型属于（　　） 　　A. 纵向振动振型　　　　　　B. 横向振动振型 　　C. 纵向形变　　　　　　　　D. 横向形变 **【单选】2.**（☆☆）基桩低应变检测时，当锤击信号的脉冲宽度（　　）时，三维尺寸效应引起的干扰便加剧 　　A. 增强　　　　　　　　　　B. 减弱 　　C. 变宽　　　　　　　　　　D. 变窄 **【单选】3.**（☆☆）基桩低应变检测时，实心桩传感器安装点在距桩中心约（　　）半径时，所受干扰相对较小 　　A. 1/3　　　B. 2/3　　　C. 1/2　　　D. 1/4 **【单选】4.**（☆☆）基桩低应变检测时，（　　），将增大锤击点与安装点响应信号的时间差，造成波速或缺陷定位误差 　　A. 加大传感器固定点与激振点间距离 　　B. 减小传感器固定点与激振点间距离 　　C. 增加激振力度 　　D. 减小激振力度 **【单选】5.**（☆☆）基桩低应变检测的数据分析，当桩长已知，桩底反射信号明确时，在地质条件、桩型及成桩工艺相同的基桩中，选取不少于（　　）根Ⅰ类桩的桩身波速计算其平均波速 　　A. 2　　　　　B. 3　　　　　C. 4　　　　　D. 5 **【单选】6.**（☆☆）基桩低应变检测时，Ⅱ类桩的分类原则是（　　） 　　A. 桩身完整 　　B. 桩身有轻微缺陷，不会影响桩身结构承载力的正常发挥 　　C. 桩身有明显缺陷，对桩身结构承载力有影响 　　D. 桩身存在严重缺陷 **【单选】7.**（☆☆）缩径桩能得到桩底反射信号，但比完整桩底部反射（　　） 　　A. 明显较强　　　　　　　　B. 明显较弱 　　C. 更为直观　　　　　　　　D. 成分更少 **【单选】8.**（☆☆）下列选项中不是低应变法的优点的是（　　） 　　A. 检测方便 　　B. 能够反映的项目较多 　　C. 成本低 　　D. 检测范围可覆盖全桩长的各个横截面 **【多选】9.**（☆☆）在低应变法测试基桩完整性时，起始波与桩底反射信号之间有与起始波同相位的反射信号，那么基桩在该信号处可能存在的缺陷有（　　） 　　A. 扩径　　　　　　　　　　B. 缩径 　　C. 薄弱层　　　　　　　　　D. 断桩 **【多选】10.** 使用基桩低应变法检测基桩完整性时，下列可采用的装置有（　　） 　　A. 压电式加速度传感器　　　B. 磁电式速度传感器 　　C. 换能器　　　　　　　　　D. 应变片

【判断】11.（☆☆）低应变反射法检测基桩时，对于摩擦桩，桩底一般位于土质材料中。由于土体材料的阻抗较低，反射信号的相位与入射信号相反（　　　）

【判断】12.（☆☆）使用低应变法与声波透射法检测基桩完整性时，低应变法对断桩更为敏感，而声波透射法却有可能漏测（　　　）

任务评价	考核评价

考核阶段	考核项目		占比（%）	方式	得分
过程评价（60%）	课前探究学习（20%）	课前学习态度（线上）	5	理论（师评）	
		课前任务完成情况（线上）	10	理论（师评）	
		课前任务成果提交（线上）	5	理论（师评）	
	课中内化（30%）	懂检测原理（线上＋线下）	5	理论＋技能（自评）	
		能运用规范编制检测计划	5	理论＋技能（自评）	
		能完成检测步骤	10	技能＋素质（师评＋自评）	
		会分析检测数据	5	技能＋素质（师评＋小组互评）	
		能提交质量报告	5	理论＋技能＋素质（师评＋小组互评）	
	课后提升（10%）	第二课堂	10	技能＋素质（自评＋小组互评）	
结果评价（40%）	综合能力评价（40%）	理论综合测试（参照1+X路桥 无损检测技能 等级证书理论 考试形式展开）	20	理论 获取证书结果	
		技能综合测试（参照1+X路桥 无损检测技能 等级证书实操 考试形式展开）	20	技能＋素质 获取证书结果	

教师根据学生的学习成果，在能力发展、质量意识、职业发展三个方面探索增值评价，对完成整个项目的学习情况进行动态综合评价

增值评价	能力发展（学习、合作能力）	平台课前自主学习动态轨迹（师评）
		提升自我的持续学习能力（师评＋小组互评）
		融入小组团队合作的能力（小组互评）
	质量意识	规范操作意识（自评＋小组互评）
		实训室 6S 管理意识（师评＋小组互评）

181

模块二　桩柱杆检测

任务一　基桩完整性检测

🏠	工作任务二	超声透射法检测基桩完整性
▦	学时	2
✉	团队名称	

课前探究	**任务引入**

课前探究

超声透射法检测基桩完整性的原理

任务引入

　　某标段桩基 12#-1 桩，5#-3、7#-1，应建设单位要求，需要委托第三方对该桩进行完整性评价，该桩桩径 1.5m，桩长 28m，采用自动测桩声波仪，一发双收平测，测点间距 0.2m。声测管布置如图所示，Ⅰ剖面为 1-2 测面，Ⅱ剖面为 2-3 测面，Ⅲ剖面为 1-3 测面

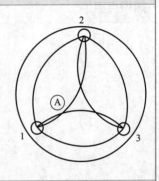

兴趣激发

你是否能够描述低应变法与超声透射法检测特点，两种方法的适用条件是什么

任务情景

　　作为该试验检测机构技术人员，你被安排和团队成员对该批桩基进行完整性检测，通过检测前资料整理及收集，已清楚工程概况及现场结构物技术资料，要求根据现场情况及委托方要求，利用超声透射法进行桩身完整性判定，并出具检测报告

学习目标

请在本次工作任务结束之后在下面记录你的学习目标达成情况

教学目标

思政 目标	通过引入"交通建设发展"新理念——质量、安全思政元素，培养学生树立"工程质量、终身负责"的理念
知识 目标	1. 熟悉基桩完整性检测的目的、意义及适用范围 2. 掌握超声透射法检测基桩完整性的步骤及注意事项 3. 掌握典型波形图识读
技能 目标	1. 会查阅检测规程、运用公路工程质量检验评定标准 2. 能按照超声测试仪使用操作规程在安全环境下正确使用仪器 3. 会根据操作规程确定测区、布置测点

	技能 目标	4. 会运用数据采集及分析软件采集、分析波形，判定桩身种类 5. 能根据公路工程质量检验评定标准出具基桩完整性检测报告
	素质 目标	1. 具有严格遵守安全操作规程的态度 2. 具备认真的学习态度及解决实际问题的能力 3. 具有严谨、认真负责的工作态度
知识点提炼	**知识基础**	
笔记	1. 超声透射法定义 超声透射法（也称跨孔声波、跨孔超声法）是利用声波的透射原理对桩身混凝土介质状况进行检测，在预埋声测管的混凝土灌注桩中检测桩身完整性，判定桩身缺陷的程度及其位置 2. 方法特点 超声透射法的特点是检测的范围可覆盖全桩长的各个检测剖面，检测全面细致，测试客观性好、分辨力高、信息量大、结果准确可靠；现场操作不受场地、桩长、长径比的限制，操作简便，工作进度快。超声透射法以其鲜明的特点，成为混凝土灌注桩（尤其是大直径桩）桩身完整性检测的一个重要手段，在工程建设领域中得到了广泛应用。超声透射法适用于预埋 2 根及以上声测管的混凝土灌注桩桩身完整性检测 3. 检测原理 超声透射法的工作原理是在被测桩内预埋若干根竖向相互平行的声测管作为检测通道。将超声发射换能器与接收换能器置于声测管中，管中注满清水作为耦合剂。在测试时，将探头置于同一水平面或保持一定高差，沿声测管同时提升，仪器通过发射换能器发射超声脉冲穿过被测桩体混凝土，并经接收换能器接收，声波信号按测点间距 10cm 或 20cm 自动记录由仪器显示，如图 2-6 所示。由于超声脉冲信号穿过混凝土桩体存在缺陷部位时会发生绕射、折射、多次反射及不同的吸收衰减，使接收信号首波的声时、幅值等声学参数发生变化，通过判读以上参数，即可判断桩身混凝土是否存在缺陷。声波是弹性波的一种，在混凝土介质中服从弹性波传播规律 4. 检测方法 超声透射法检测混凝土灌注桩有桩内单孔透射法和跨孔透射法两种。单孔透射法是在桩身只有一个通道的情况下，如钻孔取芯后需要了解孔芯周围的混凝土质量情况，作为钻芯检测的补充

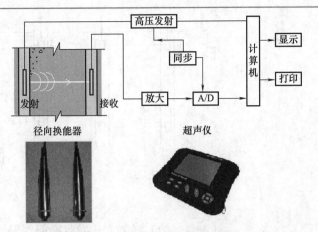

图 2-6　超声透射法的工作原理

手段使用。这时采用一发两收换能器放于一个钻芯孔中，声波从发送换能器经水耦合进入孔壁混凝土表层滑行，再经水耦合到达接收换能器，从而测出声波沿孔壁混凝土传播的各项声学参数。单孔透射法的声传播途径比跨孔透射法复杂得多，信号分析难度大，且有效检测范围约一个波长，故此法不常采用

　　跨孔透射法是在桩内预埋两根或两根以上的声测管，把发射和接收换能器分别置于两根管中，通过信号采集器采集信号，将采集的模拟信号变为数字信号，由计算软件自动进行声时和波幅判读，既提高了检测精确度，又提高了效率，因而得到了广泛的应用

　　具体做法是将发收换能器放入桩内声测管中同一深度的测点处，超声仪通过发射换能器发射超声波，经桩身混凝土传播，在另一声测管中的接收换能器接收到超声波，经电缆传输给超声仪，实时高速记录、显示接收波形，并判读声学参数。换能器在桩内移动过程的位置，位移测量系统也实时传输给超声仪。当换能器到达预定位置时，超声仪自动存储该测点的波形及声学参数，实现换能器在桩身声测管内移动过程中自动记录存储各测点声学参数及波形的目的。全桩各个检测剖面检测出的桩身声学参数（声时、幅值和主频等），按照规范编制软件进行数据处理后，可绘制成基桩质量分析的成果图

　　现场测试过程中应保持发射电压与仪器设置参数不变，使同一次测得的声学参数具有可比性

　　测试方式可分三类，如图 2-7 所示

　　（1）对测（普查）　发射和接收换能器分别置于两声测管的同一高度，自下而上，将发收换能器以相同步长（不大于100mm）向上提升，进行水平检测。若平测后，存在桩身质量的可疑点，则进行加密平测，以确定异常部位的纵向范围

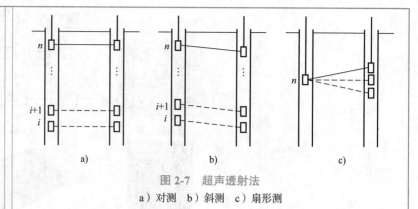

图 2-7　超声透射法

a）对测　　b）斜测　　c）扇形测

（2）斜测　让发收换能器保持一定的高程差，在声测管中以相同步长，同步升降进行测试。斜测分为单向斜测和交叉斜测。斜测时，发收换能器中心连线与水平线的夹角一般取 30°~40°。斜测可探出局部缺陷、缩径或声测管附着泥团、层状缺陷等

（3）扇形测　扇形测在桩顶、桩底斜测范围受限或为减小换能器升降次数时采用。一只换能器固定在某一高程不动，另一只逐步移动，测线呈扇形分布。此时换算的波速可以相互比较，但幅值无可比性，只能根据相邻测点幅值的突变来判断是否有异常

通过上述三种方法检测，结合波形进行综合分析，可查明桩身存在缺陷的性质和范围大小

5. 桩身混凝土缺陷判定

（1）声速判据　混凝土内部存在离析、蜂窝、夹泥、异物等缺陷，缺陷中水、泥、空气等异物的声速远小于混凝土声速，在异物中的传播时间明显增大，使"视声速"降低

参考《铁路工程基桩检测技术规程》TB 10218—2019 中的规定，声速临界值采用正常混凝土声速平均值与 2 倍声速标准差之差，即

$$v_D = v_m - 2\sigma_v \tag{2-3}$$

$$v_m = \sum_{i=1}^{n} \frac{v_i}{n} \tag{2-4}$$

$$\sigma_v = \sqrt{\sum_{i=1}^{n} \frac{(v_i - v_m)^2}{n-1}} \tag{2-5}$$

式中　v_D——声速临界值（km/s）

v_m——正常混凝土声速平均值（km/s）

σ_v——正常混凝土声速标准差（km/s）

n——测点数

实测混凝土声速值低于声速临界值时，声速可判为异常

$$v_i < v_D \tag{2-6}$$

当检测剖面 n 个测点的声速值普遍偏低且离散性很小时，宜采用声速低限值判据。即实测混凝土声速值低于声速低限值时，可判定为异常

$$v_i < v_L \tag{2-7}$$

式中 v_L——声速低限值（km/s）

声速低限值应由预留同条件混凝土试件的抗压强度与声速对比试验结果，结合本地区实际经验确定

（2）波幅判据 在传播距离一定的条件下，混凝土质量越差（疏松、蜂窝、孔洞、低强度等）衰减越大，接收信号幅度越小；产生绕射、折射和反射使声线加大，接收信号幅度减小。优质致密的、强度高的混凝土，信号幅度高，有缺陷的、低强度的混凝土，信号幅度低

波幅异常时的临界值判据应按下列公式计算：

$$A_m = \frac{1}{n} \sum_{i=1}^{n} A_{pi} \tag{2-8}$$

$$A_{pi} < A_m - 6 \tag{2-9}$$

式中 A_m——波幅平均值（dB）

当成立时波幅可判定为异常

（3）PSD 采用斜率法的 PSD 值作为辅助异常点判据时，PSD 值应按下列公式计算：

$$PSD = K\Delta t \tag{2-10}$$

$$K = \frac{t_{ci} - t_{ci-1}}{z_i - z_{i-1}} \tag{2-11}$$

$$\Delta t = t_{ci} - t_{ci-1} \tag{2-12}$$

式中 t_{ci}——第 i 测点声时（us）

t_{ci-1}——第 $i-1$ 测点声时（us）

z_i——第 i 测点深度（cm）

z_{i-1}——第 $i-1$ 测点深度（cm）

根据 PSD 值在某深度处的突变，结合波幅变化情况进行异常点判定

（4）采用信号主频值作为辅助异常点判据 主频—深度曲线上主频值明显降低可判定为异常，如图 2-8、图 2-9 所示

桩身完整性类别应结合桩身混凝土各声学参数临界值、PSD 判据、混凝土声速低限值以及桩身可疑点加密测试（包括斜测或扇形测）后确定的缺陷范围按表 2-3 进行综合判定

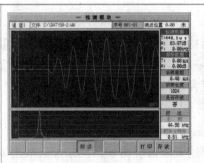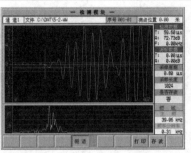

图 2-8　完整混凝土　　　　　图 2-9　缺陷混凝土主频
主频 44.5kHz　　　　　　　向低频偏移 39.0kHz

表 2-3　桩身完整性判定

特征	完整性类别
各检测剖面的声学参数均无异常 或某一检测剖面个别测点的声学参数出现轻微异常，且其他剖面声学参数均无异常	I
某一检测剖面连续多个测点的声学参数出现轻微异常 或某一检测剖面个别测点的声学参数出现明显异常	II
某一检测剖面连续多个测点的声学参数出现明显异常 或 50% 及以上检测剖面在同一深度测点的声学参数出现明显异常	III
50% 及以上检测剖面在同一深度测点的声学参数出现严重异常 或桩身混凝土声速普遍低于低限值或无法检测首波或声波接收信号严重畸变	IV

注：完整性类别由 IV 类往 I 类判定。

（5）基桩缺陷导致的超声波声学参量变化分析（波形）　声波在缺陷界面发生反射和折射，形成不同的新波束，接收波是各波束在接收点的叠加，由于各波束的传播路径不同，到达时间不同，相位变化，导致接收波相对发射波发生畸变，如图 2-10、图 2-11 所示

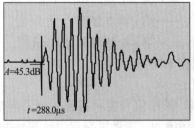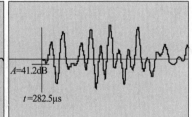

图 2-10　完整桩超声对测波形

（6）超声测桩法结果图像绘制（图 2-12）

（7）基桩完整性检测判定（图 2-13）

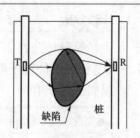

图 2-11 缺陷桩波形畸变

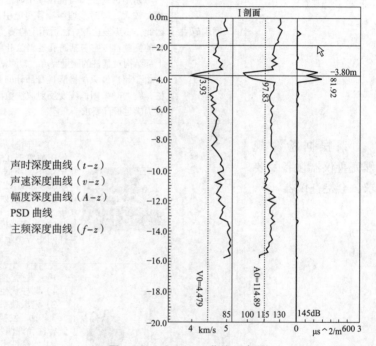

声时深度曲线（$t-z$）
声速深度曲线（$v-z$）
幅度深度曲线（$A-z$）
PSD 曲线
主频深度曲线（$f-z$）

图 2-12 *V-Z*、*A-Z* 曲线示意图

请判断右图案例基桩完整性类型，并描述判定依据

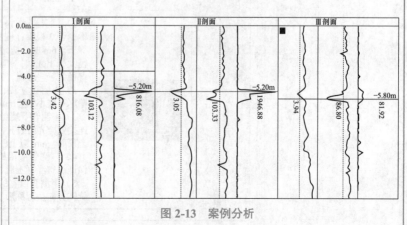

图 2-13 案例分析

重难点初探	任务分析

重难点初探

熟悉超声透射法检测桩身完整性的目的及适用范围

请根据检测规程完善仪器设备及要求，会检查仪器

任务分析

根据《公路工程基桩检测技术规程》JTG/T 3512—2020 及《基桩完整性现场检测技术指南 V1.01》SCIT-1-ZN-06-2019-C 完成如下任务单

检测目的	检测桩身缺陷、位置及部分缺陷类型，判定桩身完整性类别
适用范围	基桩超声透射法是利用声波的透射原理对桩身混凝土介质状况进行检测，因此仅适用于在灌注成型过程中已经埋了两根或两根以上声测管的基桩 对超声透射法，当桩径较小时，声测管间距也较小，其测试误差相对较大，同时预埋声测管可能引起附加的灌注桩施工质量问题。因此，超声波检测方法适用于检测直径不小于 800mm 的混凝土灌注桩的完整性，它包括跨孔透射法和单孔透射法。单孔透射法是根据上部结构对基桩的质量要求，检测钻芯孔孔壁周围的混凝土质量 由于超声波只能检测桩身部分的混凝土质量，对于支承桩或嵌岩桩，宜同时采用低应变反射波法检测桩端的支承情况，确保基桩承载力满足设计要求
仪器设备及要求	1）声时显示范围应大于__μs，测量精度应优于或等于 0.5μs，声波幅值测量范围不应小于__dB，声时声幅测量相对误差应小于__，系统频带宽度应为 1kHz~200kHz 2）声波发射脉冲宽为__，电压幅值不应小于 500V 3）采集器模-数转换精度不应低__位，采样间距应小于或等于 0.5μs，采样长度不应小于__点
	声波发射与接收换能器应符合下列规定： 1）圆柱状径向振动，沿径向无指向性 2）谐振频率宜为__ 3）收、发换能器的导线均应有长度标注，其标注允许偏差不应大于__mm 4）水密性满足__MPa 水压下不渗水 5）外径不大于__mm，有效工作长度不大于 150mm
	1）桩身直径小于或等于 0.8m 时，应埋设不少于 2 根管；桩身直径大于 0.8m 且小于或等于 1.6m 时，应埋设不少于__根管；桩身直径大于 1.6m 时，应埋设不少于 4 根管；桩身直径大于__m 时，宜增加声测管的埋设数量 2）声测管应采用__，内径不应小于 40mm，壁厚不应小于__mm 3）声测管下端封闭、上端__，管内无异物，连接处应光滑过渡，不漏水。管口应高出混凝土顶面__mm 以上，且各声测管管口高度__ 4）声测管应沿钢筋笼__布置，固定牢靠，保证浇筑混凝土后相互__ 5）声测管以__的顶点为起始点，按顺时针旋转方向呈对称形状布置并进行编号

（续）

熟记测试前准备工作要求	测试准备工作	检测对混凝土龄期的要求，《公路工程基桩动测技术规程》JTG/T F81-01-2004 规定不应小于 14d。《建筑基桩检测技术规范》JGJ 106-2014 规定受检桩混凝土强度不应低于设计强度的 70%，且不应低于 15MPa。声测管管口应高出桩顶设计标高 100 mm 以上。检测前的准备工作包括： 1）将各声测管内灌满清水，管内不得堵塞 2）用大于换能器直径的圆钢疏通，以保证换能器在声测管全程范围内升降顺畅，然后用清水清洗声测管 3）准确测量声测管的内外径和声测管外壁间的净距离 4）采用标定法确定仪器系统延迟时间 5）计算声测管及耦合水层声时修正值
	检测流程	硬件连接　▶　数据采集　▶　数据分析
	注意事项	1）一般声测管直径比换能器直径大 10~20mm 即可，且各行业规程对声测管参数及数量等均有严格要求 2）超声透射法现场检测时，测线布置分为平测、斜测、扇形测和 CT。一般现场检测时，是直接以平测居多，在发现桩身存在缺陷时，使用加密测点平测、斜测或扇形测方法

重点记录

笔记：主要记录检测步骤要点及注意事项

任务实施

1. 超声透射法检测基桩完整性

超声透射法检测基桩完整性

流程	照片	具体说明
1　准备基桩声波透射检测仪及相应配件		序号 / 部件名称 / 规格型号 / 数量 / 备注 一、仪器主体 1　仪器主机　　1台 2　交流电源　　1个 二、工具 1　平面换能器　50kHz　1对　配连接线 2　径向换能器　收　1支　配连接线 3　径向换能器　发　1支　配连接线 4　提升装置　　1套 5　充电器　　　1个 6　串口控制线　2条 7　换能器线轴　2个

(续)

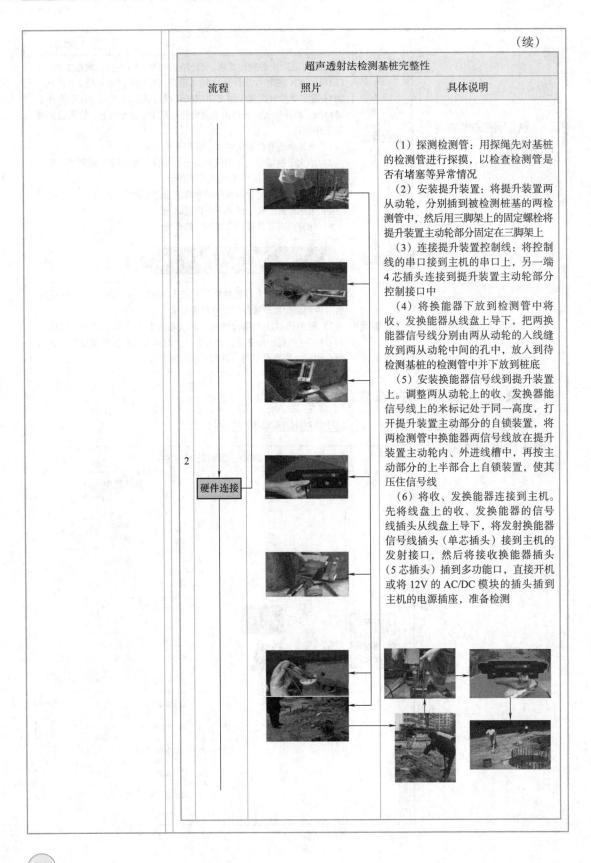

流程	照片	具体说明

超声透射法检测基桩完整性

2 硬件连接

（1）探测检测管：用探绳先对基桩的检测管进行探摸，以检查检测管是否有堵塞等异常情况

（2）安装提升装置：将提升装置两从动轮，分别插到被检测桩基的两检测管中，然后用三脚架上的固定螺栓将提升装置主动轮部分固定在三脚架上

（3）连接提升装置控制线：将控制线的串口接到主机的串口上，另一端4芯插头连接到提升装置主动轮部分控制接口中

（4）将换能器下放到检测管中将收、发换能器从线盘上导下，把两换能器信号线分别由两从动轮的入线缝放到两从动轮中间的孔中，放入到待检测基桩的检测管中并下放到桩底

（5）安装换能器信号线到提升装置上。调整两从动轮上的收、发换器能信号线上的米标记处于同一高度，打开提升装置主动部分的自锁装置，将两检测管中换能器两信号线放在提升装置主动轮内、外进线槽中，再按主动部分的上半部合上自锁装置，使其压住信号线

（6）将收、发换能器连接到主机。先将线盘上的收、发换能器的信号线插头从线盘上导下，将发射换能器信号线插头（单芯插头）接到主机的发射接口，然后将接收换能器插头（5芯插头）插到多功能口，直接开机或将12V的AC/DC模块的插头插到主机的电源插座，准备检测

（续）

超声透射法检测基桩完整性		
流程	照片	具体说明
3　参数设置	波形显示区　参数设置区　测试结果区　屏幕按钮区	（1）在系统主界面中，选择超声透射法测桩模块，按确认键进入测桩主界面 （2）参数设置：用"切换"键将操作光标移到参数区，操作光标▲、▼键、"确定"键来改变当前工程、桩号、管号、测距、起点、点距、测试方式、通道等参数 （3）测试、计算零声时：对于厚度振动型换能器（也称夹心式或平面测试换能器），需将与仪器连接好的换能器直接耦合或耦合于标准声时棒上，读取声时值，计算零声时并将其输入到零声时参数框 （4）设置激励发射换能器的发射电压大小及高程标定
4　数据采集		（1）手动测试：在检测界面下，按"采样"键仪器开始发射超声波并采样，仪器自动调整（或人工调整）好波形后再次按该采样键仪器就会停止发射和采样，并显示所测得的声参量数值 （2）自动测试：完成设置参数操作和试探采样操作调整好仪器状态后，这时按保存键进入自动检测状态，探头在提升的过程中，超声仪屏幕上动态实时的显示信号波形。每到一个测点位置，提升装置即通知超声仪对测试的声参量数据和波形数据进行存储。如果在存储数据时，出现声时，首波幅度，信号超屏或信号弱等异常，超声仪会报警（超声仪发出声音提示），这时提升装置控制器出现蜂鸣声，操作人员这时应该立即停止提升，可以由用户操作对动态波形进行干预，直到接收波形正常，这时再按保存键则可以继续测试。操作人员可以继续提升探头。如果想复测已测的测点，只要把探头向下移动到要复测的测点高程处即可，实现了在测试过程中，对任意测点的复测，可以准确地记录检测数据及高程 （3）数据保存：在手动检测之前，应首先把各个参数设置完毕，之后进行采集数据，采样完毕后，按保存键将数据存储到参数设置的文件中，逐点的进行采样，存储，直到整个测试完成；自动检测时，数据的保存是自动的

（续）

流程	照片	具体说明
5 返回		在检测界面静态窗口中，按下返回键是退出检测界面的操作，出现用户操作提示
6 设备拆卸与还原		
7 完成		

2. 检测报告

检测报告应包括下列内容：

（1）委托方名称，工程名称、地点，建设、勘察、设计、监理和施工单位，基础、结构形式，层数，设计要求，检测目的，检测依据，检测数量，检测日期

（2）地基条件描述

（3）受检桩的桩型、尺寸、桩号、桩位、桩顶标高和相关施工记录

（4）检测方法，检测仪器设备，检测过程叙述

（5）受检桩的检测数据，实测与计算分析曲线、表格和汇总结果

（6）与检测内容相应的检测结论

（7）声测管布置图及声测剖面编号

（8）受检桩每个检测剖面声速-深度曲线、波幅-深度曲线，并将相应判据临界值所对应的标志线绘制于同一个坐标系

（9）当采用主频值、PSP 值或接收信号能量进行辅助分析判定时，应绘制相应的主频-深度曲线、PSD 曲线或能量-深度曲线

（10）各检测剖面实测波列图

（11）对加密平测、扇形测的有关情况说明

（12）当对管距进行修正时，应注明进行管距修正的范围及方法

请完成基桩完整性检测记录表并提交	**基桩完整性检测记录表**						
	检测单位名称:				记录编号:		
	检测:	记录:		复核:		日期:	

工程名称		委托单位	
工程部位 / 部位		施工单位	
检测依据	《建筑基桩检测技术规范》JGJ 106—2014					

测桩方位示意图	桩号:		设计桩长 /m:		浇筑日期:		
声测管平面 布置示意图 北 ① ③ ②	管号	管顶标高	实测混凝土深度 /m	剖面	测管间距 /mm	剖面	测管间距 /mm
	1			1-2		1-4	
	2			1-3		2-4	
	3			2-3		3-4	
	4						

桩径 /m:	混凝土强度 /MPa:	桩顶标高 /m:	桩底标高 /m:

备注:	天气: 温度 /℃: 系梁（或承台）高度 /m:

综合提升	自我测验
请你在课后完成自我测验试题，以自我评定知识、技能、素养获得情况	**【单选】**1.（☆☆）超声透射法适用于桩径不小于（　　）的混凝土灌注桩桩身完整性检测 　　A. 1.2m　　　　　　　　B. 1.0m 　　C. 0.8m　　　　　　　　D. 0.6m **【单选】**2.（☆☆）超声透射法检测时，（　　）可检测三个剖面 　　A. 双管　　　　　　　　B. 三管 　　C. 四管　　　　　　　　D. 五管 **【单选】**3.（☆☆）超声透射法检测时，声测线间距不应大于（　　） 　　A. 50mm　　　　　　　　B. 100mm 　　C. 150mm　　　　　　　D. 200mm **【单选】**4.（☆☆）超声透射法检测时，同步提升声波发射与接收换能器的提升速度不宜超过（　　） 　　A. 0.5m/s　　　　　　　B. 1.0m/s 　　C. 1.5m/s　　　　　　　D. 2.0m/s **【单选】**5.（☆☆）下列选项中不是Ⅱ类桩声测线的声学特征的是（　　） 　　A. 多个声学参数明显异常 　　B. 个别声学参数明显异常，其他声学参数正常 　　C. 多个声学参数轻微异常 　　D. 接收波形轻微异常 **【单选】**6.（☆☆）下列选项中不是超声透射法的优点的是（　　） 　　A. 同样适用于预制桩 　　B. 一般不受场地限制 　　C. 在缺陷的判断上较其他方法更全面 　　D. 测试精度高 **【单选】**7.（☆☆）超声透射法的弊端是（　　） 　　A. 需要预埋声测管，抽样的随机性差 　　B. 一般不受场地限制 　　C. 在缺陷的判断上较其他方法更全面 　　D. 测试精度高 **【多选】**8.（☆☆）建筑、桥梁等领域的基桩结构具有的特点包括（　　） 　　A. 为细长结构 　　B. 仅有一个端头露在外面，其余绝大部分隐藏在地下 　　C. 整个桩体只由素混凝土浇筑而成 　　D. 需要使用声测法检测完整性的基桩，必须要提前预埋声测管 **【多选】**9.（☆☆）下列关于声测法检测基桩完整性的说法中，正确的有（　　） 　　A. 两个超声探头可以检测两个剖面 　　B. 三个超声探头可以检测三个剖面 　　C. 四个超声探头可以检测四个剖面 　　D. 四个超声探头可以检测六个剖面 **【多选】**10.（☆☆）下面可用于描述波的特性的有（　　） 　　A. 振幅　　　　　　　　B. 波速 　　C. 相位　　　　　　　　D. 频率

【判断】11.（☆☆）桩身有明显缺陷，对桩身结构承载力有影响时应判为
　　　　　　　Ⅳ类桩（　　　）

【判断】12.（☆☆）超声透射法检测基桩时，PSD判据对缺陷十分敏感，
　　　　　　　且基本上不受声测管不平行，或混凝土强度不均匀等原因所引
　　　　　　　起的变化（　　　）

【判断】13.（☆☆）超声透射法声测管埋设，声测管应牢固焊接或绑扎在
　　　　　　　钢筋笼的内侧，均匀布置，且互相平行、定位准确，并埋设至
　　　　　　　桩底，管口宜高出混凝土顶高程100mm（　　　）

任务评价	**考核评价**				
	考核阶段	考核项目		占比（%）	方式	得分

考核阶段	考核项目		占比（%）	方式	得分
过程评价（60%）	课前探究学习（20%）	课前学习态度（线上）	5	理论（师评）	
		课前任务完成情况（线上）	10	理论（师评）	
		课前任务成果提交（线上）	5	理论（师评）	
	课中内化（30%）	懂检测原理（线上+线下）	5	理论+技能（自评）	
		能运用规范编制检测计划	5	理论+技能（自评）	
		能完成检测步骤	10	技能+素质（师评+自评）	
		会分析检测数据	5	技能+素质（师评+小组互评）	
		能提交质量报告	5	理论+技能+素质（师评+小组互评）	
	课后提升（10%）	第二课堂	10	技能+素质（自评+小组互评）	
结果评价（40%）	综合能力评价（40%）	理论综合测试（参照1+X路桥 无损检测技能等级证书理论 考试形式展开）	20	理论获取证书结果	
		技能综合测试（参照1+X路桥 无损检测技能等级证书实操 考试形式展开）	20	技能+素质获取证书结果	
增值评价	教师根据学生的学习成果，在能力发展、质量意识、职业发展三个方面探索增值评价，对完成整个项目的学习情况进行动态综合评价				
	能力发展（学习、合作能力）	平台课前自主学习动态轨迹（师评）			
		提升自我的持续学习能力（师评+小组互评）			
		融入小组团队合作的能力（小组互评）			
	质量意识	规范操作意识（自评+小组互评）			
		实训室6S管理意识（师评+小组互评）			

模块二　桩柱杆检测

任务二　钢质护栏立柱埋深检测

🏠	工作任务	冲击弹性波法检测立柱埋深
▦	学时	2
✉	团队名称	

课前探究 　　为什么要控制钢质护栏立柱的埋深	**任务引入** 　　某高速公路 K30+120~K40+140 标段竣工验收项目，建设单位委托第三方对钢质护栏立柱埋深进行抽检，设计要求立柱埋入深度不低于 1.2m，现需随机抽检 40 根立柱，验证埋入深度是否符合设计要求 
兴趣激发 　　如果要测定立柱埋深，你认为都可以使用哪些方法，哪种方法更科学	**任务情景** 　　作为某试验检测机构技术人员，你被安排去对该标段立柱埋深进行抽检，通过检测前资料整理及收集，已清楚工程概况及设计要求，要求根据现场情况随机抽检进行立柱埋深检测，并出具检测报告
学习目标 　　请在本次工作任务结束之后在下面记录你的学习目标达成情况	**教学目标**

教学目标	
思政目标	通过引入"交通建设发展"新理念——质量、安全思政元素，培养学生树立"工程质量、终身负责"的理念
知识目标	1. 熟悉钢质护栏立柱埋深检测的目的、意义 2. 熟悉冲击弹性波法检测立柱埋深的检测原理 3. 掌握立柱埋深检测的步骤及注意事项
技能目标	1. 会查阅检测规程、运用公路工程质量检验评定标准 2. 能按照立柱埋深检测仪使用操作规程在安全环境下正确使用仪器 3. 会根据操作规程进行波速标定 4. 会运用数据采集及分析软件采集、分析波形，确定立柱埋置深度 5. 能够出具立柱埋深检测报告
素质目标	1. 具有严格遵守安全操作规程的态度 2. 具备认真的学习态度及解决实际问题的能力 3. 具有严谨、认真负责的工作态度

知识点提炼	知识基础
笔记 护栏立柱检测的意义 护栏立柱检测常用方法	**1. 检测意义** 公路护栏是关系到交通安全的重要设施,立柱是承受车辆驶出路外冲击力的主体(最后一道安全屏障),部分项目隐蔽工程存在隐患,安全问题令人堪忧,以公路护栏立柱、钢管桩为代表的柱形结构的检测也是十分有必要的。公路护栏立柱起到固定波纹板并阻挡汽车冲出路堤的作用,其长度直接关系到阻挡力的大小和防护作用。但是,由于施工单位偷工减料等原因,设置的护栏立柱长度不达标的现象十分普遍,从而带来很大的安全隐患。而且,在山区土石路基上,立柱由于打入困难,长度不足的现象则更加多见。由于立柱的数量众多,利用无损检测的方法测试柱的长度就显得十分必要 **2. 检测原理** 基于冲击弹性波的钢质护栏立柱埋深测试技术利用的是弹性波的反射原理,根据标定所得的弹性波波速,并通过立柱底部的反射时刻进而推算立柱的长度及埋深。立柱长度检测的基本原理与基桩的低应变检测相同,均采用弹性波的反射特性,在柱头截面上发出一个脉冲信号,该脉冲信号在立柱的底部端面发生反射,通过对发射信号及反射信号的抽出,根据标定所得的弹性波波速,即可推算立柱的长度 **3. 方法特点** 钢质护栏立柱长度及埋置深度检测传统方法使用现场拔桩法(图 2-14、图 2-15),此法测试精度高,可直观测定立柱长度及埋置深度,但易破坏边坡和路基的完整性,费工费力,无法作为日常检测手段。无损检测中采用基于冲击弹性波法测定,此法测试精度比较高,对边坡路基等无任何破坏,操作方便,可作为立柱日常检测手段   图 2-14 现场拔桩法　　　图 2-15 立柱标准试块图

与基桩低应变检测方法相比，立柱长度检测比通常的低应变检测难度更大，其原因有两点：

（1）立柱是空心薄壁结构（140mm 直径的立柱的标准壁厚度仅 4.3mm 左右），与土体接触的比表面积（表面积 / 体积）大，使得在其中传播的弹性波的衰减非常迅速

（2）由于是空心结构，在其顶端激振时，很容易引起内部共鸣，从而使得激振信号的持续时间长，脉冲性下降。另一方面，立柱的长度较短，一般只有 1~2.5m，其底部反射信号很容易与激振的残留信号混在一起

其主要特点有：

（1）传感器通常采用两个

（2）传感器均固定在立柱侧壁

（3）采用特制的激振装置以抑制柱内共鸣和减少激振信号的持续时间

（4）在分析中需要利用相关等信号分析手段以提取底部反射信号

（5）在分析中需要时域方法和频域方法的结合

总之，这些措施的目的都是为了提高信号的信噪比和底部反射信号的识别力

4. 分析方法与计算参数取值

（1）分析方法　根据标定所得的弹性波波速，即可推算立柱的长度，如图 2-16 所示。计算公式如下：

$$L=L_s+v\left(T_R-T_s\right)/2 \tag{2-13}$$

式中　L——立柱长度（m）

L_s——传感器与立柱顶部间距离（m）

T_R——反射波到达时刻（ms）

T_s——激振波到达时刻（ms）

v——在立柱中的弹性波波速（km/s）

若采用频域分析方法，则　　　　$L=\dfrac{vT}{2}$ \tag{2-14}

式中，T 为第一阶卓越周期，也即立柱中弹性波 1 个往返所需的时间（ms），可以通过 FFT、MEM 等频谱分析的方法来确定

（2）计算参数（弹性波波速）的选取　立柱是一典型的一维杆件，其弹性波波速（v）的理论值可以通过下式计算得到：

$$v=v_B=\sqrt{\dfrac{E}{\rho}} \tag{2-15}$$

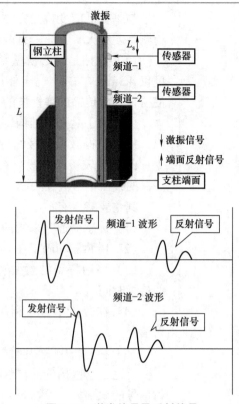

图 2-16　激发信号及反射信号

式中　E——立柱材料（钢材）的弹性模量（杨氏模量），一般在
200~210GPa

ρ——立柱材料（钢材）的密度，一般取 7800kg/m³

根据上式，可以得到 v 应在 5.063~5.190km/s。根据研究和实践结果，在大多数情况下，采用专用激振装置激发的 P 波波速 v 可取理论值 5.18km/s。然而，需要注意的是：

1）若采用人工锤击等方式激振，得到的弹性波波长较长，此时的 v 有明显降低

2）对于岩石钻孔并内外灌浆的立柱，其波速会有一定降低，宜实测标定波速

立柱埋置于地下，受埋置条件及立柱本身的影响，特别是对于长立柱，其理论波速与实际波速的偏差会比较大，因此在条件具备时应先对实际波速进行标定

什么样的立柱可以用于标定？当现场有已知长度的立柱时，或者是测试完成后，个别立柱需要拔柱的时候，这些立柱均可以用于标定。总之就是有办法得知真实长度的立柱可以用于标定

立柱的标定与立柱的长度检测是两个相反的过程，立柱的波速标定就是利用已知长度的立柱，结合反射波的旅行时间，计算出弹性波在立柱中的传播速度；而立柱的埋深则是利用标定的波速结合反射波的旅行时间，从而计算出立柱的总长度，进而计算立柱的埋深。因此，立柱的波速标定与立柱的埋深检测在数据的采集及分析上大部分都是相同的

计算用波速是测试立柱埋深时非常重要的参数。不同材料之间的 P 波波速变化较小。同时立柱埋入土中时，由于各种原因导致立柱产生锈蚀，锈蚀的比例与波速有一定关系，即锈蚀越严重，波速越低，降低范围为 3%~7%

在没有标定条件情况下，当不能获取标定立柱的实际长度时，宜采用推荐波速 5180m/s 的速度作为该批次立柱的特征波速。不同埋入条件下，镀锌新柱波速的取值见表 2-4

表 2-4 不同埋入条件下，镀锌新柱波速的取值（单位：km/s）

状况	说明	建议取值
土石材料中打入立柱	无锈蚀	5.18
	有锈蚀	4.80~5.00
岩石中设置立柱	无灌浆	5.18
	有灌浆	5.10~5.18
混凝土、砂浆中立柱	连续混凝土槽，混凝土块体积大	5.10~5.18
	单独混凝土块，体积较小	4.90~5.10

注：早期施工的立柱的材质与现在的立柱可能有一定的不同

5. 立柱长度测试实例

某单位对预埋立柱进行检测，现场两根立柱一根为 1.95m 长，埋入土中，一根为 2.15m，底部浇筑混凝土。现场检测场景及解析如图 2-17~图 2-22 所示

立柱长度测试采用双通道。对于不同环境条件下的立柱，测试到的反射信号与入射信号可能同向也可能反向。一般说来，打入或埋入土中的立

图 2-17 现场检测场景

柱反射信号往往同向；而打入较坚硬岩体或底部经过混凝土处理过的立柱，反射信号往往反向

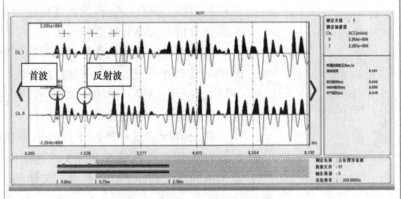

图 2-18　波速标定解析波形图

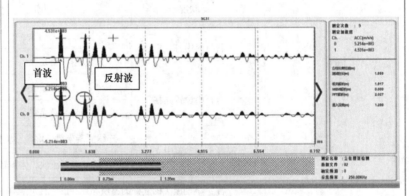

图 2-19　1$^{#}$立柱解析结果图（1.93m）

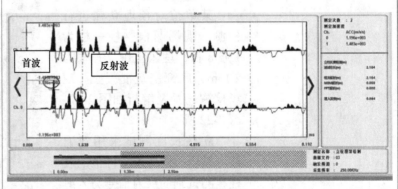

图 2-20　2$^{#}$立柱解析结果图（2.15m）

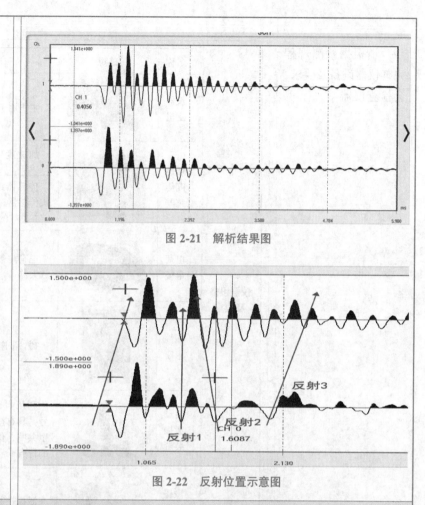

图 2-21 解析结果图

图 2-22 反射位置示意图

| 重难点初探 | 任务分析 |

熟悉弹性波的反射特性检测公路钢质护栏立柱长度及埋置深度的目的及适用范围

根据《钢质护栏立柱埋深冲击弹性波检测仪检定规程》JJG 173—2021 及《钢质护栏立柱埋深现场检测指南》SCIT-1-ZN-04-2019-C 完成如下任务单

检测目的	测定公路钢质护栏立柱长度及埋置深度
适用范围	1）适用于自由立柱 2）适用于总长度为 0.7~5.0m 的钢质护栏立柱 3）适用于未加长、未加厚、未变形、未弯曲、上端面平整的钢质护栏立柱 4）适用于柱帽可拆卸的钢质护栏立柱 5）适用于立柱形状为圆柱形、方柱形钢质护栏立柱 6）适用于按照《公路交通安全设施设计规范》JTG D81—2017 设计，并按照《公路交通安全设施施工技术规范》JTG F71—2006 要求施工，且符合前述 5 条的钢质护栏立柱

<table>
<tr><td colspan="4" align="right">（续）</td></tr>
<tr><td rowspan="7">请根据检测规程完善仪器设备及要求，会检查仪器</td><td rowspan="6">仪器设备及要求</td></tr>
</table>

名称	外观	基本要求
仪器主机		主机用于测试信号的_____等
加速度传感器		加速度传感器用于振动信号的_____ 传感器选用轻量（<3g）的压电式传感器，利用特制的磁性卡座固定在立柱的_____
电荷电缆		电荷电缆用于连接_____与放大器
磁性卡座		磁性卡座用于连接传感器与_____
自动激振装置		利用自动激振系统激励产生信号，具有抑制打击声在立柱内部产生共鸣，保证激振信号_____性的特点
激振控制器		激振控制器可产生_____振动信号

熟记立柱埋深测试前准备工作要求 — 测试前准备工作

1. 基本准备
在收到检测任务时，需了解检测项目的基本信息：
1）检测时间、地点及检测量
2）立柱的柱帽是否可以拆卸，如果不能拆卸，则不能检测，激振位置位于立柱顶部
3）立柱形状（圆柱/方柱）及直径
4）是否为正在施工的立柱，或是已通车道路上的立柱
5）道路类型（高速公路或其他等级公路）
6）立柱的设计长度、埋置时间、立柱类别（喷塑或镀锌）等
2. 仪器准备
确定所使用的设备类别后，按照要求准备设备
3. 现场准备工作及测点布置
（1）观察并记录立柱基本情况　到现场后，应先观察并记录待检测立柱的基本情况并确定所采用的检测方式：
1）立柱涂层类别（镀锌/喷塑）（涂层不同，检测方式会有所不同）

（续）

测试前准备工作	2）立柱处于公路的哪个位置（路边、隔离带、桥梁上等）（不同位置的立柱，其设计长度一般不同，一般情况一般道路边上打孔埋入方式的混凝土中立柱，长度约为1.2m） 3）立柱埋置于什么材质中（土质、石质、混凝土等）（混凝土中立柱一般比土质中立柱更短） 4）是否有无柱帽及柱帽是否可取掉或挪开 5）当立柱上沿为切割或打卷的情况，宜避开，选择相对平整的立柱进行测试 6）明确立柱焊缝位置 7）立柱上的安装孔及立柱顶端是否有电焊或乙烯的切割痕迹（如有，则表示立柱长度发生了变化） （2）确定采用什么样的检测方式　对于立柱检测来说，不同的立柱有着不同的传感器及激振点布设方式，具体为： 1）对于立柱P型，所有立柱均采用顶端激振＋顶端接收（顶发顶收） 2）对于立柱标准型来说，在测试镀锌立柱时，优先选用顶端激振＋侧壁接收的方式（顶发侧收）；在测试喷漆立柱时，由于油漆的影响，这时优先选用顶端激振＋顶端接收的方式（顶发顶收） （3）检测前的准备工作 1）将待检测立柱的柱帽取掉或挪开（以达到检测条件即可） 2）用锉刀将立柱的顶端打磨（激振位置＋传感器安放位置） 3）用卷尺量出立柱外部和内部的露出长度（以路面为准）并记录 （4）仪器连接　在将仪器电源打开前，应先将仪器的各零部件连接起来 标准型：用2m的电压线将激振控制器与激振头相连接 用DHK电荷线将嵌入式主机与加速度传感器（S305M-16）连接起来（双通道） 立柱P型：用DH电荷线将主机与加速度传感器（SA12SC）连接起来 （5）测点布置方案及注意事项　测点布置原则： 1）激振点及传感器安放点应避开立柱的焊缝及安装孔 2）使用激振锤激振时，激振点距离传感器为3~5cm，且激振点应位于立柱壁的中间 3）使用自动激振装置时，激振装置的安装参见SCIT-1-ZN-04-2019-C钢质护栏立柱埋深现场检测指南V1.02附录A部分 4）立柱P型的传感器安放于立柱顶端，立柱标准型的传感器安放位置视立柱类型而定：镀锌立柱优先采用顶端激振＋侧壁接收（顶发侧收），喷塑立柱优先采用顶端激振＋顶端接收（顶发顶收）

立柱标准型（镀锌）	立柱标准型（喷塑）	立柱P型
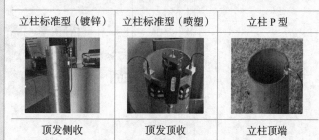		
顶发侧收	顶发顶收	立柱顶端

207

（续）

检测流程	硬件连接 → 数据采集 → 数据分析
注意事项	1）所有零部件准备完成后，应先将各零部件连接起来，测试是否有信号 2）检查所有零部件的电量，不足时应充电 3）检查自动激振装置的撞针是否调正

护栏立柱操作流程

重点记录

笔记：主要记录检测步骤要点及注意事项

立柱埋深检测 - 冲击弹性波检测

任务实施

冲击弹性波法检测钢质护栏立柱埋深检测流程：

1. 钢质护栏立柱埋深检测仪连接

检测之前，应按要求连接钢质护栏立柱埋深检测仪设备

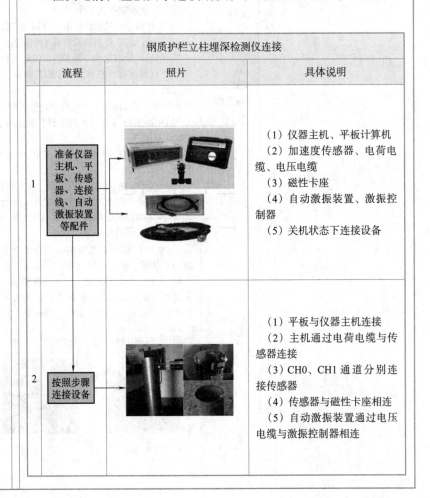

钢质护栏立柱埋深检测仪连接			
	流程	照片	具体说明
1	准备仪器主机、平板、传感器、连接线、自动激振装置等配件		（1）仪器主机、平板计算机 （2）加速度传感器、电荷电缆、电压电缆 （3）磁性卡座 （4）自动激振装置、激振控制器 （5）关机状态下连接设备
2	按照步骤连接设备		（1）平板与仪器主机连接 （2）主机通过电荷电缆与传感器连接 （3）CH0、CH1通道分别连接传感器 （4）传感器与磁性卡座相连 （5）自动激振装置通过电压电缆与激振控制器相连

2. 钢质护栏立柱波速标定

钢质护栏立柱埋深检测需要先标定立柱的波速，即先在已知长度的立柱上测试，分析确定波速值

	流程	照片	具体说明
		钢质护栏立柱波速标定		
1	安装传感器	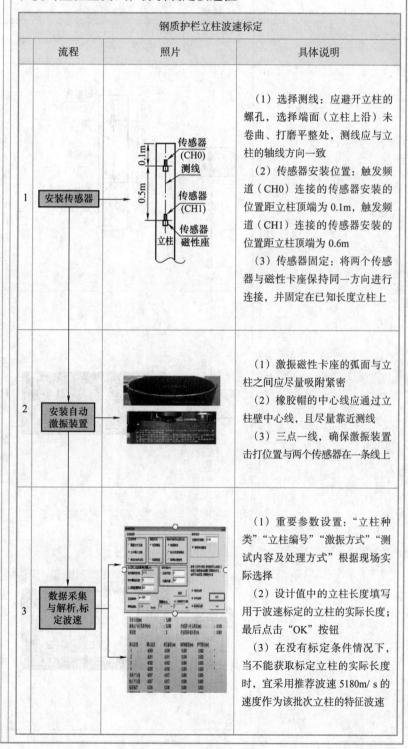	（1）选择测线：应避开立柱的螺孔，选择端面（立柱上沿）未卷曲、打磨平整处，测线应与立柱的轴线方向一致 （2）传感器安装位置：触发频道（CH0）连接的传感器安装的位置距立柱顶端为 0.1m，触发频道（CH1）连接的传感器安装的位置距立柱顶端为 0.6m （3）传感器固定：将两个传感器与磁性卡座保持同一方向进行连接，并固定在已知长度立柱上
2	安装自动激振装置		（1）激振磁性卡座的弧面与立柱之间应尽量吸附紧密 （2）橡胶帽的中心线应通过立柱壁中心线，且尽量靠近测线 （3）三点一线，确保激振装置击打位置与两个传感器在一条线上
3	数据采集与解析,标定波速		（1）重要参数设置："立柱种类""立柱编号""激振方式""测试内容及处理方式"根据现场实际选择 （2）设计值中的立柱长度填写用于波速标定的立柱的实际长度；最后点击"OK"按钮 （3）在没有标定条件情况下，当不能获取标定立柱的实际长度时，宜采用推荐波速 5180m/s 的速度作为该批次立柱的特征波速

3. 钢质护栏立柱埋深检测

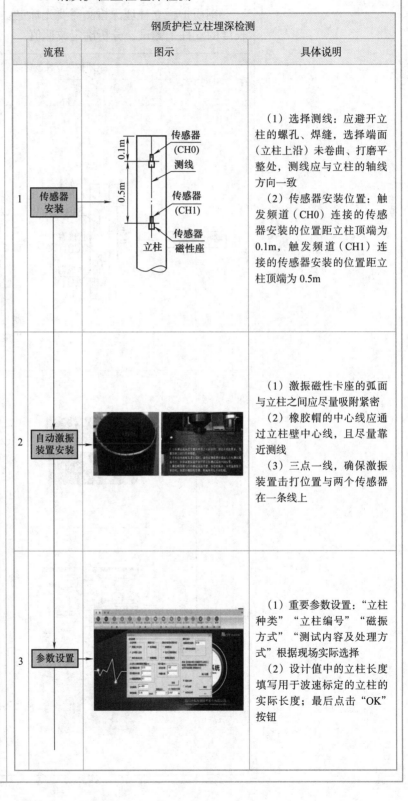

钢质护栏立柱埋深检测		
流程	图示	具体说明
1 传感器 安装	传感器（CH0） 0.1m 测线 0.5m 传感器（CH1） 传感器 磁性座 立柱	（1）选择测线：应避开立柱的螺孔、焊缝，选择端面（立柱上沿）未卷曲、打磨平整处，测线应与立柱的轴线方向一致 （2）传感器安装位置：触发频道（CH0）连接的传感器安装的位置距立柱顶端为0.1m，触发频道（CH1）连接的传感器安装的位置距立柱顶端为0.5m
2 自动激振 装置安装		（1）激振磁性卡座的弧面与立柱之间应尽量吸附紧密 （2）橡胶帽的中心线应通过立柱壁中心线，且尽量靠近测线 （3）三点一线，确保激振装置击打位置与两个传感器在一条线上
3 参数设置		（1）重要参数设置："立柱种类""立柱编号""磁振方式""测试内容及处理方式"根据现场实际选择 （2）设计值中的立柱长度填写用于波速标定的立柱的实际长度；最后点击"OK"按钮

（续）

钢质护栏立柱埋深检测			
	流程	图示	具体说明
4	数据分析	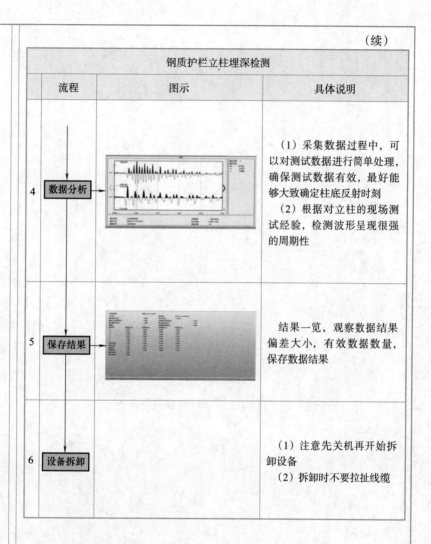	（1）采集数据过程中，可以对测试数据进行简单处理，确保测试数据有效，最好能够大致确定柱底反射时刻 （2）根据对立柱的现场测试经验，检测波形呈现很强的周期性
5	保存结果		结果一览，观察数据结果偏差大小，有效数据数量，保存数据结果
6	设备拆卸		（1）注意先关机再开始拆卸设备 （2）拆卸时不要拉扯线缆

4. 检测报告

检测报告应包括下列内容：

（1）工程名称（项目全名、分项工程名称）及概况、委托及测试单位、测试日期

（2）立柱设计与施工概况

（3）检测依据、检测方法简介及所用仪器设备

（4）检测结果

（5）检测结论和建议

（6）检测人员、审核和批准人签名

请完成立柱埋入深度检测记录表并提交

立柱埋入深度现场检测记录表

工程名称			
工程部位 / 用途			
样品信息			
检测日期		检测条件	
检测依据		判定依据	
主要仪器设备名称及编号			

立柱埋入深度检测

序号	测试桩号	立柱类型	立柱直径 / mm	外露长度 / m	内露长度 / m	设计长度 / m	立柱端面特征	标定波速 / (km/s)	测试长度 / m

附加声明：

检测：　　　记录：　　　复核：　　　日期：　　年　月　日

综合提升	自我测验
请你在课后完成自我测验试题，以自我评定知识、技能、素养获得情况	【单选】1. 立柱测试传感器采用（　　）个 　　A. 1　　　　　　　　　　B. 3 　　C. 2　　　　　　　　　　D. 4 【多选】2. （☆☆）下列关于钢质护栏立柱长度检测的说法中，正确的有（　　） 　　A. 在检测较短的立柱时，仅可以使用单一反射法进行检测 　　B. 单一反射法采用的是时域分析方式 　　C. 重复反射法采用的是结合频域进行分析 　　D. 重复反射法需要安装两个传感器 【多选】3. （☆☆）能有效降低随机误差对测试结果的影响的方法有（　　） 　　A. 增加测试次数并对测试结果取平均 　　B. 采用概率论与数理统计方法对数据进行分析和处理 　　C. 更换仪器、更换检测人员 　　D. 换一个检测对象 【多选】4. （☆☆）钢质护栏立柱埋深检测时，激振与接收方式可以使用（　　） 　　A. 顶发顶收　　　　　　　　B. 顶发侧收 　　C. 侧发侧收　　　　　　　　D. 侧发顶收 【多选】5. （☆☆）下列关于钢质护栏立柱埋深检测的说法中，正确的有（　　） 　　A. 使用单一反射法检测时，利用的是弹性波的 P 波成分 　　B. 使用单一反射法检测时，利用的是弹性波的 S 波成分 　　C. 使用单一反射法检测时，利用了冲击弹性波的反射特性 　　D. 使用单一反射法检测时，利用了冲击弹性波的能量衰减特性 【判断】6. （☆☆）钢质护栏立柱埋深测试利用的是 P 波，计算波速大多数情况下可取理论波速 5.18km/s，特殊情况下例如内外灌浆的立柱，宜进行波速标定（　　） 【判断】7. （☆☆）《公路护栏钢质立柱埋深无损检测规程》DB 13/T 2728—2018 中要求，对未埋置地下的立柱检测精度为 ±1% 或 ±2 cm，对已埋置地下的立柱检测精度应达到 ±4% 或 ±8 cm（　　） 【判断】8. （☆☆）《公路护栏钢质立柱埋深无损检测规程》DB 13/T 2728—2018 中要求，对于一般路段两侧的立柱，抽检频率不低于 15%，且每检测路段不少于 20 根（　　） 【判断】9. （☆☆）立柱埋深检测选择测线时，传感器安装前应选择合适的测线，应避开立柱的螺孔，测线宜选择端面（立柱上沿）未卷曲、打磨平整处，且与立柱的轴线方向一致（　　） 【判断】10. （☆☆）波形护栏立柱长度检测时，通过采集与分析装置对接收到的信号进行采集、存储、分析、处理，记录检测信号波形，提取信号特征。每根立柱的有效波形数量不少于 5 个，且有较好的一致性（　　）

| 任务评价 | 考核评价 |

考核评价

考核阶段	考核项目		占比（％）	方式	得分
过程评价（60%）	课前探究学习（20%）	课前学习态度（线上）	5	理论（师评）	
		课前任务完成情况（线上）	10	理论（师评）	
		课前任务成果提交（线上）	5	理论（师评）	
	课中内化（30%）	懂检测原理（线上＋线下）	5	理论＋技能（自评）	
		能运用规范编制检测计划	5	理论＋技能（自评）	
		能完成检测步骤	10	技能＋素质（师评＋自评）	
		会分析检测数据	5	技能＋素质（师评＋小组互评）	
		能提交质量报告	5	理论＋技能＋素质（师评＋小组互评）	
	课后提升（10%）	第二课堂	10	技能＋素质（自评＋小组互评）	
结果评价（40%）	综合能力评价（40%）	理论综合测试（参照1+X 路桥 无损检测技能等级证书理论 考试形式展开）	20	理论 获取证书结果	
		技能综合测试（参照1+X 路桥 无损检测技能等级证书实操 考试形式展开）	20	技能＋素质 获取证书结果	

教师根据学生的学习成果，在能力发展、质量意识、职业发展三个方面探索增值评价，对完成整个项目的学习情况进行动态综合评价

增值评价	能力发展（学习、合作能力）	平台课前自主学习动态轨迹（师评）
		提升自我的持续学习能力（师评＋小组互评）
		融入小组团队合作的能力（小组互评）
	质量意识	规范操作意识（自评＋小组互评）
		实训室 6S 管理意识（师评＋小组互评）

模块二　桩柱杆检测

任务三　检测锚杆长度

🏠	工作任务	冲击回波法检测锚杆长度
▦	学时	2
✉	团队名称	

课前探究	**任务引入**
请查阅相关资料描述锚杆的作用	应某监理单位邀请，某公司技术人员携锚杆质量检测仪对某隧道项目锚杆长度进行检测。被测锚杆为中空锚杆。现场根据要求抽检三根锚杆，评价锚杆长度 
兴趣激发	**任务情景**
工程中在使用锚杆的结构部位经常会出现的质量问题是什么	作为某试验检测机构技术人员，你被安排去对该隧道锚杆长度进行检测，通过检测前资料整理及收集，已清楚工程概况及现场结构物技术资料，要求根据现场情况及测点布置要求利用冲击回波法检测锚杆长度并出具检测报告

学习目标	**教学目标**	
请在本次工作任务结束之后在下面记录你的学习目标达成情况	思政目标	通过引入"交通建设发展"新理念——质量、安全思政元素，培养学生树立"工程质量、终身负责"的理念
	知识目标	1. 熟悉锚杆长度检测的目的、意义及适用范围 　2. 掌握冲击回波法检测锚杆长度的步骤及注意事项 　3. 掌握锚杆长度检测波速标定的方法
	技能目标	1. 会查阅检测规程、运用公路工程质量检验评定标准 　2. 能按照仪器使用操作规程在安全环境下正确使用仪器 　3. 会根据操作规程布置测点、标定波速

技能 目标	4. 会运用数据采集及分析软件采集、分析波形，判定锚杆长度 5. 能根据公路工程质量检验评定标准出具锚杆长度检测报告	
素质 目标	1. 具有严格遵守安全操作规程的态度 2. 具备认真的学习态度及解决实际问题的能力 3. 具有严谨、认真负责的工作态度	

知识点提炼	知识基础
笔记	**1. 锚杆质量检测的意义** 隧道开挖后，需要进行表面残渣清除、初喷混凝土、入锚杆、挂网、立钢架等工艺流程，然后喷射混凝土，把所有的支护装置包裹进去，形成了联合支护。而锚杆的作用主要是加固岩土体，控制变形，防止坍塌 锚杆支护是典型的隐蔽工程，锚杆在工作过程中，经常会处于地下水的浸泡环境，因所处环境造成的锈蚀危害非常严重，不仅会造成支护力损失，严重时还可能导致边坡垮塌。而锚杆锈蚀的最主要原因在于注浆不密实造成的水和空气的进入，因此，其灌浆质量直接影响到支护体系的耐久性和安全。另一方面，由于施工质量的问题，锚杆长度不足也是一个普遍的问题，由于施工单位的偷工减料，使得设置的锚杆长度可能大大低于设计长度。在实际工程中，有些锚杆的长度仅有 0.5m，甚至仅有 0.2m。在施工时容易出现的长度不足和注浆不密实等问题，可以通过无损检测的方法进行检查，本节主要介绍基于冲击弹性波的锚杆长度检测技术 **2. 锚杆长度检测原理** 基本原理与低应变检测原理一致，在锚杆端头激发一个脉冲信号，该脉冲信号在锚杆的底部发生反射，如图 2-23 所示，根据标定所得的弹性波波速，即可推算锚杆的长度 **3. 检测方法** 通过激振杆端外露截面，产生的冲击弹性波在杆内部进行传播，当冲击弹性波到达杆底与空气临界处时，会由于介质产生的差异而发生反射，如图 2-24 所示，从而根据反射波的走时和杆中的应力波传播速度就可以采用时域或频域分析方法确定出锚杆长度 在锚杆长度检测中测试得到的反射波具有如下性质： 1）在均质杆体中，若机械阻抗相同（$z_1 = z_2$），不产生反射

锚杆检测原理

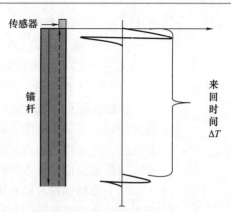

图 2-23 锚杆长度检测原理示意图

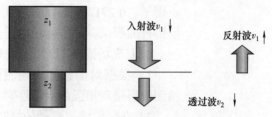

图 2-24 机械阻抗面发生的反射和透过

2）杆底一般位于岩土或浆料中，由于岩土和浆料的阻抗较低即机械阻抗减少（$z_1>z_2$），那么在杆底就会产生反射，且反射信号的相位与入射信号相同

3）在杆体与浆料、岩体构成的杆系中，注浆缺陷处也会产生相应的反射

4. 数据分析

（1）时域反射法　在锚杆端头激发一个脉冲信号，该脉冲信号在锚杆的底部发生反射，根据标定所得的弹性波波速，即可推算锚杆的长度。计算公式如下：

$$L=\frac{1}{2}C_{m}\Delta t_{e} \tag{2-16}$$

式中　L——锚杆长度

Δt_{e}——杆底反射波旅行时间

C_{m}——锚杆中的弹性波波速（km/s），空置锚杆一般取5.18km/s，其他情况宜进行标定

（2）幅频域频差法　当锚杆较短，杆底反射信号的起始点不易分辨时，可以采用频谱分析的方法。计算公式如下：

$$L=\frac{C_{m}}{2\Delta f} \tag{2-17}$$

式中　L——锚杆长度

　　Δf——幅频曲线上相邻谐振峰之间的频差

　　C_m——锚杆中的弹性波波速（km/s），空置锚杆一般取
5.18km/s，其他情况宜进行标定

波速标定：检测时，针对不同的对象波速取值有差异。当具备条件时，可制作室内、现场标准模型进行标定测试，确定弹性波波速、能量修正系数。模型制作的相关规定请参考规范《锚杆锚固质量无损检测技术规程》JGJ/T 182—2009 相关规定

（1）模型锚杆波速确定　根据模型锚杆的现场测试经验，在顶发顶收且不具备标定条件时，弹性波波速与锚杆的外露长度有关系，参照标定最大波速（砂浆锚杆为 5.18km/s）进行修正，修正因子：0.2712 × 外露百分比 + 0.7366，也可以根据不同外露长度锚杆的测试，确定修正因子

（2）现场锚索 / 杆波速确定

1）根据对锚索的现场测试经验，在灌浆很少、没有灌浆、检测波形呈现很强的周期性时，计算波速取 5.01km/s

2）在锚索灌浆质量较好时，计算波速一般取 4.80km/s

3）根据现场测试经验，在灌浆很少、没有灌浆、检测波形呈现很强的周期性时，砂浆锚杆计算波速取 5.18km/s，中空锚杆的计算波速取值 5.0km/s，其他类型的锚杆，需要根据自由锚杆的波速标定确定

4）砂浆锚杆、中空锚杆及其他类型在灌浆质量较好时，计算波速取值范围为 3.50~4.6km/s

5. 现场检测注意事项

（1）采集数据过程中，可以对测试数据进行简单处理，确保测试数据有效，最好能够大致确定杆底反射时刻

（2）测试完成后，核实测试对象及测试数据，确保测试数据无缺少，参数设置无错误等

（3）保存的数据文件名，一般以锚杆编号命名，通过数据文件名能够找到锚杆的具体位置

（4）记录每根锚杆的相关情况（拍照结合记录）

（5）有条件时，尽量与施工工人多沟通，更多真实地了解施工情况

6. 现场检测典型波形示例

现场检测时，为了采集到有效信号，除了按照规定进行敲击及放置传感器外，还应结合典型波形，判定波形是否有效。锚杆及锚索的典型波形见表 2-5

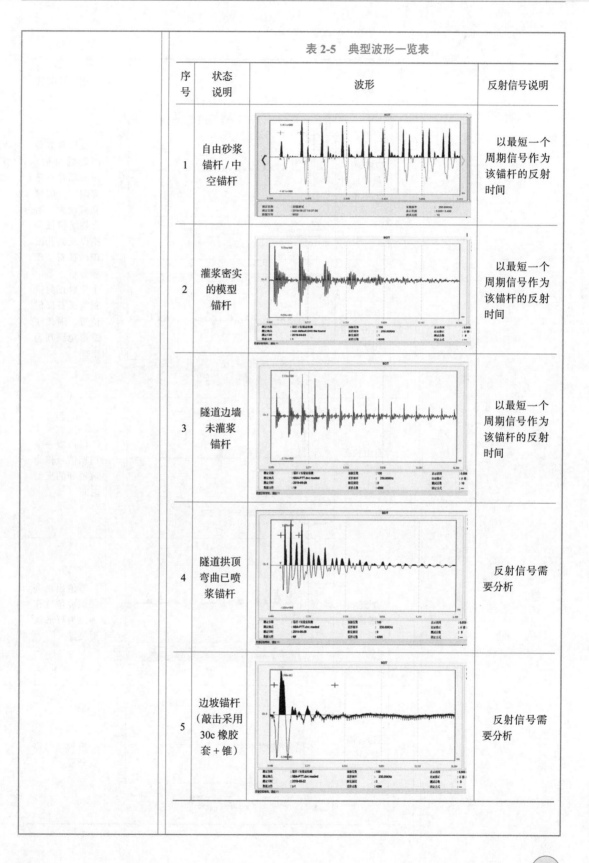

表 2-5 典型波形一览表

序号	状态说明	波形	反射信号说明
1	自由砂浆锚杆/中空锚杆		以最短一个周期信号作为该锚杆的反射时间
2	灌浆密实的模型锚杆		以最短一个周期信号作为该锚杆的反射时间
3	隧道边墙未灌浆锚杆		以最短一个周期信号作为该锚杆的反射时间
4	隧道拱顶弯曲已喷浆锚杆		反射信号需要分析
5	边坡锚杆（敲击采用30c橡胶套＋锥）		反射信号需要分析

（续）

序号	状态说明	波形	反射信号说明
6	边坡锚杆（敲击采用30c+锥）		波形看似等间距的反射，而实际并不是等间距，信号衰减较大，结合现场拉拔合格以及钻孔出现的孤石，现场分析，第一个反射正向位置为孤石反射位置，因此注意避免误判为空杆
7	边坡锚杆（敲击采用30c+锥）		
8	自由状态锚索（不带橡胶）		以最短一个周期信号作为该锚杆的反射时间
9	边坡锚索（带橡胶）		峰值出现高频载波位置作为反射杆底反射位置
10	边坡锚索（不带橡胶）		反射信号需要分析

重难点初探	任务分析

重难点初探

熟悉用波的反射特性和振动衰减特性检测锚杆长度及灌浆密实度的目的及适用范围

请根据检测规程完善仪器设备及要求，会检查仪器

熟记测区布置与测点选择要求

任务分析

请参考《锚杆锚固质量无损检测技术规程》JGJ/T 182—2009及《锚索（杆）质量现场检测指南》SCIT-1-ZN-05-2019-C 完成任务分析学习和任务单填写

检测目的	测定锚杆长度及灌浆密实度
适用范围	1）隧道、边坡、基坑等支护结构全长粘结型锚杆、中空锚杆等的长度及灌浆密实度检测 2）隧道、边坡、基坑等支护结构锚索长度检测

仪器设备及要求	名称	外观	基本要求
	仪器主机		仪器主机将_____转化为数字信号，计算机进行数据存储及处理
	加速度传感器		受信装置，加速度传感器灵敏度_____，体积小带域_____，测定范围宽
	打击锤		打击锤上面有小孔的为_____
	检测锥		检测锥用于进行_____
	射频线缆		用于连接传感器与主机
	锚杆模型	DIA 500mm DIA 250mm 200.0mm 900.0mm	室内标准锚杆模拟的锚杆孔宜采用内径不大于____mm 的PVC 或 PE 管，其长度应比被模拟锚杆长度长____m 以上 锚杆宜采用所_____相同的类型，其长度宜涵盖设计锚杆长度范围，锚杆外露段长度与工程锚杆设计相同，外露端头应加工平整 标准锚杆宜包含所检测工程锚杆的_____

（续）

熟记锚杆长度测试前准备工作要求	测区布置与测点选择	1. 收集资料 现场检测前，需要收集以下资料： 1）确定检测时间、地点及检测量 2）工程名称及设计、施工、监理和建设单位全称 3）工程项目用途、规模、结构，地质条件，项目锚杆的设计类别及功能、设计数量、设计长度范围 4）工程项目的锚杆设计布置图、施工工艺、施工记录、监理记录、岩土工程地质勘察报告等 5）若是采用多根杆体连接而成的锚杆，应向施工方收集详细的锚杆连接资料等 6）与锚杆工程有关的地形、地质资料 7）其他相关资料 重点掌握以下资料： 1）检测对象类型（砂浆锚杆、中空锚杆、锚索、超前导管等） 2）检测对象端部是否外露，是否弯曲 3）检测对象杆体是否存在连接／焊接情况，明确连接方式 4）检测对象杆体是否存在其他焊接结构 5）与相关单位明确检测的原因及目的 2. 仪器准备 1）确保主机等电量充足 2）调试主机及激振工具，确保能正常工作 3）按照现场检测流程，连接设备，并保证设备能够正常采集信号 4）根据检测性质（演示、检测、售后培训等），准备记录表 5）其他准备 3. 锚索／杆端头清理及传感器安装 被测锚索／杆需满足以下条件： 1）锚索／杆横截面平整，无弯曲，无焊接 2）锚索／杆端面清洁，无浮浆，无锈迹等 3）埋设的锚杆应处于一维杆件状态，即锚杆符合正常施工工序（先打孔再埋设锚索／杆，最后注浆） 传感器安装需满足以下规定： 1）连接磁性座传感器可安装于锚杆的端部及侧壁，轴线与锚杆横截面垂直，传感器安装的部位应优先选择端部安装

端部安装	侧壁安装

2）磁性座与锚杆端面采用专用耦合剂耦合，并连接紧密

请你根据冲击弹性波法测定检测锚杆长度波速标定要求，回答以下问题：

1. 弹性波波速与锚杆的外露长度关系如何处理
2. 现场测试锚杆波速时计算波速应该如何取值

（续）

检测流程	硬件连接　数据采集　数据分析
注意事项	1）传感器在安装和卸下时须多加注意，有可能因为热粘胶造成烧伤，或由于拆卸工具造成意想不到的损伤 2）射频电缆与传感器连接时，必须防止电缆头与导线扭曲，否则可能折断导线 3）射频电缆使用中，防止踩踏和机械损伤，否则可能折断导线 4）拔出电源插头时请勿用手直接拉扯电线，务必手持插头一起拔出，以免发生事故 5）请勿放置在易受振动、撞击的地方，并且勿将重物置于仪器上，否则可能导致火灾、触电等事故 6）请勿堵住通风口，否则可能导致火灾、触电等事故 7）搬运系统时，测试操作不能进行，否则可能导致故障 8）请勿在电源线上放置东西，电源线破损的话可能导致漏电、火灾等事故 9）系统如果长期不使用，请把系统中的电池取出，否则可能导致火灾、触电等事故

重点记录

笔记：主要记录检测步骤要点及注意事项

锚杆质量检测 - 冲击回波检测

任务实施

冲击回波法检测锚杆长度检测流程：

1. 锚杆无损检测仪连接

检测之前，应按要求连接锚杆无损检测仪设备

锚杆无损检测仪连接		
流程	照片	具体说明
1 准备仪器主机、平板、传感器、连接线、激振锤等配件		（1）仪器主机 （2）平板计算机 （3）加速度传感器 （4）电荷电缆 （5）激振锤 （6）关机状态下连接设备
2 按照步骤连接设备		（1）平板通过数据线与主机连接 （2）主机信号接口通过电荷电缆连接加速度传感器 （3）可任选 CH0 或 CH1 通道连接 （4）CH0 通道放大倍数较小，CH1 通道放大倍数大，对于长度较长的锚杆可选连接 CH1 通道

2. 锚杆长度检测波速标定

锚杆长度检测需要先标定锚杆的波速，即先在已知长度的锚杆上测试，分析确定波速值

<table>
<tr><td colspan="4" align="center">锚杆无损检测仪波速标定</td></tr>
<tr><td align="center">流程</td><td align="center">照片</td><td colspan="2" align="center">具体说明</td></tr>
<tr>
<td align="center">1
锚杆端头清理及传感器安装</td>
<td>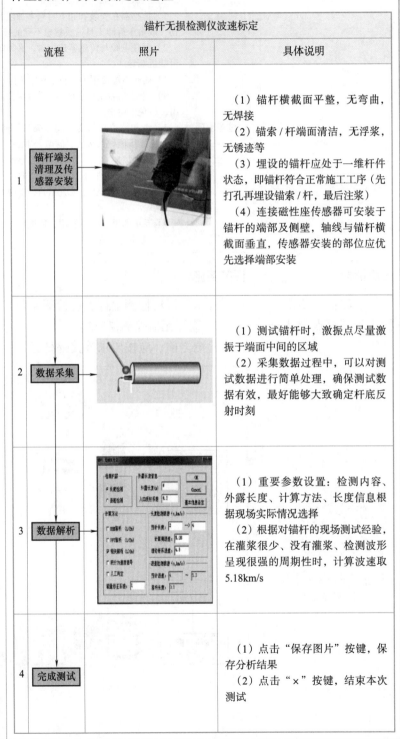</td>
<td colspan="2">（1）锚杆横截面平整，无弯曲，无焊接
（2）锚索/杆端面清洁，无浮浆，无锈迹等
（3）埋设的锚杆应处于一维杆件状态，即锚杆符合正常施工工序（先打孔再埋设锚索/杆，最后注浆）
（4）连接磁性座传感器可安装于锚杆的端部及侧壁，轴线与锚杆横截面垂直，传感器安装的部位应优先选择端部安装</td>
</tr>
<tr>
<td align="center">2
数据采集</td>
<td></td>
<td colspan="2">（1）测试锚杆时，激振点尽量激振于端面中间的区域
（2）采集数据过程中，可以对测试数据进行简单处理，确保测试数据有效，最好能够大致确定杆底反射时刻</td>
</tr>
<tr>
<td align="center">3
数据解析</td>
<td></td>
<td colspan="2">（1）重要参数设置：检测内容、外露长度、计算方法、长度信息根据现场实际情况选择
（2）根据对锚杆的现场测试经验，在灌浆很少、没有灌浆、检测波形呈现很强的周期性时，计算波速取5.18km/s</td>
</tr>
<tr>
<td align="center">4
完成测试</td>
<td></td>
<td colspan="2">（1）点击"保存图片"按键，保存分析结果
（2）点击"×"按键，结束本次测试</td>
</tr>
</table>

3. 锚杆长度检测

锚杆波速值确定以后，对其长度进行检测

锚杆长度无损检测		
流程	图示	具体说明
1 锚杆端头清理及传感器安装	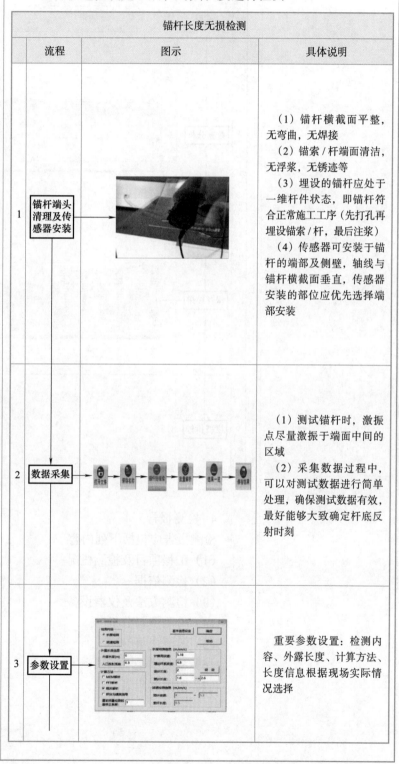	（1）锚杆横截面平整，无弯曲，无焊接 （2）锚索/杆端面清洁，无浮浆，无锈迹等 （3）埋设的锚杆应处于一维杆件状态，即锚杆符合正常施工工序（先打孔再埋设锚索/杆，最后注浆） （4）传感器可安装于锚杆的端部及侧壁，轴线与锚杆横截面垂直，传感器安装的部位应优先选择端部安装
2 数据采集		（1）测试锚杆时，激振点尽量激振于端面中间的区域 （2）采集数据过程中，可以对测试数据进行简单处理，确保测试数据有效，最好能够大致确定杆底反射时刻
3 参数设置		重要参数设置：检测内容、外露长度、计算方法、长度信息根据现场实际情况选择

（续）

锚杆长度无损检测		
流程	图示	具体说明
4 数据分析	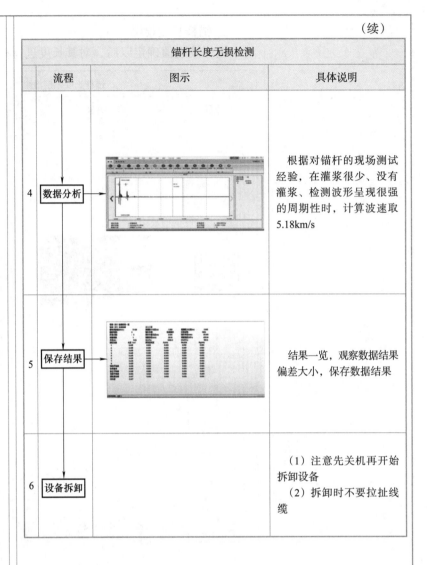	根据对锚杆的现场测试经验，在灌浆很少、没有灌浆、检测波形呈现很强的周期性时，计算波速取5.18km/s
5 保存结果		结果一览，观察数据结果偏差大小，保存数据结果
6 设备拆卸		（1）注意先关机再开始拆卸设备 （2）拆卸时不要拉扯线缆

4. 检测报告

检测报告应包括下列内容：

（1）工程项目及检测概况

（2）检测依据

（3）检测方法及仪器设备

（4）检测资料分析

（5）检测成果综述

（6）检测结论

（7）附图和附表

请完成锚杆长度检测记录表并提交

锚杆长度及注浆密实度检测记录表

工程名称						
工程部位 / 用途						
样品信息						
检测日期			检测条件			
检测依据			判定依据			
主要仪器设备名称及编号						

编号	设计值			检测值			备注
	锚杆设计长度 /cm	锚杆外露长度 /cm	饱满度（％）	锚杆长度 /cm	锚杆外露长度 /cm	饱满度（％）	

附加声明：

检测：　　　　记录：　　　　复核：　　　　日期：　　年　月　日

综合提升	自我测验
请你在课后完成自我测验试题，以自我评定知识、技能、素养获得情况	【单选】1. 锚杆长度检测方法是（　　） 　　A. 超声波法　　　　　　　　B. 雷达法 　　C. 冲击回波法　　　　　　　D. 射线法 【单选】2.（☆☆）按《锚杆锚固质量无损检测技术规程》（JGJ/T 182—2009）的规定，当单项或单元工程抽检锚杆的不合格率大于（　　）时，应对未检测锚杆进行加倍检测 　　A. 5%　　　　　　　　　　　B. 10% 　　C. 15%　　　　　　　　　　D. 30% 【单选】3.（☆☆）按《锚杆锚固质量无损检测技术规程》（JGJ/T 182—2009）的规定，检测设备应（　　）校准或检定一次 　　A. 三个月　　　　　　　　　B. 六个月 　　C. 八个月　　　　　　　　　D. 一年 【单选】4.（☆☆）按《锚杆锚固质量无损检测技术规程》（JGJ/T 182—2009）的规定，采集器采样间隔应（　　） 　　A. 小于 30μs　　　　　　　　B. 小于 25μs 　　C. 小于 20μs　　　　　　　　D. 小于 15μs 【单选】5.（☆☆）按《锚杆锚固质量无损检测技术规程》（JGJ/T 182—2009）的规定，接收传感器宜采用（　　） 　　A. 加速度传感器　　　　　　B. 位移传感器 　　C. 力值传感器　　　　　　　D. 力矩传感器 【单选】6.（☆☆）锚杆无损检测杆底反射出现多次时，则时域杆底反射波旅行时间应取（　　） 　　A. 第一次反射波旅行时间 　　B. 前三次反射波旅行时间平均值 　　C. 各次旅行时间的平均值 　　D. 无具体要求，随意取其中一个周期即可 【单选】7.（☆☆）按《锚杆锚固质量无损检测技术规程》（JGJ/T 182—2009）的规定，锚杆无损检测幅频频差法计算公式为 $L=\dfrac{C_{\mathrm{m}}}{2\Delta f}$，其中 Δf 代表（　　） 　　A. 幅频曲线上杆底相邻谐振频峰的频差 　　B. 时域上杆底计算得到的杆底相邻谐振频峰的频差 　　C. 功率幅频曲线上杆底相邻谐振频峰的频差 　　D. 相位谱上计算得到的杆底相邻谐振频峰的频差 【单选】8.（☆☆）按《锚杆锚固质量无损检测技术规程》（JGJ/T 182—2009）的规定，依据反射波能量法计算锚固密实度公式为 $D=(1-\beta\eta)\times 100\%$，其中 β 值为（　　） 　　A. 杆系能量修正系数，可通过模拟试验或经验取值 　　B. 锚杆入射波总能量与锚杆波动总能量之差 　　C. 杆体能量修正系数，可通过模拟试验或经验取值 　　D. 以上均不正确

【单选】9.（☆☆）按《锚杆锚固质量无损检测技术规程》（JGJ/T 182—2009）的规定，对于杆体长度不小于设计（　　　）、且长度不足不超过（　　　）的锚杆，可判定为长度合格

A. 90%、0.3m
B. 95%、0.6m
C. 90%、0.5m
D. 95%、0.5m

【单选】10.（☆☆）按《锚杆锚固质量无损检测技术规程》（JGJ/T 182—2009）的规定，某锚杆锚固密实度为87%，设计长度为4.5m，实测长度为4.3m，则判定为（　　　）类

A. Ⅰ
B. Ⅱ
C. Ⅲ
D. Ⅳ

【多选】11.（☆☆）按《锚杆锚固质量无损检测技术规程》（JGJ/T 182—2009）的规定，检测报告宜包含的内容有（　　　）

A. 工程项目及检测概况
B. 检测方法及仪器设备
C. 检测结果综述
D. 检测结论

【多选】12.（☆☆）锚杆无损检测杆底反射信号识别包括的方法有（　　　）

A. 时域反射波法
B. 等效长度法
C. 幅频域频差法
D. 传播时间差法

【多选】13.（☆☆）按《水利水电工程锚杆无损检测规程》（DL/T 5424—2009）的规定，在锚杆无损检测中，对于激振器的使用应符合的规定有（　　　）

A. 激振器选用超磁激振器或冲击激振器
B. 激振器激振端直径宜不大于锚杆杆体直径的 1/4，且能紧贴杆端
C. 激振器的激振频率应涵盖被检测锚杆的优势频率范围
D. 激振器的激振频率宜为 0.1k~10kHz

【判断】14.（☆☆）在锚杆长度相同的条件下，杆底反射信号越强，表明灌浆密实度越好（　　　）

【判断】15.（☆☆）关于锚杆检测，绝大多数情况下，采用自动激振装置有助于提高测试精度（　　　）

【判断】16.（☆☆）在锚杆底部砂浆质量锚固较差的情况下，其长度检测结果越精确（　　　）

【判断】17.（☆☆）在现场进行锚杆长度检测时，应进行现场调查，收集锚杆的设计及施工资料，记录锚杆的设计长度、直径等参数，了解施工中出现的异常情况（　　　）

【判断】18.（☆☆）当锚杆置于坚硬岩体中时，杆体底部反射信号明显，而且能量较强，甚至出现明显二次反射信号（　　　）

【判断】19.（☆☆）当锚杆灌浆密实度不足时，容易在缺陷处进入水和空气，从而锈蚀锚杆，降低锚杆的耐久性（　　　）

任务评价	考核评价

考核阶段	考核项目		占比（%）	方式	得分
过程评价（60%）	课前探究学习（20%）	课前学习态度（线上）	5	理论（师评）	
		课前任务完成情况（线上）	10	理论（师评）	
		课前任务成果提交（线上）	5	理论（师评）	
	课中内化（30%）	懂检测原理（线上＋线下）	5	理论＋技能（自评）	
		能运用规范编制检测计划	5	理论＋技能（自评）	
		能完成检测步骤	10	技能＋素质（师评＋自评）	
		会分析检测数据	5	技能＋素质（师评＋小组互评）	
		能提交质量报告	5	理论＋技能＋素质（师评＋小组互评）	
	课后提升（10%）	第二课堂	10	技能＋素质（自评＋小组互评）	
结果评价（40%）	综合能力评价（40%）	理论综合测试（参照1+X 路桥 无损检测技能等级证书理论 考试形式展开）	20	理论 获取证书结果	
		技能综合测试（参照1+X 路桥 无损检测技能等级证书实操 考试形式展开）	20	技能＋素质 获取证书结果	
教师根据学生的学习成果，在能力发展、质量意识、职业发展三个方面探索增值评价，对完成整个项目的学习情况进行动态综合评价					
增值评价	能力发展（学习、合作能力）	平台课前自主学习动态轨迹（师评）			
		提升自我的持续学习能力（师评＋小组互评）			
		融入小组团队合作的能力（小组互评）			
	质量意识	规范操作意识（自评＋小组互评）			
		实训室 6S 管理意识（师评＋小组互评）			

模块三　预应力结构检测

任务一　预应力检测技术

🏠	工作任务一	等效质量法锚下预应力检测
▦	学时	2
✉	团队名称	

<table>
<tr><td colspan="2">

课前探究

　　描述预应力施工的先张法和后张法施工工艺

</td><td colspan="2">

任务引入

　　受监理公司邀请，需要某公司对某高速公路预制梁的锚下有效预应力进行了检测。前期测试结果显示，该梁的孔道预应力值整体较低。现需现场验证核实，根据检测结果及时做出张拉施工方案的整改，保证工程质量

</td></tr>
</table>

兴趣激发

　　等效质量法的工作原理是什么

任务情景

　　作为该试验检测机构技术人员，你和团队成员被安排去对该预制梁进行锚下预应力检测，通过检测前资料整理及收集，已清楚工程概况及现场结构物技术资料，要求根据现场情况及测点布置要求利用等效质量法进行锚下预应力检测，验证前期测试结果，出具检测报告，并对出现的问题制订整改方案

学习目标

　　请在本次工作任务结束之后在下面记录你的学习目标达成情况

教学目标

思政目标	培养学生吃苦耐劳、脚踏实地、风雨兼程、精益求精的路桥精神
知识目标	1. 熟悉等效质量法检测锚下预应力的目的、意义及适用范围 2. 掌握等效质量法的试验步骤及注意事项 3. 掌握检测测区确定方法、测点布置要求
技能目标	1. 会查阅检测规程、运用公路工程质量检验评定标准 2. 能按照检测规程在安全环境下正确使用仪器 3. 会根据操作规程确定检测的测区、布置测点 4. 会运用数据采集及分析软件采集、分析波形，判定锚下预应力质量 5. 能根据质量检验评定标准出具等效质量法检测报告

	素质目标	1. 具有严格遵守安全操作规程的态度 2. 具备认真的学习态度及解决实际问题的能力 3. 具有严谨、认真负责的工作态度

知识点提炼	知识基础
笔记 预应力结构的概念	**1. 预应力结构概念** 预应力结构是在结构构件受外力荷载作用前，先人为地对它施加压力，由此产生的预应力状态用以减小或抵消外荷载所引起的拉应力，即借助于混凝土或者岩体较高的抗压强度来弥补其抗拉强度的不足，达到推迟受拉区开裂的目的。以预应力混凝土制成的结构，应以张拉钢筋的方法来达到预压应力，所以也称预应力钢筋混凝土结构。由于采用了高强度钢材和高强度混凝土，预应力混凝土构件具有抗裂能力强、抗渗性能好、刚度大、强度高、抗剪能力和抗疲劳性能好的特点，对节约材料（可节约钢材40%~50%、混凝土 20%~40%）、减小结构截面尺寸、降低结构自重、防止开裂和减少挠度都十分有效，可以使结构设计得更为经济、轻巧与美观 此外，广义的预应力结构还可以包括拉索、拉杆等承载、支护结构。典型的有悬索桥、斜拉桥、边坡锚索等。预应力桥梁如图 3-1 所示

图 3-1　预应力桥梁

预应力结构根据预应力的施加方法分为先张法和后张法。先张法即先张拉预应力钢束，后浇筑结构混凝土，等混凝土养护期过后放开两端的张拉设施形成结构内的预应力。后张法是先浇筑结构混凝土，预留预应力管道，等养护期过后，在管道内穿入预应力钢束，在两端进行预应力张拉。不同点在于先张法需要专门的预应力张拉台座，预压力束直接由预应力束与混凝土的粘结力锚固，一般不需要锚具。后张法需要锚具，不需要预应力张拉台座。预应力结构主要由预应力筋 / 索、保护介质（灌浆料）和锚固装置三大部分组成，每个部分都对预应力的保证起重要作用。工程中导致预应力损失的原因主要有：

1）预应力本身缺陷：现场张拉采用液压千斤顶进行张拉，在张拉过程中，由于控制不严格或者锚固装置的损坏都会导致张拉不充分，导致预应力值达不到设计要求。其次，随着预应力结构的使用，预应力筋疲劳，也会导致预应力的损失

2）保护介质的缺陷：保护介质的缺陷主要体现在管道灌浆不密实。灌浆不密实会导致钢筋与筋体之间粘结不够，也会导致水和空气进入，使得钢绞线锈蚀

2. 认识锚下有效预应力检测

埋入式锚索在岩体支护、预应力结构中得到了极其广泛的应用。然而，在施工过程中，由于种种原因，普遍存在着张力不足的问题。在实际工程中，有时可能存在钢绞线不连续的状况（图3-2），其张力严重不足，从而极大地威胁桥梁的安全

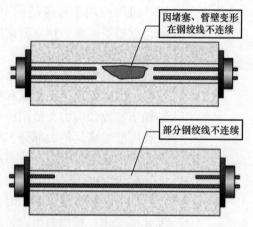

图 3-2 钢绞线不连续的状况

造成钢绞线不连续的原因主要有：

（1）在反弯点以及管壁变形，或者管壁破损造成混凝土浆液流入硬化，使得钢绞线难以穿过。此时，有的施工人员就采取从两端伸入钢绞线的方法

（2）有的施工人员则恶意地偷工减料，在两端设置了钢绞线，而在中间则减少钢绞线的根数

由于钢绞线的有效截面面积不够，所以无法张拉到设计的张力，甚至完全不张拉。其造成的危害很大，严重时会导致桥梁的断裂。因此，如果能够准确地测出锚索/杆的现有张力（也称为有效预应力），也可以推断出钢绞线的连续性，从而有效地杜绝这类恶性事件的发生

3. 检测方法

目前行业内使用进行锚下有效预应力检测的方法有反拉法和等效质量法，两种检测方法各有不同的优势，反拉法与等效质量法互补，两种方法结合使用更有利于预应力施工质量监管。在反拉法无法适用，或仅需对预应力结构进行张拉事故普查时，可尝试采用等效质量法对锚下有效预应力检测。本节主要介绍等效质量法检测锚下有效预应力

4. 方法特点

等效质量法不仅适用于未灌浆的锚索（杆）张力检测，还尤其适用于在役的或者已灌浆的锚杆锚索检测，攻克了过去预应力锚固体系张力无法进行无损检测的技术难题，从应用实践上弥补了振动频率测试法等常用方法的缺陷和不足。该项技术应用于桥梁、隧道、港口、边坡、山体加固等工程中锚索（杆）的质量检测，也可应用于建筑结构中的拉杆，机械行业中的螺栓张力检测，克服了通常的频率测试法的固有缺陷，在高张力条件下具有非常显著的优越性

等效质量法作为一种新型无损检测方法，受限条件少，检测快速，同时适用于无粘结和有粘结锚下预应力检测，填补了有粘结锚下有效预应力无适用检测方法的空白。与反拉法相比，其测试精度能够满足绝大部分工程需求。在多地若干工程的应用实践证实该方法测试可靠，效率高，应用效果显著

5. 检测原理

锚索结构在锚头激振时，诱发的振动体系随着锚固力大小的变化而变化。锚固力越大，参与自由振动的质量也就越大，单纯依靠频率的测试方法有非常大的缺陷，严重影响了测试范围和测试精度。为此，将锚头、垫板等简化，即将锚头与垫板、垫板与后面的混凝土或岩体的接触面模型化成如图 3-3 所示的弹簧支撑体系。该弹簧体系的刚性 K 与张力（有效预应力）有关，当然张力越大，K 也越大。另一方面，在锚头激振诱发的系统基础自振频率 f 可以简化表示为

$$f = \frac{1}{2\pi}\sqrt{\frac{K}{M}} \tag{3-1}$$

其中，M 为振动体系的质量

在式（3-1）中，如果 M 为一常值，那么根据测试的基频 f 即可较容易地测出张力

然而，通过试验发现，埋入式锚索在锚头激振时，其诱发的振动体系并非固定不变，而是会随着锚固力的变化而变化。锚固力越大，参与自由振动的质量也就越大

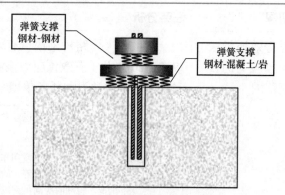

图 3-3 等效质量法的基本理论

在此基础上，基于"等效质量"原理的有效张力测试理论和测试方法，可利用激振锤（力锤）敲击锚头，并通过粘贴在锚头上的传感器拾取锚头的振动响应，从而能够快速、简单地测试锚索（杆）的现有张力，如图 3-4、图 3-5 所示

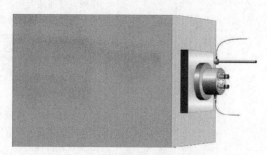

图 3-4 等效质量法的测试示意图

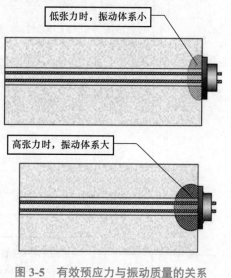

图 3-5 有效预应力与振动质量的关系

重难点初探	任务分析
熟悉等效质量法检测锚下预应力的目的及适用范围 请根据检测规程完善仪器设备及要求，会检查仪器	请参考《公路桥梁锚口有效预应力检测技术规程》DB 14/T 1717—2018 及《有效预应力检测技术体系》SCIT-1-TEC-08-2022 完成任务分析学习和任务单填写

检测目的	通过对锚头敲击诱发其自由振动，并测定其动力响应的方法来推算锚下预应力
适用范围	等效质量法检测宜用于张拉事故（如漏张、张拉设备出现问题或施工工艺出现问题等）的普查，以及压浆后无法进行反拉法检测的情况。检测时应满足钢绞线已裁剪、锚头尚未封端、具备激振锤摆动空间及传感器安装空间
检测依据	1）《公路桥梁预应力施工质量检测评定技术规程》DB35/T 1638—2017 2）《公路工程质量检验评定标准》JTG F80/1—2004 3）《公路桥涵施工技术规范》JTG/T F50—2011 4）《公路桥后张法预应力施工技术规范》DB33/T 2154—2018
仪器设备及要求	检测设备应适合于冲击振动信号采集与分析，系统主要包括激振装置、传感器、耦合装置、采集系统、显示系统、数据分析系统等 1. 计量性能要求 （1）系统误差　检测系统标定幅值相对误差 ±5% （2）声时误差　声信号测量相对误差 ±1.0% 2. 系统硬件性能 （1）采样分辨率　检测系统分辨率应在 16Bit，即测试量程的 1/216 以上。采样频率应达到 500kHz 以上 （2）频谱特性　接收系统频响范围应适用频率在 1kHz~50kHz 信号的采样 （3）增益性能　接收端信号的 S/N 比应在 5 以上 （4）元器件　测试系统的主要元器件应满足表 3-1 要求 表 3-1　主要元器件性能要求 {{TABLE31}} 3. 系统软件性能要求 测试及分析系统的软件应满足表 3-2 要求

表 3-1 主要元器件性能要求

传感器	类型	加速度传感器
	共振频率	40kHz 以上
电荷放大器	频率特性	0.2Hz~30kHz　+0.5/3dB
低噪电缆		其产生的脉冲信号应小于 5mV
A/D 卡	采样频道数	2 以上
	变换速度	2μs/ch
	分辨率	16Bit

（续）

表 3-2　软件的性能要求

项目		要求
数据采集	自检	应具有设备基本状态自检功能
	触发	应具有触发机能
	频道数	可双通道测试
信号处理	降噪	应具有滤波降噪的功能
	频响补偿	应具有频响补偿的机能
	频谱分析	应具有 FFT、MEM 频谱分析机能

仪器设备及要求

4. 传感器耦合方式

传感器宜采用磁性卡座或胶水粘固等粘接方式与锚头耦合，粘接面应无浮浆等杂质，且传感器粘接稳固

5. 激振方式

应采用激振锤进行激振

（1）激振力度。测试时，必须把握敲击力度，使得锚具能够产生较强的振荡波形，主要关注 CH1 通道波形，同时 CH1 通道电压控制在 0.2~0.5V 范围内

（2）根据锚头规格类型，选取相应的激振锤（见表 3-3）

表 3-3　压浆后锚下预应力检测激振锤

锚头类型	<5 孔	5~10 孔	11~20 孔	>20 孔
激振锤	D17 加橡胶套	D30 加橡胶套	D50 加橡胶套	D60 加橡胶套

测点布置

现场检测的测点方案如下图所示。一般情况下，接收传感器（CH1）放置于锚具下方，敲击位置位于锚具上方

CH0

CH1

试验流程

仪器连接 ▶ 软件设置 ▶ 数据采集 ▶ 数据分析 ▶ 出具报告

注意事项

1）现场检测过程中，激振锤的橡胶套很容易出现损坏，导致激振信号及结构相应产生畸变，因此可能会出现激振橡胶套欠缺的情况，可以用硬度与橡胶套相近的水管代替

2）数据采集过程中，放大器的放大倍数不能调整，与标定时采用的放大倍数一致

3）现场采集过程中，硬件通道固定且不能改变：CH0：激振锤，CH1：响应传感器

4）被选定的标定对象，应为合格张拉设备，锚具所有夹片外露长度一致性较高，钢绞线外露长度一致。

5）被检测对象存在锚具形状、锚具孔数、锚具所处部位（腹板、底板、钢绞线外露长度、灌浆状态等）、结构形式（预制梁、连续刚构桥等）不同时，应单独标定

熟记测区布置与测点选择要求

重点记录	任务实施
笔记：主要记录检测步骤要点及注意事项	**1. 锚下有效预应力标定** 有效预应力标定是对同种结构类型、位置、相同孔数、相同形状的锚具进行参数标定，得到参数 K0，m，Kb，并将其用到张力测试中 有效预应力标定和测试的方案相同，但根据不同的施工条件分为标准标定和简易标定 标准标定：即在结构一端张拉，另一端测试。测试一端钢绞线预留长度约 10cm，而张拉端需要分为 10 级（至少分为 4 级）张拉，每级张拉完成后，需要进行预应力测试 简易标定：对同种结构类型、位置、相同孔数、相同形状的锚具进行预应力测试（为确保被测对象锚具的张拉力，需要全程跟踪该锚具的张拉并记录张拉力，以备标定时使用），测试数量最少 3 束。当然测试数据越多，标定参数越准确 明确测试部位及测点后进行锚下有效预应力标定

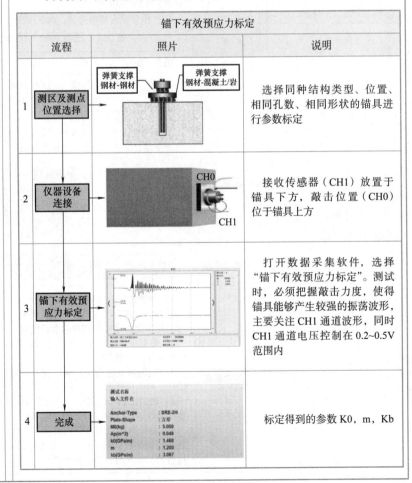

锚下有效预应力标定		
流程	照片	说明
1 测区及测点位置选择	弹簧支撑钢材-钢材 / 弹簧支撑钢材-混凝土/岩	选择同种结构类型、位置、相同孔数、相同形状的锚具进行参数标定
2 仪器设备连接	CH0 / CH1	接收传感器（CH1）放置于锚具下方，敲击位置（CH0）位于锚具上方
3 锚下有效预应力标定		打开数据采集软件，选择"锚下有效预应力标定"。测试时，必须把握敲击力度，使得锚具能够产生较强的振荡波形，主要关注 CH1 通道波形，同时 CH1 通道电压控制在 0.2~0.5V 范围内
4 完成	测试名称 输入文件名 Anchor-Type : SRE-2H Plate-Shape : 方形 M0(kg) : 5.000 Ap(m*2) : 0.048 k0(GPa/m) : 1.468 m : 1.200 kb(GPa/m) : 3.067	标定得到的参数 K0，m，Kb

2. 锚下有效预应力测试
明确测试部位及测点后进行锚下有效预应力测试

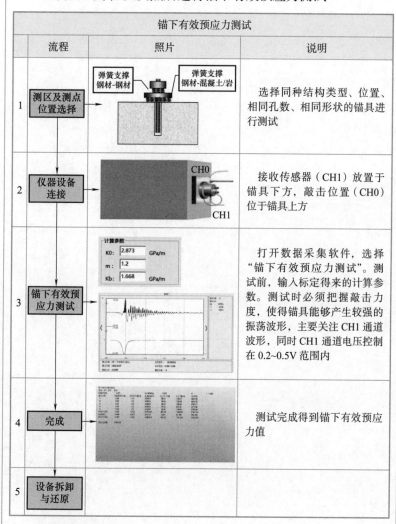

锚下有效预应力测试		
流程	照片	说明
1 测区及测点位置选择	弹簧支撑 钢材-钢材 弹簧支撑 钢材-混凝土/岩	选择同种结构类型、位置、相同孔数、相同形状的锚具进行测试
2 仪器设备连接	CH0 CH1	接收传感器（CH1）放置于锚具下方，敲击位置（CH0）位于锚具上方
3 锚下有效预应力测试	计算参数 K0: 2.873 GPa/m m: 1.2 Kb: 1.668 GPa/m	打开数据采集软件，选择"锚下有效预应力测试"。测试前，输入标定得来的计算参数。测试时必须把握敲击力度，使得锚具能够产生较强的振荡波形，主要关注 CH1 通道波形，同时 CH1 通道电压控制在 0.2~0.5V 范围内
4 完成		测试完成得到锚下有效预应力值
5 设备拆卸与还原		

3. 检测报告
检测报告应包括下列内容：

（1）工程概况

（2）检测原因、检测日期、检测目的

（3）检测依据及方法

（4）检测仪器设备

（5）抽检方式、抽检数量

（6）检测对象强度等级、孔道编号、锚头强度等级等能说明测试区域准确位置的信息

（7）检测数据分析与判定

（8）注浆质量评价等

请完成锚下有效预应力检测记录表并提交	锚下有效预应力检测报告（等效质量法）					
	施工 / 委托单位					
	工程名称		委托 / 任务编号			
	工程地点		检测编号			
	工程部位 / 用途		锚头强度等级			
	锚垫板形状		锚垫板尺寸			
	孔道直径		钢束数量			
	检测依据		委托日期			
	判定依据		试验检测日期			
	主要仪器设备名称及编号					

检 测 结 果

孔道编号	实测锚下有效预应力 /kN	锚下有效预应力标准值 /kN	偏差值（%）	允许偏差（%）	备注
1					
2					
3					
4					
5					
6					
7					
8					
9					
10					
检测结论					
附加声明	报告无本单位"专用章"无效；报告无三级审核无效；报告改动、换页无效；委托试验检测报告仅对来样负责；未经本单位书面授权，不得部分复制本报告或用于其他用途；若对本报告有异议，应于收到报告15个工作日内向本单位提出书面复议申请，逾期不予受理				

检测：　　　审核：　　　批准：　　　日期：

综合提升	自我测验
请你在课后完成自我测验试题，以自我评定知识、技能、素养获得情况	内容见下

自我测验

【单选】1.（☆☆）等效质量法基本原理：在施加一个振动信号时，根据锚固力的大小与振动体系参与（　　）的关系检测预应力
A. 锚具质量　　　　　　　　B. 振动质量
C. 钢绞线质量　　　　　　　D. 混凝土

【单选】2.（☆☆）按照捻制结构的不同，钢绞线分为三种结构类型，下列中错误的一项是（　　）
A. 1×2　　　B. 1×3　　　C. 1×5　　　D. 1×7

【单选】3.（☆☆）在梁体张拉过程中出现夹片破损的情况对梁体的锚下有效预应力值（　　）
A. 影响不大　　　　　　　　B. 不影响
C. 有严重影响　　　　　　　D. 视破损情况而定

【单选】4.（☆☆）张拉施工中，张拉应力为张拉控制应力与（　　）之和
A. 钢绞线回缩值　　　　　　B. 孔道摩阻
C. 锚圈口摩阻损失　　　　　D. 超张指数

【单选】5.（☆☆）应变法是在锚下预应力筋上布置（　　），检测锚下有效预应力
A. 应变传感器　　　　　　　B. 千斤顶
C. 智能限位装置　　　　　　D. 位移传感器

【单选】6.（☆☆）《公路桥梁锚下有效预应力检测技术规程》中要求预应力筋每束（　　）
A. 最多允许 1 根断丝或滑丝　　B. 最多允许 2 根断丝或滑丝
C. 不允许断丝或滑丝　　　　　D. 最多允许 3 根断丝或滑丝

【单选】7.（☆☆）锚下有效预应力检测以抽样检测为主，梁板检测频率宜不少于总构件数的（　　）
A. 1%　　　B. 3%　　　C. 5%　　　D. 10%

【单选】8.（☆☆）锚下有效预应力体外筋、环形筋、无粘结筋、竖向筋、负弯矩筋抽样数量按预应力束不少于（　　），且不少于 3 个构件
A. 3%　　　B. 5%　　　C. 10%　　　D. 20%

【多选】9.（☆☆）对于悬索类，其张力大小与振动的（　　）无关
A. 固有频率　　　　　　　　B. 卓越周期
C. 快慢　　　　　　　　　　D. 卓越频率

【多选】10.（☆☆）下列不是引起锚具塑性变形、开裂的主要原因的有（　　）
A. 锚具存在质量缺陷　　　　B. 张拉控制应力过大
C. 千斤顶未标定　　　　　　D. 重复张拉

【判断】11.（☆☆）先张法与后张法的主要区别是混凝土浇筑与预应力筋张拉时间顺序的不同（　　）

【判断】12.（☆☆）等效质量法基本原理：在施加一个振动信号时，根据锚固力的大小与振动体系参与振动质量的关系检测预应力（　　）

【判断】13.（☆☆）钢绞线在施工张拉的过程中如果出现断裂的情况不会影响桥梁的耐久性和安全性，因此不必理会（　　）

任务评价

考核评价

考核阶段	考核项目		占比（%）	方式	得分
过程评价（60%）	课前探究学习（20%）	课前学习态度（线上）	5	理论（师评）	
		课前任务完成情况（线上）	10	理论（师评）	
		课前任务成果提交（线上）	5	理论（师评）	
	课中内化（30%）	懂检测原理（线上＋线下）	5	理论＋技能（自评）	
		能运用规范编制检测计划	5	理论＋技能（自评）	
		能完成检测步骤	10	技能＋素质（师评＋自评）	
		会分析检测数据	5	技能＋素质（师评＋小组互评）	
		能提交质量报告	5	理论＋技能＋素质（师评＋小组互评）	
	课后提升（10%）	第二课堂	10	技能＋素质（自评＋小组互评）	
结果评价（40%）	综合能力评价（40%）	理论综合测试（参照1+X路桥 无损检测技能等级证书理论 考试形式展开）	20	理论获取证书结果	
		技能综合测试（参照1+X路桥 无损检测技能等级证书实操 考试形式展开）	20	技能＋素质获取证书结果	
教师根据学生的学习成果，在能力发展、质量意识、职业发展三个方面探索增值评价，对完成整个项目的学习情况进行动态综合评价					
增值评价	能力发展（学习、合作能力）	平台课前自主学习动态轨迹（师评）			
		提升自我的持续学习能力（师评＋小组互评）			
		融入小组团队合作的能力（小组互评）			
	质量意识	规范操作意识（自评＋小组互评）			
		实训室 6S 管理意识（师评＋小组互评）			

模块三　预应力结构检测

任务一　预应力检测技术

🏠	工作任务二	反拉法锚下有效预应力检测
🔳	学时	2
✉	团队名称	

课前探究	任务引入
对比等效质量法和反拉法，描述反拉法的优点	受监理公司邀请，需要某公司对某高速公路预制梁的锚下有效预应力进行了检测。前期测试结果显示，该梁的孔道预应力值整体较低。现需现场验证核实，根据检测结果及时做出张拉施工方案的整改，保证了工程质量 

兴趣激发	任务情景
反拉的工作原理是什么	作为该试验检测机构技术人员，你和团队成员被安排去对该预制梁进行锚下预应力检测，通过检测前资料整理及收集，已清楚工程概况及现场结构物技术资料，要求根据现场情况及测点布置要求利用反拉法进行锚下预应力检测，验证前期测试结果，出具检测报告，并对出现的问题制订整改方案

学习目标	教学目标	
请在本次工作任务结束之后在下面记录你的学习目标达成情况	思政目标	培养学生吃苦耐劳、脚踏实地、风雨兼程、精益求精的路桥精神
	知识目标	1. 熟悉反拉法检测锚下预应力的目的、意义及适用范围 2. 掌握反拉法的试验步骤及注意事项 3. 掌握检测测区确定方法、测点布置要求
	技能目标	1. 会查阅检测规程、运用公路工程质量检验评定标准 2. 能按照检测规程在安全环境下正确使用仪器 3. 会根据操作规程确定检测的测区、布置测点 4. 会运用数据采集及分析软件采集、分析波形，判定锚下预应力质量 5. 能根据质量检验评定标准出具反拉法检测报告

	素质目标	1. 具有严格遵守安全操作规程的态度 2. 具备认真的学习态度及解决实际问题的能力 3. 具有严谨、认真负责的工作态度

知识点提炼	知识基础
笔记 反拉法介绍 反拉法特点	**1. 检测对象** 锚下有效预应力的检测对象为有自由端的埋入式锚索（边坡、预制或现浇梁锚索），如图 3-6 所示 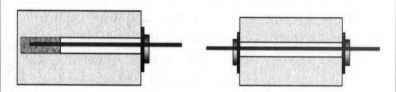 图 3-6　有自由端的埋入式锚索（边坡、预制或现浇梁锚索） **2. 检测原理** 单根反拉法是在外露钢绞线上安装带有智能限位装置的前卡式千斤顶，进行反拉法锚下有效预应力检测，如图 3-7 所示 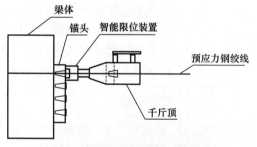  图 3-7　检测示意图 理论上，当夹片产生相对于锚头的位移，即可判定张拉力已大于原有有效预应力。此外，夹片产生相对于锚头的位移与孔道内钢绞线的自由段长度有密切的关系。典型的单根张拉的位移 - 力 - 时间关系曲线如图 3-8 所示

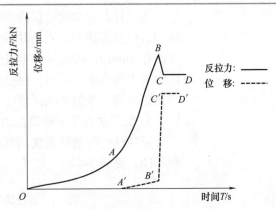

图 3-8 单根张拉的位移 - 力 - 时间关系曲线

反拉法检测可分为以下阶段：

（1）对露在结构体外的钢绞线进行单根张拉，同时测试张拉力和钢绞线伸长量，也可以对锚头本身进行拉拔

（2）在拉拔力小于原有有效预应力时，夹片对钢绞线有紧固作用，能够自由伸长的钢绞线为露出的自由长度

（3）在拉拔力超过原有有效预应力时，锚头与夹片脱开，能够自由伸长的钢绞线除了露出的自由长度以外，一部分位于锚下的钢绞线也参与张拉。此时，自由伸长的钢绞线长度就会有较明显的增加。另一方面，夹片本身也会随着钢绞线的伸长而产生向外的位移

因此，通过量测拉拔力 - 钢绞线或者夹片的位移关系，即可推算锚下有效预应力

3. 检测方法

单根反拉法是在外露单根钢绞线上安装工具锚，并在工具锚和原锚头（工作锚）之间设置千斤顶及位移、力传感器。其中，位移传感器量测夹片的位移。张拉钢绞线，当反拉力小于原有预应力时，夹片对钢绞线有紧固力，不发生位移。而反拉力大于原有预应力时，夹片与钢绞线一道也参加伸长。此时，夹片的位移急剧增加，因此，测量夹片的位移趋势即可判定有效预应力

4. 注意事项

反拉法的不当操作对夹片的损伤以及对于梁极限承载力的影响几乎无法复原。在进行反拉法检测时，如果控制不严会造成锚具极限承载力的损失。其原因在于二次张拉时，夹片会随着钢绞线的位移而产生与锥口间的相对位移。此时，由于夹片、锥口产生的塑性变形，以及夹片在位移过程中不可避免地产生转动，从而在放张时夹片无法完全回缩到原来的位置。该位置的差异越大，对该钢绞线（及锚固）的极限张力一般也就越低，对结构极限承载力的不利影响也就越大

为了控制二次反拉锚固回缩量≤1mm，可通过在反拉设备前端加设位移传感器，对夹片的位移进行简单且可靠的控制（通常限制在1mm），从而尽可能减少检测作业对夹片的损伤以及对极限承载力的影响。同时，根据夹片位移等参数，还可对测试值进行修正以进一步提高测试精度

5. 反拉法与等效质量法的对比

反拉法与等效质量法均可实行锚下有效预应力的检测，但存在不同，见表3-4

表3-4 反拉法与等效质量法的对比

	反拉法	等效质量法
基本原理	基于平衡定理与胡克定理的机械有损检测技术	基于冲击弹性波振动响应的无损检测技术
精度	检测精度可达±1%	相对反拉法较低
工况条件	非粘结状态（未灌浆）、有张拉段（端头钢绞线外露70cm以上）	锚具外露，无粘结条件限制
时间窗	存在检测时间窗（张拉后24h内）	无检测时间窗要求
抽检比例	因效率较等效质量法低，抽检比例不宜过高	可广泛使用，可用于张拉事故普查

反拉法与等效质量法互补，两种方法结合使用更有利于预应力施工质量监管

重难点初探	任务分析

重难点初探

熟悉反拉法检测锚下有效预应力的目的及适用范围

任务分析

请根据《公路桥梁后张法应力施工技术规范》DB33/T 2154—2018及SCIT-1-ZH-15-2019-C《锚下有效应力（反拉法）现场检测技术指南》完成任务分析学习和任务单填写

检测目的	基于反拉法原理来对预应力孔道钢绞线进行单锚下有效预应力测试
适用范围	（1）适用于铁路、公路、建筑等行业预制或现浇梁锚下有效预应力检测 （2）被检梁的混凝土强度不低于设计强度的70%，且不低于15MPa
检测依据	（1）《公路桥梁预应力施工质量检测评定技术规程》DB35/T 1638—2017 （2）《公路工程质量检验评定标准》JTG F80/1—2004 （3）《公路桥涵施工技术规范》JTG/T F50—2011 （4）《公路桥梁后张法预应力施工技术规范》DB33/T 2154—2018

（续）

请根据检测规程完善仪器设备及要求，会检查仪器	检测设备要求： （1）检测设备应包含反拉加载设备和测量设备（含测力装置与位移测量装置） （2）反拉加载设备应符合下列规定： 反拉加载设备的额定张拉力宜为所需张拉力的 1.5 倍，且不得小于 1.2 倍 反拉加载设备应具备均匀加卸载与稳压补偿能力等性能 （3）测量设备应满足下列精度要求： 重复测量偏差不大于 1.0% FS 示值误差最大值：± 1.0% FS 测试最大误差：± 1.5% FS 位移测量分度值应不低于 0.01mm （4）油泵流量不宜大于 0.25L/min （5）检测设备适用温度范围宜为 –10~+45℃ （6）反拉加载设备和测量设备宜采用一体化智能检测设备，自动记录和保存测力值、位移量等检测数据

仪器设备及要求	 名称：＿＿＿＿＿＿＿＿　　名称：＿＿＿＿＿＿＿＿   名称：＿＿＿＿＿＿＿＿　　名称：＿＿＿＿＿＿＿＿   名称：＿＿＿＿＿＿＿＿　　名称：＿＿＿＿＿＿＿＿

熟记测区布置与测点选择要求

千斤顶保养	按要求维护和保养千斤顶能保证千斤顶的使用性能，延长千斤顶的使用寿命，对按时完成检测计划、提高工作效率具有积极的意义 （1）出现以下情况，千斤顶需保养： 1）当千斤顶张拉 80~100 次的时候 2）测试现场钢绞线铁锈较多，当天检测量大的时候 3）回油时出现卡顿现象的时候

（续）

反拉法检测过程

熟记现场检测注意事项

千斤顶保养

（2）保养具体步骤

千斤顶保养（主要是锚杯和夹片接触位置）		
保养流程	说明	备注
1 保养时先取下千斤顶的支承环		
2 卸下锚杯、夹具		
3 用纸巾或抹布将表面擦拭干净		
4 将退锚灵均匀涂抹在夹弓的光滑表面，不能涂抹在侧面和里面，避免张拉时打滑		
5 锚杯内表面涂抹退锚灵		
6 组装完成		

试验流程

硬件连接 ▶ 数据采集 ▶ 数据分析

注意事项

1. 现场检测条件注意事项

（1）在检测开始前要知晓施工方张拉的具体时间，距离检测一般间隔半天为宜

（2）钢绞线预留外露长度一般不得小于70cm

（3）清理钢绞线上的胶带或其他杂物

（4）回油时千斤顶出现卡顿现象，注意清理及保养千斤顶

（5）检测过程中梁体两端不要站人，确保现场人员安全

（6）当天检测的量比较大时，注意清理限位装置里的碎铁屑，避免卡住限位装置中的位移传感器

2. 安全注意事项

（1）检测前应做好各种危险源辨识、评估及安全应对措施，防止意外事故发生

（2）检测区域内应设置明显的防护、警示及引导标志。进入检测区须佩戴安全防护用品。预应力筋检测时两端的正面严禁站人和穿越

（3）检测作业使用的张拉机械、仪器设备及辅助工具，应符合其安装、维护、使用等相关规定，并定期检查、校验，使其保持良好的工作状态

重点记录	任务实施

重点记录

笔记：主要记录检测步骤要点及注意事项

预应力检测技术 - 反拉法

任务实施

1. 锚下有效预应力测试

锚下有效预应力测试流程如下：

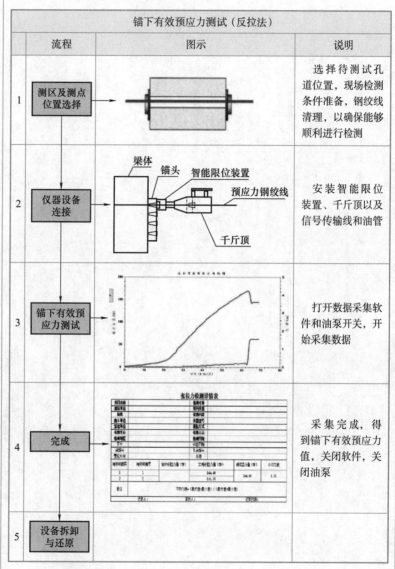

锚下有效预应力测试（反拉法）			
	流程	图示	说明
1	测区及测点位置选择		选择待测试孔道位置，现场检测条件准备，钢绞线清理，以确保能够顺利进行检测
2	仪器设备连接	梁体 锚头 智能限位装置 预应力钢绞线 千斤顶	安装智能限位装置、千斤顶以及信号传输线和油管
3	锚下有效预应力测试		打开数据采集软件和油泵开关，开始采集数据
4	完成	张拉力检测详情表	采集完成，得到锚下有效预应力值，关闭软件，关闭油泵
5	设备拆卸与还原		

2. 检测报告

检测报告应包括下列内容：

（1）项目概况及受检对象的基本信息

（2）检测依据、人员及仪器设备、检测内容和方法

（3）基本要求的检查结果

（4）锚下有效预应力检测数据、计算、分析及结果

（5）检测结论及建议

锚下有效预应力检测报告（反拉法）

项目名称		检测对象	
建设单位		结构类型	
标段		检测内容	
施工单位		仪器型号	
监理单位		激振方式	
检测单位		检测人员	
检测地区		检测日期	
梁长		张拉日期	
梁编号		孔道编号	
里程方向		其他	

钢绞线数目	钢绞线编号	设计张拉力值 /kN	实测张拉力值 /kN	测试总力值 /kN	不均匀度

备注	不均匀度 =（最大值 – 最小值）/（最大值 + 最小值）

记录人：　　　　　　　　　复核人：　　　　　　　　　记录日期：

综合提升	自我测验
请你在课后完成自我测验试题，以自我评定知识、技能、素养获得情况	【单选】1.（☆☆）下列对反拉法检测锚下有效预应力描述错误的是（　　） A. 对露在体外的钢绞线进行整体或者单根张拉 B. 拉拔力小于原有有效预应力时，锚具对夹片有紧固作用 C. 拉拔力超过原有有效预应力时，锚头与夹片脱开 D. 拉拔力等于原有有效预应力时，锚头与夹片不会分离 【单选】2.（☆☆）反拉法检测中，反拉加载设备公称张拉力不小于最大加载值的（　　）倍 A. 1.1　　　　B. 1.3　　　　C. 1.5　　　　D. 2 【单选】3.（☆☆）整束张拉的预应力构件质量评定内容包括锚下有效预应力偏差、锚下有效预应力（　　）指标 A. 同束不均匀度　　　　　　B. 单根预应力筋最大值 C. 同断面不均匀度　　　　　D. 单根预应力筋最小值 【单选】4.（☆☆）《公路桥梁锚下有效预应力检测技术规程》（T/CECS G：J 51—2020）中要求锚垫板（　　）出现中心变形，出现明显挠度或破裂 A. 允许　　　B. 不允许　　　C. 允许少量　　D. 允许10% 【单选】5.（☆☆）张拉施工中，张拉应力为张拉控制应力与（　　）之和 A. 钢绞线回缩值　　　　　　B. 孔道摩阻 C. 锚圈口摩阻损失　　　　　D. 超张指数 【单选】6.（☆☆）预应力张拉过程应符合设计要求，当设计无要求时，参照现行《公路桥涵施工技术规范》（JTG/T F50—2011）的要求执行，持荷时间应增加至（　　）以上 A. 3min　　　　B. 5min　　　　C. 15min　　　　D. 20min 【单选】7.（☆☆）反拉法检测过程中，应考虑（　　） A. 混凝土强度　　　　　　　B. 反拉应力损失 C. 孔道直径　　　　　　　　D. 钢绞线直径 【多选】8.（☆☆）下列对单根张拉与整束张拉的比较，描述正确的有（　　） A. 整束张拉相比单根张拉设备更轻便 B. 整束张拉，其预应力判据是根据 F-S 曲线的拐点 C. 单根张拉，其预应力判据是根据夹片的位移绝对值 D. 单根张拉，其预应力判据是 F-S 曲线的拐点 【多选】9.（☆☆）下列不是引起锚具塑性变形、开裂的主要原因的有（　　） A. 锚具存在质量缺陷　　　　B. 张拉控制应力过大 C. 千斤顶未标定　　　　　　D. 重复张拉 【多选】10.（☆☆）对于悬索类，其张力大小与振动的（　　）无关 A. 固有频率　　　　　　　　B. 卓越周期 C. 快慢　　　　　　　　　　D. 卓越频率 【判断】11.（☆☆）在预应力筋放张之前，应将限制位移的侧模、翼缘模或内模拆除（　　） 【判断】12.（☆☆）二次张拉法（反拉）对于梁体自身结构没有任何破坏，因此也属于无损检测的方法（　　） 【判断】13.（☆☆）索抗拉刚度的大小除与自身的截面特性有关外，还与其自重及外部作用有关（　　）

任务评价	**考核评价**				

考核阶段	考核项目		占比（%）	方式	得分
过程评价（60%）	课前探究学习（20%）	课前学习态度（线上）	5	理论（师评）	
		课前任务完成情况（线上）	10	理论（师评）	
		课前任务成果提交（线上）	5	理论（师评）	
	课中内化（30%）	懂检测原理（线上+线下）	5	理论+技能（自评）	
		能运用规范编制检测计划	5	理论+技能（自评）	
		能完成检测步骤	10	技能+素质（师评+自评）	
		会分析检测数据	5	技能+素质（师评+小组互评）	
		能提交质量报告	5	理论+技能+素质（师评+小组互评）	
	课后提升（10%）	第二课堂	10	技能+素质（自评+小组互评）	
结果评价（40%）	综合能力评价（40%）	理论综合测试（参照1+X路桥无损检测技能等级证书理论考试形式展开）	20	理论获取证书结果	
		技能综合测试（参照1+X路桥无损检测技能等级证书实操考试形式展开）	20	技能+素质获取证书结果	

教师根据学生的学习成果，在能力发展、质量意识、职业发展三个方面探索增值评价，对完成整个项目的学习情况进行动态综合评价

增值评价	能力发展（学习、合作能力）	平台课前自主学习动态轨迹（师评）
		提升自我的持续学习能力（师评+小组互评）
		融入小组团队合作的能力（小组互评）
	质量意识	规范操作意识（自评+小组互评）
		实训室6S管理意识（师评+小组互评）

模块三　预应力结构检测

任务二　孔道灌浆密实度检测技术

 ⌂	工作任务	冲击回波法检测孔道灌浆密实度
⊞	学时	2
✉	团队名称	

课前探究	任务引入

课前探究

　　描述控制预应力结构孔道灌浆密实度的意义

任务引入

　　应某交科院邀请，某试验检测机构对高速公路某标段预制 T 梁进行了灌浆密实度检测，该预制梁长度为 30m，灌浆管道为塑料波纹管。对该标段的 3 片梁的端头进行了定位检测，并对测试结果进行打孔验证

兴趣激发

　　定性检测和定位检测的适用范围你了解吗

任务情景

　　作为该试验检测机构技术人员，你和团队成员被安排去对该预制梁进行灌浆密实度定位检测，通过检测前资料整理及收集，已清楚工程概况及现场结构物技术资料，要求根据现场情况及测点布置要求采用冲击回波法定位检测孔道灌浆密实度，验证前期测试结果，出具检测报告，并对出现的问题制订整改方案

学习目标

　　请在本次工作任务结束之后在下面记录你的学习目标达成情况

教学目标

思政目标	培养学生吃苦耐劳、脚踏实地、风雨兼程、精益求精的路桥精神
知识目标	1. 熟悉冲击回波法检测孔道灌浆密实度的目的、意义及适用范围 2. 掌握冲击回波法检测孔道灌浆密实度的检测步骤及注意事项 3. 掌握检测测区确定方法、测点布置要求
技能目标	1. 会查阅检测规程、运用公路工程质量检验评定标准 2. 能按照检测规程在安全环境下正确使用仪器 3. 会根据操作规程确定检测的测区、布置测点 4. 会运用数据采集及分析软件采集、分析波形，判定孔道灌浆密实度 5. 能根据质量检验评定标准出具冲击回波法检测报告

	素质 目标	1. 具有严格遵守安全操作规程的态度 2. 具备认真的学习态度及解决实际问题的能力 3. 具有严谨、认真负责的工作态度
知识点提炼	**知识基础**	
笔记	1. 孔道灌浆的意义 后张有粘结预应力混凝土结构，张拉预应力筋结束后要进行孔道压浆。孔道压浆的作用主要有两点：一是为预应力筋和周围混凝土之间提供可靠的粘结力，确保混凝土与预应力筋协同工作；二是防止预应力筋受空气、水和其他腐蚀性物质侵入而锈蚀。高强度钢绞线在张力的作用下很容易发生腐蚀，所以要保证预应力混凝土的强度和耐久性，就必须使混凝土对钢绞线包裹密实。当波纹管内灌浆不密实时，水和空气很容易进入波纹管内，导致处于高度张拉状态的钢绞线发生腐蚀，造成有效预应力降低，极大地影响桥梁的安全性、耐久性，甚至发生工程事故。同时，水的冻胀作用会使原来的小缺陷越变越大，加剧结构内部钢筋的腐蚀。因此，对灌浆缺陷的检测成为保证预应力桥梁质量的重要环节 2. 孔道灌浆密实度缺陷的成因 造成空岛灌浆密实度缺陷有多种因素，最常见的有以下几种： （1）真空负压效果差导致灌浆不饱满　有的工程虽然使用了真空泵，但是效果不明显，没有形成理想真空效果是导致灌浆不饱满的首要原因。塑料波纹管预应力孔道在施工过程中难免会被混凝土挤压而有所变形。穿了钢绞线后孔道空隙更小，孔道真空负压极小，水泥浆压进过程沿途压力损失比较大，推进动力只有外压力而没有内吸力，因此，随着不断压进压力逐渐减小。而孔道断面较大，水泥浆由从压浆口开始的整个断面推进逐渐变成断面下部先推进，随着压浆泵持续加压，后进的水泥浆才逐渐充满整个断面。当某个断面因为孔道变形而变得比较小时，该断面就会先于它前后的断面充满了水泥浆，也隔断了这个断面与压浆口之间的空隙空气的排出通道，最后该部分空气便遗留在孔道内无法排出。当这部分空气被压缩到和水泥浆的压力平衡时，也就形成最终无法充满的比较大的空间。这样不但使该段预应力孔道不能充满，还加大了后面水泥浆的压力损失，使后面的推进更容易形成空隙 （2）排气孔和灌浆孔的位置不正确，导致排气不完整　在工程中，部分预应力孔道的排气孔位置布置不妥，给孔道留下灌浆盲端和盲点，致使压浆不饱满。比如横向预应力孔道的排气孔和灌浆孔大多数都偏离了施工图要求

（3）孔道灌浆密实度等级划分 结合国外经验，与东南大学叶见曙教授等学者提出的灌浆密实度的分级标准，根据对钢绞线的危害程度，可将灌浆密实度分为如下四级：

A级：灌浆饱满或波纹管上部有小蜂窝状气泡、浆体收缩等，与钢绞线不接触

B级：波纹管上部有空隙，与钢绞线不接触

C级：波纹管上部有空隙，与钢绞线相接触

D级：波纹管上部无砂浆，与钢绞线相接触并严重缺少砂浆。D级又可细分为D1、D2和D3级，分别对应于大半空、接近全空和全空，如图3-9所示

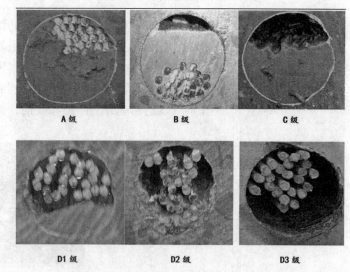

图3-9 灌浆危害等级示意图

其中，C级和D级对钢绞线的危害很大。而A、B级尽管对钢绞线的锈蚀影响较小，但会对应力传递和分布产生不利影响。另一方面，在实际的检测中，由于检测技术的限制，对A、B、C级的明确区分尚有一定的难度

3. 检测原理

为了准确测试纵向预应力梁管道（双端锚头露出）的灌浆缺陷，同时兼顾测试效率，开发了基于冲击弹性波的多种方法，见表3-5

（1）定性检测 利用露出的钢绞线，在一端激发信号，另一端接收信号。通过分析在传播过程中信号的能量、频率、波速等参数的变化，从而定性地判断该孔道灌浆质量的优劣。该方法测试效率高，但测试精度和对缺陷的分辨力较差，一般适用于对漏灌、管道堵塞等灌浆事故的检测

表 3-5　灌浆密实度测试方法一览表

方法		检测方案	备注
定性检测	全长衰减法（FLEA）	在锚索两端上激振与收信	对预应力孔道全体进行定性检测
	全长波速法（FLPV）		
	传递函数法（PFTF）		确定锚头附近（0.5~2m）范围内有无缺陷
定位检测	冲击回波等效波速法（IEEA）	在每个管道上沿间距为 0.2m 进行检测，孔道正上方激振	定位检测，确定缺陷的具体位置

定性检测是利用孔道两端露出的钢绞线进行测试，测试效率高。由于空洞等缺陷通常发生在孔道的上方，因此通常只需测试最上方的钢绞线即可。在一次测试过程中，可同时完成上述三种方法（FLEA、FLPV、PFTF）的检测。为了提高检测精度，需要在钢绞线的两端分别激振和收信，如图 3-10 所示

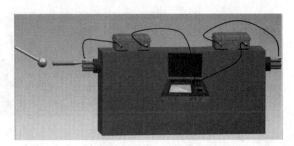

图 3-10　定性检测示意图

（2）定位检测　沿孔道轴线的位置，以扫描的形式逐点进行激振和接收信号。通过分析激振信号从波纹管以及对面梁侧反射信号的有无、强弱、传播时间等特性，来判断测试点下方波纹管内缺陷的有无及形态。该方法检测精度高、分辨力强，适用范围较广，目前使用最多。但该方法耗时较长，且受波纹管位置影响较大

定位检测是沿着孔道的上方或侧方，以扫描的形式沿线逐点连续测试（激振和收信），通过反射信号的特性测试管道内灌浆的状况，如图 3-11 所示

4. 检测方法——定性测试

（1）全体灌浆性能　采用全长衰减法（FLEA）和全长波速法（FLPV）进行测试

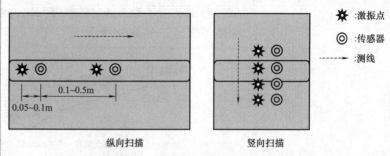

图 3-11　灌浆密实度的定位检测

1) 全长衰减法（FLEA）。如果孔道灌浆密实度较高，能量在传播过程中逸散越多，衰减大，振幅比小。反之，若孔道灌浆密实度较低，则能量在传播过程逸散较少，衰减小、振幅比大。因此，通过精密地测试能量的衰减，即可以推测灌浆质量，如图 3-12 所示

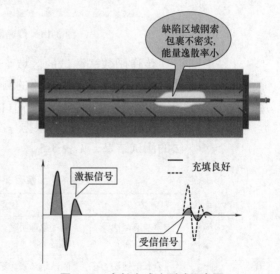

图 3-12　全长衰减法测试示意图

2) 全长波速法（FLPV）。通过测试弹性波经过锚索的传播时间，并结合锚索的距离计算出弹性波经过锚索的波速。通过波速的变化来判断预应力管道灌浆密实度情况。一般情况下波速与灌浆密实度有相关性，随着灌浆密实度增加波速是逐渐减小的，当灌浆密实度达到 100% 时，测试的锚索的 P 波波速接近混凝土中的 P 波波速，如图 3-13 所示

（2）端部灌浆性能　主要采用传递函数法（PFTF）测试

在孔道的一端钢绞线上激振另一端接收时，如果端头附近存在不密实情况，会使振动的频率发生变化。因此，通过对比接收

信号与激发信号相关部分的频率变化，可以判定锚头两端附近的缺陷情况，如图 3-14 所示

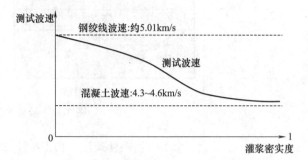

图 3-13　全长波速法测试示意图

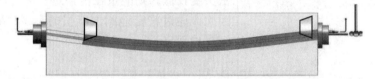

图 3-14　传递函数法的测试概念

传递函数法测试的区域（锚头附近的钢绞线），恰恰是定位测试（IEEV）法较为困难的测试区域

上述各定性测试方法各有特色，尽管测试原理不同，但测试方法完全一样。因此，根据一次的测试数据可以同时得到三种方法的测试结果，见表 3-6

表 3-6　灌浆密实度定性测试方法比较

方法	优点	缺点
全长衰减法（FLEA）	测试原理明确、对灌浆缺陷较为敏感	测试结果离散性较大，影响因素多
全长波速法（FLPV）	测试结果较为稳定，适合测试大范围缺陷	对缺陷较为钝感
传递函数法（PFTF）	能够测试锚头附近的灌浆缺陷，解析方便	测试范围较小

为了定性测试的结果定量化，引入了综合灌浆指数 I_f。当灌浆饱满时，$I_f=1$，而完全未灌时，$I_f=0$。因此，若在此区间采用线性插值，则上述各方法可得到相应的灌浆指数 I_{EA}，I_{PV} 和 I_{TF}。同时，综合灌浆指数可以定义为：

$$I_f=\left(I_{EA}I_{PV}I_{TF}\right)^{1/3} \tag{3-2}$$

只要某一项的灌浆指数较低，综合灌浆指数就会有较明显的反应。通常，灌浆指数大于 0.95 意味着灌浆质量较好，而灌浆

指数低于 0.80 则表明灌浆质量较差

此外,灌浆指数是根据基准值而自动计算的,因此,基准值的选定是非常重要的。不同形式的锚具、梁的形式以及孔道的位置都会对基准值产生影响,所以在条件许可时,进行相应的标定或通过大量的测试并结合数理统计的方法确定基准值是非常理想的

5. 检测方法——定位测试

(1)概述 基于冲击回波法(IE 法),通过侧壁或者顶(底)面激振、收信的方式,对灌浆缺陷的位置、规模等进行定位测试。然而,通常的冲击回波法在检测灌浆密实度时存在严重的不足,因此,在进行了大幅的改进和扩展后,开发了下列成套方法。改进 IE 法:通过改进频谱分析方法,提高了分辨力;冲击回波等效波速法(IEEV)

(2)基本原理 根据在波纹管位置反射信号的有无以及梁底端的反射时间的长短,即可判定灌浆缺陷的有无和类型,如图 3-15 所示。当管道灌浆存在缺陷时:

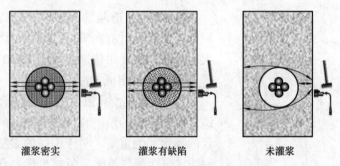

灌浆密实　　　　　　灌浆有缺陷　　　　　　未灌浆

图 3-15　改良冲击回波法 IEEV 测试原理

1)激振的弹性波在缺陷处会产生反射(IE 法的理论基础)

2)激振的弹性波经过缺陷时,从梁对面反射回来所用的时间比灌浆密实的地方长,其等效波速(2 倍梁厚 / 来回的时间)变慢(IEEV 法的理论基础)

基于这两点,即使灌浆缺陷仅为局部,或者测线不在缺陷的正上方也可适用,如图 3-16 所示

(3)定位测试的特点

1)IEEV 法测试精度高,但相对速度较慢

2)测试精度与壁厚 / 孔径比(D/Φ)有关,D/Φ 越小,测试精度越高

3)当边界条件复杂(拐角处)或测试面有斜角(如底部有马蹄形时),测试精度会受较大的影响,如图 3-17 所示

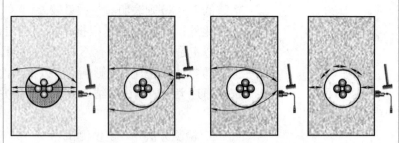

图 3-16　冲击回波等效波速法的概念

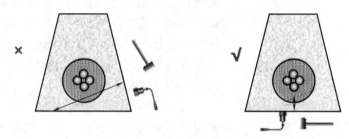

图 3-17　马蹄形部位的检测方法

4）对于孔道两端，锚垫板喇叭口内的灌浆质量，由于该区域钢筋密集，且有喇叭口的影响，因此对定位检测的精度影响很大。此时，需要用传递函数法（PFTF）进行测试

（4）定位测试方法

1）确定被检孔道位置。定位检测需要沿孔道进行激振和测试。孔道定位的精度直接影响测试的精度和分辨力。因此孔道位置的确定尤为重要。对于不同的梁型，定位方式有一定差异。预制梁（包括预制箱梁、预制 T 梁、预制空心板梁等）的孔道定位一般以设计图进行确定。连续刚构桥的孔道一般以设计图为主，设计图偏差大或遗失，可采用其他方法（如雷达、开孔等）确定孔道位置

2）参数标定

① 冲击回波等效波速法（IEEV）。混凝土波速的标定位置为端头等厚位置，采用定点标定或沿线的方式进行。最终的波速可作为评定参考线描画参数。但因被检对象测线范围内出现厚度变化、混凝土均匀性等问题时，将对评定结果产生影响。因此，在描画参考线的同时，需要结合沿测线标定的波速参考线，如图 3-18 所示

② 共振偏移法（IERS）。标定时，标定位置为混凝土位置，结构与被检孔道的厚度等信息一致，采用线性标定（沿孔道走向方向标定）

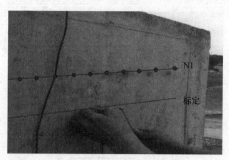

图 3-18 描画波速标定参考线

（5）定位测试影响因素

1）梁、板的厚度。板的厚度对定性测试各方法的影响相对较小，而对定位测试的 IEEV 法则有较大的影响。一般来说，当管径相同时，板厚越薄，IEEV 法的测试精度越高

基于目前的定位检测的技术，在采用 D50 激振锤激振时，IEEV 法一般要求梁、板的厚度不超过 0.8m。而 IERS 法则要求管道最大埋深不超过 0.2m

2）混凝土质量的影响。对孔道压浆密实度定位检测时，孔道附近的混凝土质量对孔道的灌浆密实度判断有一定影响，当孔道与测试表面的区域内出现混凝土缺陷时，容易导致缺陷的误判，因此在检测时，需要对被测孔道进行线性标定（即标定时，在孔道上方混凝土位置沿孔道测线平行方向测试相同的测点，以此避免混凝土缺陷对结果判定的影响）

根据经验，预制梁的梁体出现混凝土空洞等缺陷的可能性不大，因此在检测时，为了提高效率，采用在端头孔道高处对应混凝土位置进行定点检测混凝土波速，并以此为基准确定判定基准线。如定位测试结果图中，靠近跨中部位出现信号异常时，可在腹板沿孔道走向进行沿线标定，辅助判定

3）结构厚度的影响。采用冲击回波等效波速法对结构进行灌浆定位检测时，结构厚度变化是影响灌浆检测准确性的重要因素之一，根据该方法的测试原理，主要通过底部反射信号对灌浆情况进行判断。因此准确获知腹板实际厚度是准确判断的重要方面。特别是采用气囊作为预制梁的内腔支撑的结构，更应注意

6. 检测方法选择

对预应力孔道进行定性定位检测时，若条件允许，以定位检测为首选方法，具体操作方法见预应力孔道灌浆密实度检测指南。不同结构适用的检测方法见表 3-7

表 3-7　不同结构适用的检测方法

常见结构类型	适用分析方法	检测效果	适用结构
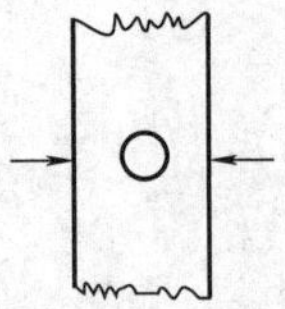	IEEV/IERS	可检测出缺陷的大致类型、尺寸	箱梁腹板、T梁腹板或者其他单排波纹管结构
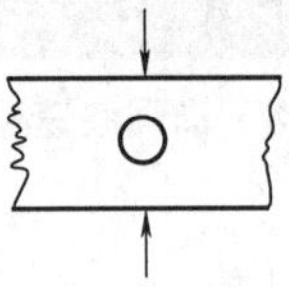	IEEV/IERS	可检测出缺陷的大致类型、尺寸	单排结构的负弯矩，连系梁顶板等单排结构
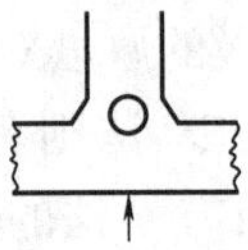	IERS	可检测出该处是否存在缺陷	箱梁顶板拐角处、空心板、单箱多室横隔板位置等其他类似结构
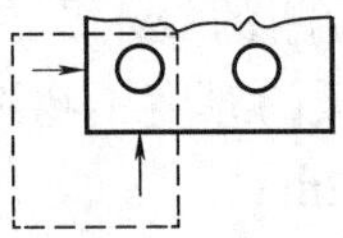	IERS	可检测出该处是否存在缺陷	T梁马蹄部位、连续梁腹板、底板等结构
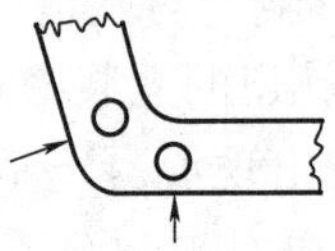	IERS	可检测出该处是否存在缺陷	箱梁底部拐角或者其他类似结构
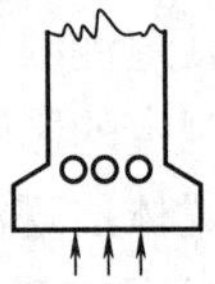	IERS	可检测出该处是否存在缺陷	T梁孔道在腹板与马蹄之间的结构或者其他类似结构，侧面无激振面，只可以从下部激振
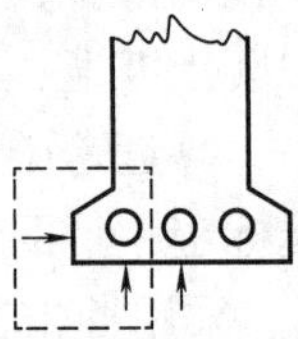	IERS	可检测出该处是否存在缺陷	T梁进入马蹄部位或者其他类似结构
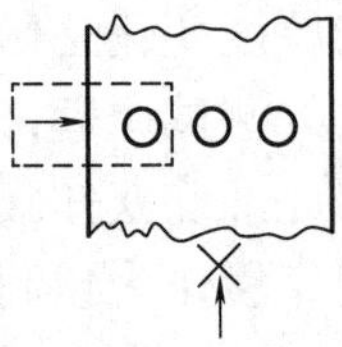	IERS	可检测出该处是否存在缺陷（中部孔道为测试盲区）	多排类型波纹管的板式结构，其中部孔道为测试盲区无法进行定位测试，有条件可考虑定性检测

7. 孔道灌浆的评定

孔道灌浆的缺陷评定以检测规范为依据。一般情况，在进行灌浆定性检测的同时，也对被检测孔道的重点部位进行灌浆的定位检测，而最终的缺陷位置的判定也以定位为主

重难点初探	任务分析		
熟悉冲击回波法检测预应力混凝土梁孔道压浆密实度的目的及适用范围	请根据《公路桥梁后张法预应力施工技术规范》DB33/T 2154—2018、《灌浆密实度现场检测指南》SCIT-1-ZN-03-2021-C 及《孔道灌浆密实度检测技术体系指南》SCIT-1-TEC-01-2022 完成任务分析学习和任务单填写		

检测目的	检测预应力孔道灌浆密实度情况并对其质量进行评价		
适用范围	检测方法		适用范围
	冲击弹性波法	定性检测法	灌浆料龄期满足要求： 夏季灌浆龄期应大于 7 天，冬季灌浆龄期应大于 14 天，但也可根据具体情况适当变化，至少满足灌浆料强度不低于设计强度的 70%
			利用频率、波速特征单独或组合来判定孔道压浆密实情况
			适用于压浆质量快速排查
			适用于两端预应力筋外露的孔道，外露长度宜为 30~50mm
			孔道长度不应大于 120m，大于 120m 应专门研究或变更为定位检测
		定位检测法	利用冲击回波的时域或频域特征判定孔道压浆密实情况
			适用于管道压浆缺陷的有无、缺陷长度、位置判定
			冲击回波传播方向只有一束预应力孔道，孔道埋置混凝土厚度不宜大于 80cm，大于 80cm 应专门研究
			测试表面应规则平整
			定位检测（冲击回波等效波速法 IEEV）：测点位置的结构厚度 ≤ 80cm，波传播方向内仅有一根预应力孔道
			定位检测（共振偏移法 IERS）：激振产生的信号能够优先到达孔道位置，且埋深不大于 20cm
			定位检测（冲击回波声频法 IAES）：测点位置的结构厚度宜 >30cm，波传播方向内仅有一根预应力孔道
检测依据	（1）《公路混凝土桥梁预应力施工质量检测评定技术规程》DB35/T 1638—2017 （2）《公路工程质量检验评定标准》JTG F80/1—2004 （3）《公路桥涵施工技术规范》JTG/T F50—2011 （4）《公路桥梁后张法预应力施工技术规范》DB33/T 2154—2018		

（续）

测点布置	定位检测一般测点间距以 20cm 为宜，也可根据具体情况进行调整
仪器设备及要求	（1）检测设备应具备冲击弹性波信号采集与数据分析的功能 （2）检测设备适用温度范围：_____ （3）检测设备计量性能：标定幅值相对误差应在_____范围以内；电信号测量相对误差应在_____范围以内 （4）检测设备硬件性能：模数转换装置宜采用独立多通道模块，分辨率不小于 16bit，最大采样频率应不小于 500kHz （5）信号拾取装置应采用 IEPE 传感器 （6）接收系统频响范围应适用于频率在 1kHz~70kHz 的信号采样 （7）检测设备软件性能：数据采集应具有基本状态自检功能，可双通道测试；数据处理具备滤波降噪、图像处理、图像输出功能；数据分析具备离散傅里叶变换快速算法（FFT）、最大熵算法（MEM）功能 （8）检测设备检定/校准要求：检测设备检定/校准有效期为 1 年，在检定/校准有效期内当设备维修或升级改造后，应重新检定/校准
纵向预应力孔道灌浆密实度检测	1. 定性测试 利用锚索两端露出的钢绞线进行测试，测试效率高 2. 定位测试 沿着管道的上方或侧方，以扫描的形式连续测试（激振和收信），通过反射信号的特性测试管道内灌浆的状况 纵向扫描　　　　竖向扫描 ★：激振点　◎：传感器　----→：测线 0.1~0.5m　0.05~0.1m
横（竖）向预应力孔道灌浆密实度检测	横（竖）向预应力孔道灌浆密实度的检测方法与岩锚杆测试类似。所不同的是，在桥梁中，横向预应力常常采用的是锚索 （1）基于振动频率的测试方法（振动频率法 VDFM） （2）基于能量衰减的测试方法（局部衰减法 LAEA）
孔道定位	无论是灌浆检测还是进行补浆处理，对波纹管的位置进行准确定位都是必要的。尽管在设计时对波纹管的位置有严格的要求，但在实际的工程中，波纹管位置出现较大偏差的现象并不少见。建议如下： （1）尽量选择与波纹管较近且较为平整的测试面，并选择合适的激振锤 （2）对于不明结构可对多个面进行测试并相互印证

请根据检测规程完善仪器设备及要求，会检查仪器

（续）

检测流程	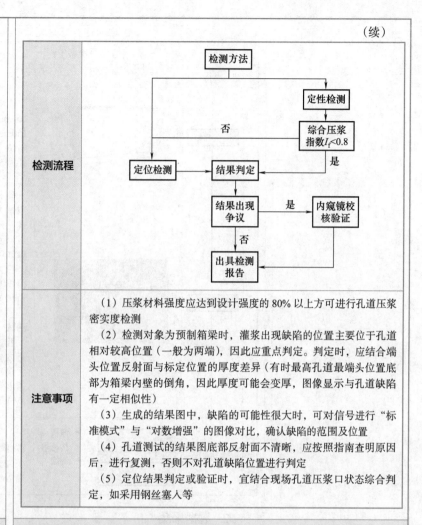
注意事项	（1）压浆材料强度应达到设计强度的 80% 以上方可进行孔道压浆密实度检测 （2）检测对象为预制箱梁时，灌浆出现缺陷的位置主要位于孔道相对较高位置（一般为两端），因此应重点判定。判定时，应结合端头位置反射面与标定位置的厚度差异（有时最高孔道最端头位置底部为箱梁内壁的倒角，因此厚度可能会变厚，图像显示与孔道缺陷有一定相似性） （3）生成的结果图中，缺陷的可能性很大时，可对信号进行"标准模式"与"对数增强"的图像对比，确认缺陷的范围及位置 （4）孔道测试的结果图底部反射面不清晰，应按照指南查明原因后，进行复测，否则不对孔道缺陷位置进行判定 （5）定位结果判定或验证时，宜结合现场孔道压浆口状态综合判定，如采用钢丝塞入等

重点记录

笔记：主要记录检测步骤要点及注意事项

任务实施

1. 准备工作

准备工作			
	流程	照片	具体说明
1	准备孔道灌浆缺陷定位仪	仪器主机 冲击锤/传感器　电荷线缆 打击锤	（1）仪器主机将电信号转化为数字信号。计算机进行数据存储及处理 （2）收信装置（ICP 型、可搭配支座使用） （3）打击锤上面有小孔的为冲击锤，冲击锤可以当作打击锤使用 （4）电荷线缆用于连接传感器与主机

（续）

准备工作		
流程	照片	具体说明
2 模型介绍	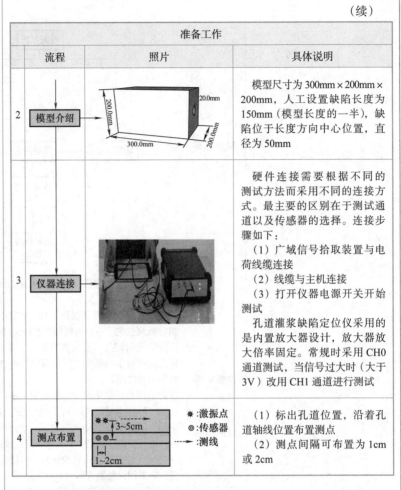	模型尺寸为 300mm × 200mm × 200mm，人工设置缺陷长度为 150mm（模型长度的一半），缺陷位于长度方向中心位置，直径为 50mm
3 仪器连接		硬件连接需要根据不同的测试方法而采用不同的连接方式。最主要的区别在于测试通道以及传感器的选择。连接步骤如下： （1）广域信号拾取装置与电荷线缆连接 （2）线缆与主机连接 （3）打开仪器电源开关开始测试 孔道灌浆缺陷定位仪采用的是内置放大器设计，放大器放大倍率固定。常规时采用 CH0 通道测试，当信号过大时（大于3V）改用 CH1 通道进行测试
4 测点布置	✳：激振点 ◎：传感器 ---：测线 3~5cm 1~2cm	（1）标出孔道位置，沿着孔道轴线位置布置测点 （2）测点间隔可布置为 1cm 或 2cm

2. 数据采集

数据采集		
流程	照片	具体说明
1 打开数据采集软件	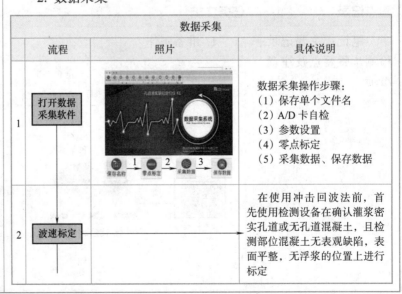	数据采集操作步骤： （1）保存单个文件名 （2）A/D 卡自检 （3）参数设置 （4）零点标定 （5）采集数据、保存数据
2 波速标定		在使用冲击回波法前，首先使用检测设备在确认灌浆密实孔道或无孔道混凝土，且检测部位混凝土无表观缺陷，表面平整，无浮浆的位置上进行标定

（续）

数据采集		
流程	照片	具体说明
3　数据采集	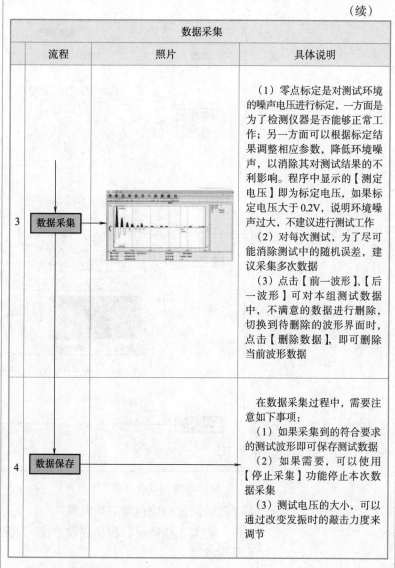	（1）零点标定是对测试环境的噪声电压进行标定，一方面是为了检测仪器是否能够正常工作；另一方面可以根据标定结果调整相应参数，降低环境噪声，以消除其对测试结果的不利影响。程序中显示的【测定电压】即为标定电压，如果标定电压大于0.2V，说明环境噪声过大，不建议进行测试工作 （2）对每次测试，为了尽可能消除测试中的随机误差，建议采集多次数据 （3）点击【前一波形】【后一波形】可对本组测试数据中，不满意的数据进行删除，切换到待删除的波形界面时，点击【删除数据】，即可删除当前波形数据
4　数据保存		在数据采集过程中，需要注意如下事项： （1）如果采集到的符合要求的测试波形即可保存测试数据 （2）如果需要，可以使用【停止采集】功能停止本次数据采集 （3）测试电压的大小，可以通过改变发振时的敲击力度来调节

3. 数据解析

数据解析		
流程	照片	具体说明
1　启动数据解析软件	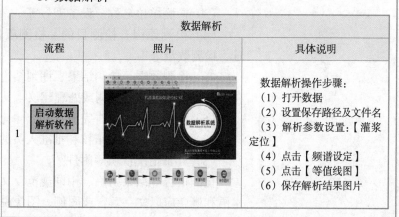	数据解析操作步骤： （1）打开数据 （2）设置保存路径及文件名 （3）解析参数设置：【灌浆定位】 （4）点击【频谱设定】 （5）点击【等值线图】 （6）保存解析结果图片

(续)

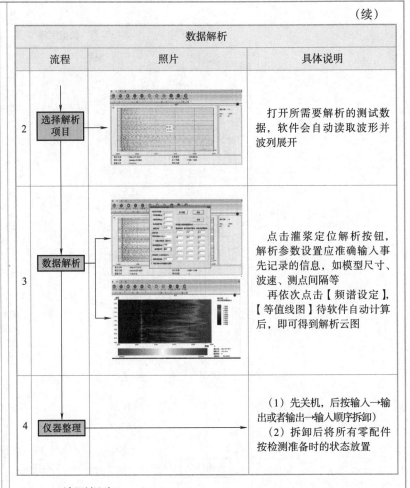

数据解析		
流程	照片	具体说明
2 选择解析项目		打开所需要解析的测试数据，软件会自动读取波形并波列展开
3 数据解析		点击灌浆定位解析按钮，解析参数设置应准确输入事先记录的信息，如模型尺寸、波速、测点间隔等 再依次点击【频谱设定】、【等值线图】待软件自动计算后，即可得到解析云图
4 仪器整理		（1）先关机，后按输入→输出或者输出→输入顺序拆卸） （2）拆卸后将所有零配件按检测准备时的状态放置

4. 检测报告

检测报告应包括下列内容：

（1）工程概况，包括建设单位、工程名称、结构形式、规模及现状等

（2）委托单位、设计单位、施工单位及监理单位名称

（3）检测单位名称、设备型号等

（4）检测原因、检测目的、检测项目、检测方法、检测位置、检测数量等

（5）检测数据、检测结果、评判结论，如检测结论判定为存在缺陷，应给出相关检测或处理建议

（6）检测日期、报告完成日期

（7）主检、编写、审核和批准人员的签名

（8）异常情况说明等附件

检测报告应结果明确、用词规范、文字简练，对容易混淆的术语和概念应以文字解释或图例、图像说明

请完成冲击弹性波法孔道灌浆密实度检测报告并提交	冲击弹性波法孔道灌浆密实度检测报告							
	施工/委托单位							
	工程名称				委托/任务编号			
	工程地点				检测编号			
	工程信息				结构形式			
	检测依据				委托日期			
	判定依据				试验检测日期			
	主要仪器设备名称及编号							
	检测位置				检测数量			
	冲击弹性波法定位检测结果							
	序号	测试项目	孔道编号	孔道直径/cm	孔道埋深/cm	测试长度/cm	测点间距/cm	板厚/m	波速/缺陷长度/m
	1	波速标定							
	2	缺陷定位							
	检测结果							
	评判结论及建议							
	图像说明							
	附加声明	报告无本单位"专用章"无效；报告无三级审核无效；报告改动、换页无效；委托试验检测报告仅对来样负责；未经本单位书面授权，不得部分复制本报告或用于其他用途；若对本报告有异议，应于收到报告15个工作日内向本单位提出书面复议申请，逾期不予受理							
	检测：　　　　审核：　　　　批准：　　　　日期：							

综合提升	自我测验
请你在课后完成自我测验试题，以自我评定知识、技能、素养获得情况	**【单选】1.** （☆☆）下列对孔道压浆的时间、工艺等方面描述错误的是（　　） 　　A. 应尽早压浆，规范规定不宜超过 14 天 　　B. 由高向低压 　　C. 应采用活塞式压浆机，不得使用压缩空气 　　D. 压浆时排水孔、排气孔必须要有浓浆流出后封孔，水泥浆充分饱满；稳压不少于 2min **【单选】2.** （☆☆）定性检测全长波速法中，测试波速越接近钢绞线的波速，其孔道灌浆密实度指数（　　） 　　A. 越低　　　　B. 越高　　C. 不变　　D. 无规律 **【单选】3.** （☆☆）孔道压浆结束后容易出现缺陷的地方主要在孔道的（　　）位置 　　A. 上部　　　　B. 中部　　C. 下部　　D. 侧部 **【单选】4.** （☆☆）压浆缺陷对梁体的（　　）会产生不同程度的影响 　　A. 荷载　　　　B. 静载　　C. 承载力　　D. 强度 **【单选】5.** （☆☆）压浆密实度是指孔道内压浆料强度达到（　　）以上时，单位体积内浆体所占的比值 　　A. 50%　　　　B. 60%　　C. 70%　　D. 80% **【单选】6.** （☆☆）孔道压浆密实度检测主要以（　　）检测为主 　　A. 定位　　　　　　　　B. 定性 　　C. 定位为主、定性为辅　　D. 定性为主、定位为辅 **【单选】7.** （☆☆）首次施工、施工工艺改变、压浆材料或设备更换时，应对最初施工的（　　）进行压浆密实度检测 　　A. 3 片梁　　　　　　　　B. 1 片梁 　　C. 3 个孔道　　　　　　　D. 1 个孔道 **【多选】8.** （☆☆）下列对灌浆定位检测描述不正确的有（　　） 　　A. 用露出的锚索，在一端激发信号，另一端接收信号 　　B. 方法耗时较长，且受波纹管位置影响较大 　　C. 测试精度和对缺陷的分辨力较差 　　D. 通过分析在传播过程中信号的能量、频率、波速等参数 **【多选】9.** （☆☆）下列对孔道压浆重要性描述正确的有（　　） 　　A. 防止预应力钢束锈蚀、连接梁体分散应力 　　B. 固定钢绞线 　　C. 防止空气侵蚀、提高梁体强度 　　D. 增强锚具持荷 **【多选】10.** （☆☆）下列因素将影响灌浆密实度定性检测评定基准值的有（　　） 　　A. 结构类型　　　　　　B. 孔道所处位置 　　C. 孔道长度　　　　　　D. 波纹管类型 **【判断】11.** （☆☆）灌浆定性检测时，通过分析在传播过程中信号的能量、频率、波速等参数，判断孔道灌浆质量的优劣（　　） **【判断】12.** （☆☆）孔道压浆能保护钢绞线不腐蚀的主要原因是能隔绝空气、水等杂质与钢绞线的接触，避免电化学腐蚀的产生（　　）

【判断】13.（☆☆）定性检测在测试孔道压浆密实度时，可以通过一次采集的数据同时得到全长衰减法、全长波速法和传递函数法的检测结果（　　　）

【判断】14.（☆☆）孔道压浆的主要目的：为预应力筋和混凝土提供可靠的粘结力，保护预应力筋不受腐蚀（　　　）

任务评价	考核评价

考核评价

考核阶段	考核项目		占比（%）	方式	得分
过程评价（60%）	课前探究学习（20%）	课前学习态度（线上）	5	理论（师评）	
		课前任务完成情况（线上）	10	理论（师评）	
		课前任务成果提交（线上）	5	理论（师评）	
	课中内化（30%）	懂检测原理（线上＋线下）	5	理论＋技能（自评）	
		能运用规范编制检测计划	5	理论＋技能（自评）	
		能完成检测步骤	10	技能＋素质（师评＋自评）	
		会分析检测数据	5	技能＋素质（师评＋小组互评）	
		能提交质量报告	5	理论＋技能＋素质（师评＋小组互评）	
	课后提升（10%）	第二课堂	10	技能＋素质（自评＋小组互评）	
结果评价（40%）	综合能力评价（40%）	理论综合测试（参照1+X路桥 无损检测技能等级证书理论 考试形式展开）	20	理论获取证书结果	
		技能综合测试（参照1+X路桥 无损检测技能等级证书实操 考试形式展开）	20	技能＋素质获取证书结果	
教师根据学生的学习成果，在能力发展、质量意识、职业发展三个方面探索增值评价，对完成整个项目的学习情况进行动态综合评价					
增值评价	能力发展（学习、合作能力）	平台课前自主学习动态轨迹（师评）			
		提升自我的持续学习能力（师评＋小组互评）			
		融入小组团队合作的能力（小组互评）			
	质量意识	规范操作意识（自评＋小组互评）			
		实训室6S管理意识（师评＋小组互评）			

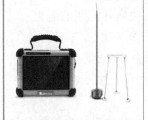

模块四　岩土材料

任务一　检测岩土材料回弹模量

🏠	工作任务	落球法检测岩土材料回弹模量
⊞	学时	2
✉	团队名称	

课前探究	任务引入

课前探究

根据已有专业知识，描述检测回弹模量的方法有哪些

任务引入

某已运营高速公路，经养护单位日常养护时发现，该路基承载力和弯沉等可能存在一定问题，养护单位现场采用贝克曼梁和承载板等方法对相关参数进行检测。因传统检测方法烦琐而复杂，受养护单位委托，某公司采用落球式回弹模量检测仪对其进行检测。将养护单位用贝克曼梁和承载板检测的位置，采用落球式回弹模量检测仪进行复测并对比结果

兴趣激发

落球式回弹模量检测的原理

任务情景

作为该试验检测机构技术人员，你和团队成员被安排去对该高速公路路基承载力及弯沉进行检测，通过检测前资料整理及收集，已清楚工程概况及检测现场位置，要求根据现场情况及测点布置要求利用落球式回弹模量检测仪进行检测，验证前期测试结果，出具检测报告，并对出现的问题制订整改方案

学习目标

请在本次工作任务结束之后在下面记录你的学习目标达成情况

教学目标

思政目标	培养学生吃苦耐劳、脚踏实地、风雨兼程、精益求精的路桥精神
知识目标	1. 熟悉落球法检测岩土回弹模量的目的、意义及适用范围 2. 掌握落球法的试验步骤及注意事项 3. 掌握检测测区确定方法、测点布置要求
技能目标	1. 会查阅检测规程、运用公路工程质量检验评定标准 2. 能按照检测规程在安全环境下正确使用仪器 3. 会根据操作规程确定检测的测区、布置测点 4. 会运用数据采集及分析软件采集、分析波形，判定岩土材料回弹模量 5. 能根据质量检验评定标准出具落球法检测报告

279

	素质目标	1. 具有严格遵守安全操作规程的态度 2. 具备认真的学习态度及解决实际问题的能力 3. 具有严谨、认真负责的工作态度
知识点提炼	**知识基础**	
笔记		

1. 检测意义

填方工程是道路、桥梁、铁路、水利、市政等工程的安全基础，也是各类基础建设的基础，填方工程的质量关系到整个工程的质量、进度、安全等，科学、合理的监控测试方法是保证填方工程施工的重要措施。近年来，随着高速铁路、高速公路的迅猛发展，行业对填方工程的质量要求日益严格，对现场测试、施工过程控制等的需求也日益广泛

填方工程的质量往往是通过岩土材料力学指标监督控制，岩土材料力学特性（包括刚性特性及强度特性）是其最为重要的性能指标。同时，由于岩土材料的力学特性受到很多因素的影响，如材料种类、级配、含水量、密度、碾压方式等，因此，开发一种能够现场测试岩土材料力学特性的简便可靠的方法也势在必行

填方工程所用的材料主要是岩土类材料，主要包括碎石、砂质土、黏质土以及水泥稳定土等材料，具有天然性、多样性、复杂性等特性。其中，材料的变形特性决定了其沉降特性，对于高速铁路、高速公路这样的长、大工程显得尤为重要。可见，保证填筑材料的变形特性的均匀性，对提高道路的耐久性具有极其重要的意义。此外，填方工程不仅体积浩大，而且具有较强的隐蔽性，一旦填筑到上层部位，其下层部位的质量就难以得到检测和监督，从而为一些不良业者提供了可乘之机。因此工程上一直期待着能在施工现场准确、直接、快速、方便地检测填土力学特性的有效方法

落球检测基于 Hertz 碰撞理论，可以快速、高精度地测试岩土材料的变形特性，能够大面积、全断面进行填土的施工质量监测，有效地杜绝偷工减料等不良行为，保证施工质量，具有巨大的社会效益和经济效益，为保证重大工程的建设质量有着非常重要的意义

2. 方法原理

如图 4-1 所示，通过金属的刚性球体落下，利用 Hertz 碰撞理论（也称 Hertz 弹性接触理论）并经过岩土材料的塑性修正，能够直接测定材料的：

落球测试原理视频

（1）变形模量 E

（2）回弹模量 E_{ur}

同时，根据弹性理论和相关经验公式，还可以推算：

（1）基床系数 K_{30}

（2）贝克曼弯沉 L_0

（3）物理指标（干密度、压实度、相对密度等）

（4）强度指标等

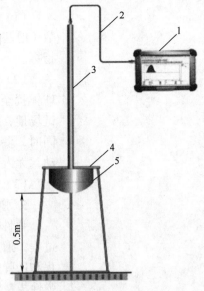

图 4-1 落球检测示意图

1—主机 2—电荷电缆 3—法兰把手
4—限位支架 5—球冠

3. 检测方法对比

检测方法	检测内容	特点
落锤式弯沉仪	动态弯沉、反算得到动态模量	构造较为复杂
手持式落锤弯沉仪	动态弹性模量	误差范围大、荷载水平小
CBR	加州承载比，表示材料强度	仪器较为复杂，且无法真实反映动态承载情况
贝克曼梁弯沉仪	回弹弯沉值，推算回弹模量	仪器构件庞大，对构件型号等要求严苛，不便普及
K_{30}	300mm 的刚性承载板进行静压平板载荷试验	仪器构件复杂，实施环境要求较高，且无法真实反映动态承载情况
落球式岩土力学测试仪	动态回弹模量，压缩模量，推算 CBR、K_{30}、内摩擦角等物理指标	实施方便，可真实反映大范围动态承载情况，且可做均匀性评价检测

4. 方法特点

（1）集成度高 该方法集成了变形模量、回弹模量、基床系数（地基系数）K_{30} 和贝克曼弯沉。同时，还可以推算其他物理指标

（2）测试效率和测试精度的平衡 测试作业非常简单，仅将球体提至一定高度（标准为 0.5m）自由落下即可。无须平整测试场地，也不必刻意挑选测试位置，每个测点的时间低于 3min。同时，测试精度满足工程的要求，客观性高，解析作业为全自动，无人为误差

（3）快速图形化机能 本方法测试效率很高，可以成片地测试

5. 弹性模量计算

弹性模量可根据测试碰撞体与路基碰撞时的加速度—时间过程，通过 Hertz 碰撞理论计算得到。该碰撞过程可分为压缩过程和回弹过程（图 4-2），因此可以分别计算出压缩时和回弹时的弹性模量。对于碾压后的路基材料，由于反复加载、卸载，其压缩过程和回弹过程的时间差异相对较小，所以本方法中回弹模量的计算直接采用整个碰撞接触时间各测点的回弹模量及压缩模量，如图 4-3、图 4-4 所示波形图。模量计算分别按式（4-1）和式（4-2）进行计算，参见图 4-2~图 4-4

（1）模量计算

$$E_{li} = \frac{K(1-\mu_s^2)m_f E_f}{0.0719 E_f \sqrt{R_f v_0}\, T_c^{2.5} - m_f(1-\mu_f^2)} \tag{4-1}$$

$$E_{si} = \frac{K(1-\mu_s^2)m_f E_f}{0.0719 E_f \sqrt{R_f v_0}\, (2T_{cc})^{2.5} - m_f(1-\mu_f^2)} \tag{4-2}$$

式中　K——材料修正系数

　　　μ_s——路基材料的泊松比

　　　μ_f——（不锈钢）泊松比，取 0.3

　　　m_f——碰撞体的质量（kg），取 19.1kg

　　　E_f——碰撞体材料（不锈钢）的变形模量（MPa），取 200×10^3MPa

　　　T_c——碰撞接触时间（s）

　　　T_{cc}——碰撞压缩过程时间（s）

　　　R_f——自由下落球体的曲率半径（m），为 0.12m

$$v_0 = \sqrt{2gH} \tag{4-3}$$

　　　v_0——自由下落球体与被碰撞对象碰撞时的速度（m/s）

　　　g——重力加速度，取 9.80m/s²

　　　H——球体的下落高度（m），为 0.5m 时，V_0=3.10m/s

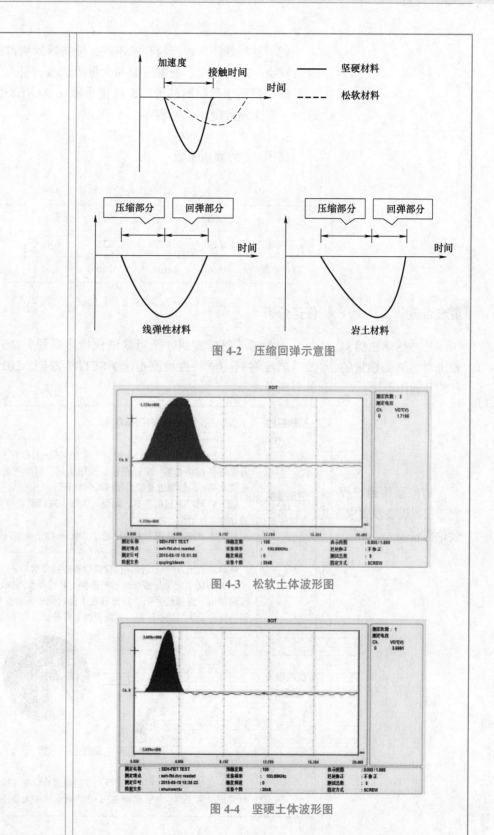

图 4-2 压缩回弹示意图

图 4-3 松软土体波形图

图 4-4 坚硬土体波形图

（2）材料修正　由于粒径的不同，使得落球测得的变形模量也会发生一定的变化。根据所做的大量的试验，引入了相应的修正系数。根据土质材料的种类，修正系数在 0.6~1.1 之间，粒径越大，修正系数越小，见表 4-1

$$E^*=kE$$

其中，k 为修正系数

表 4-1　不同泊松比材料修正系数

材料	砾石	砂石	粉砂	黏土	水泥稳定土
泊松比	0.20	0.30	0.35	0.40	0.20
修正系数	0.66	0.85	0.90	1.00	0.70

重难点初探

　　熟悉落球法检测岩土材料回弹模量的目的及适用范围

　　请根据检测规程完善仪器设备及要求，会检查仪器

任务分析

　　请参考《落球式回弹模量测试仪检定规程》JJG 151—2020 及《岩土材料力学特性检测指南》SCIT-1-ZN-12-2019-C 完成任务分析单

检测目的	落球法检测岩土材料回弹模量
适用范围	（1）适用于填方工程岩土材料（黏土、粉土、砂石土、砾石土等）力学特性相关参数（回弹模量、压缩模量、回弹弯沉、K_{30}、CBR、压实度等）的检测以及铺装碾压均匀性评价 （2）检测对象包括路基、路堤、大坝、基坑回填等岩土材料填筑的分部工程结构 （3）本方法不适用于大粒径超过 100mm 的土质路基模量测试
仪器设备及要求	落球式岩土力学特性测试仪仪器设备连接要求： （1）将法兰把手与落球球冠相连接，并使用专用固定螺钉将两者拧紧固定，保证法兰把手和球冠在下落过程中不会松动（注：传感器内置位于法兰把手底部，如需更换，打开法兰把手底部即可）  法兰把手与球冠连接示意图 （2）将法兰把手上部的电荷线与主机通道接口相连接，即可开始进行数据采集工作。注：落球主机 CH0 通道的放大器倍数为 0.05 倍，

（续）

仪器设备及要求	适用于检测硬质材料（如水泥稳定土等），CH1 通道的放大器倍数为 1 倍，适用于检测软质材料（如黏土、砂质土等） 法兰把手与主机连接示意图
测区布置与测点选择	**1. 均匀性评价（出图）测点布置** 需要对测试结果进行图像化表示时，需要按照图 4-5 所示顺序进行测试，若每个测点需要测试多次，相邻激振点距离不小于 0.5m。各测点的等价值作为该测点的特征值，作为图形处理的基础 图 4-5　测点布置 **2. 其他指标检测测点布置** 当检测某位置的检测结果时，对某一测点测试位置进行测量并进行评价时，各敲击的布置如图 4-6 所示 1m 图 4-6　测点布置
检测工作要求	（1）现场工作环境温度在 –10~45℃之间 （2）测试表面无明显积水或潮湿现象，无明显碎石等杂物，表面填筑材料较为均匀 （3）被测表面坡度小于 10° （4）测试现场附近无影响测试的施工作业、磁场、静电等
试验步骤	仪器连接　软件设置　数据采集　数据分析　出具报告

（续）

注意事项	（1）现场检测时，仪器操作人员点击开始采集数据后，激振人员才开始提高落球，达到对应高度后，直接松开法兰把手，尽量减少落锤在空中悬停时间 （2）测试过程使用限位支架时，提起法兰把手的速度不宜过快，否则球冠与支架会产生很强的碰撞，产生噪声信号容易触发产生噪声，导致误触发，同时在与地面接触点的限位支架支点处固定软质材料，避免支架被抬高，下落时与地面先接触，导致误触发（特别是连接放大倍数较大的 CH1 时） 1）测试时，严禁将脚放在测点位置 2）更换测点时，一般将支架与落球体分开移动 3）检测完成后，一般取下与主机连接的连接线缆即可，落球体无须拆卸 4）若需要对铺装进行物理指标的检测，需要事先建立干密度与变形模量之间的关系，即在落球检测位置附近进行干密度的检测（检测方法一般为挖坑灌砂法等），落球检测周围，中间进行干密度检测。或在落球检测位置的旁边 50cm 以外的区域进行干密度检测

重点记录

笔记：主要记录检测步骤要点及注意事项

任务实施

落球法检测岩土材料回弹模量检测流程：

1. 准备工作

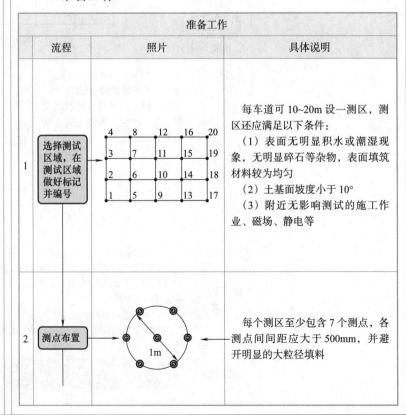

准备工作			
	流程	照片	具体说明
1	选择测试区域，在测试区域做好标记并编号		每车道可 10~20m 设一测区，测区还应满足以下条件： （1）表面无明显积水或潮湿现象，无明显碎石等杂物，表面填筑材料较为均匀 （2）土基面坡度小于 10° （3）附近无影响测试的施工作业、磁场、静电等
2	测点布置	1m	每个测区至少包含 7 个测点，各测点间间距应大于 500mm，并避开明显的大粒径填料

（续）

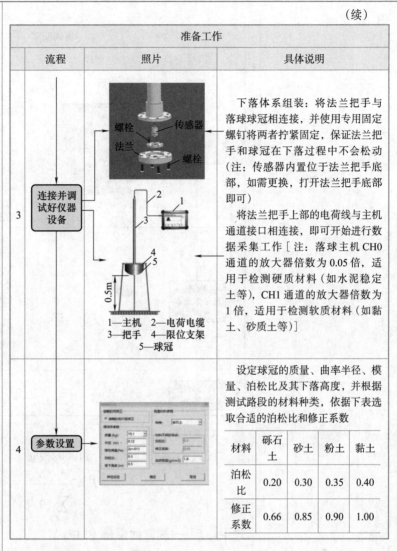

准备工作		
流程	照片	具体说明
3　连接并调试好仪器设备	螺栓　传感器 法兰　螺栓 2　1 3 4　5 0.5m 1—主机　2—电荷电缆 3—把手　4—限位支架 5—球冠	下落体系组装：将法兰把手与落球球冠相连接，并使用专用固定螺钉将两者拧紧固定，保证法兰把手和球冠在下落过程中不会松动（注：传感器内置位于法兰把手底部，如需更换，打开法兰把手底部即可） 　将法兰把手上部的电荷线与主机通道接口相连接，即可开始进行数据采集工作［注：落球主机 CH0 通道的放大器倍数为 0.05 倍，适用于检测硬质材料（如水泥稳定土等），CH1 通道的放大器倍数为 1 倍，适用于检测软质材料（如黏土、砂质土等）］

设定球冠的质量、曲率半径、模量、泊松比及其下落高度，并根据测试路段的材料种类，依据下表选取合适的泊松比和修正系数

流程	照片（参数设置）	材料	砾石土	砂土	粉土	黏土
4　参数设置		泊松比	0.20	0.30	0.35	0.40
		修正系数	0.66	0.85	0.90	1.00

2. 测试步骤

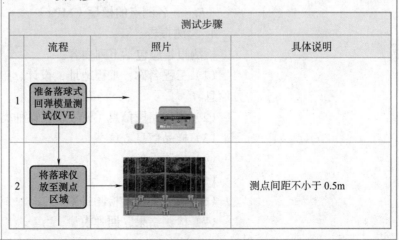

测试步骤		
流程	照片	具体说明
1　准备落球式回弹模量测试仪VE		
2　将落球仪放至测点区域		测点间距不小于 0.5m

(续)

测试步骤		
流程	照片	具体说明
3 球冠自由落体	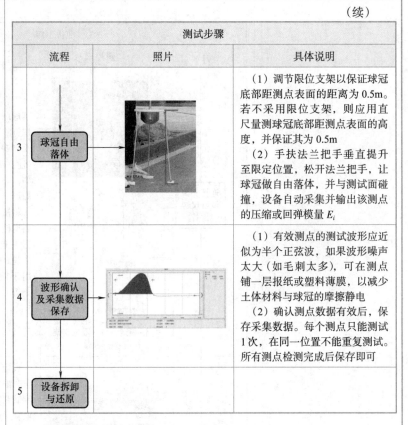	（1）调节限位支架以保证球冠底部距测点表面的距离为0.5m。若不采用限位支架，则应用直尺量测球冠底部距测点表面的高度，并保证其为0.5m （2）手扶法兰把手垂直提升至限定位置，松开法兰把手，让球冠做自由落体，并与测试面碰撞，设备自动采集并输出该测点的压缩或回弹模量 E_i
4 波形确认及采集数据保存		（1）有效测点的测试波形应近似为半个正弦波，如果波形噪声太大（如毛刺太多），可在测点铺一层报纸或塑料薄膜，以减少土体材料与球冠的摩擦静电 （2）确认测点数据有效后，保存采集数据。每个测点只能测试1次，在同一位置不能重复测试。所有测点检测完成后保存即可
5 设备拆卸与还原		

3. 数据处理

按式（4-4）计算每个测区的模量

$$\overline{E} = \frac{N}{\sum\limits_{i=1}^{N}(1/E_i)}$$

(4-4)

式中　$\overline{E}$——测区的模量（MPa）

　　　N——测点数

　　　E_i——各测点的模量（MPa）

4. 检测报告

检测报告应包括下列内容：

（1）工程名称，工程地址，设计、施工、监理、建设和委托方信息

（2）测试路段信息（桩号、材料种类等）

（3）样品信息

（4）检测设备

（5）检测依据

（6）检测人员及检测日期

（7）检测结果，回弹模量

落球法检测岩土材料回弹模量检测报告

施工 / 委托单位				
工程名称		委托 / 任务编号		
工程地点		检测编号		
样品信息				
检测依据		委托日期		
判定依据		试验检测日期		
主要仪器设备名称及编号				

路基路面（回弹模量）检测结果

序号	测区桩号（单元编号）	基础特征	测试车道	材料粒径范围	材料种类	碾压方式	含水率状态	回弹模量
1								
2								
3								
4								

检测结论	
附加声明	回弹模量仅体现了等价值，压缩模量和测试平均值请参照检测报告。报告无本单位"专用章"无效；报告无三级审核无效；报告改动、换页无效；委托试验检测报告仅对来样负责；未经本单位书面授权，不得部分复制本报告或用于其他用途；若对本报告有异议，应于收到报告 15 个工作日内向本单位提出书面复议申请，逾期不予受理

检测：　　　　　审核：　　　　　批准：　　　　　日期：

综合提升

请你在课后完成自我测验试题，以自我评定知识、技能、素养获得情况

自我测验

【单选】1.（☆☆）落球检测试验（FBT）是通过测试碰撞过程中的（　　）指标来计算岩体的变形特性
A. 加速度　　　　　　　　　　B. 速度
C. 接触时间　　　　　　　　　D. 能量变化

【单选】2.（☆☆）采用 FBT 落球测试得到的动弹性模量与静测法相比（　　）
A. 相差不大　　　　　　　　　B. 完全一致
C. 差异较大　　　　　　　　　D. 更大

【单选】3.（☆☆）落球 FBT 试验依据的主要原理是（　　）
　　A. 赫兹碰撞原理　　　　　　B. 波的衍射原理
　　C. 惠更斯原理　　　　　　　D. 冲量定理

【单选】4.（☆☆）落球检测试验时，需要已知球体和被测材料的泊松比，但是泊松比对结果的影响（　　）
　　A. 较大　　　　　　　　　　B. 不影响
　　C. 很小　　　　　　　　　　D. 不确定影响情况

【单选】5.（☆☆）与承载板试验相比，落球测试的结果一般（　　），而且粒径越大的材料，其偏差程度往往也越高
　　A. 偏小　　　　B. 一致　　　　C. 偏大　　　　D. 不确定

【单选】6.（☆☆）落球试验准备测试材料为黏土，需要设置的泊松比和修正系数是（　　）
　　A. 0.20 和 0.66　　　　　　B. 0.30 和 0.85
　　C. 0.35 和 0.90　　　　　　D. 0.40 和 1.00

【单选】7.（☆☆）长期以来，路面弯沉常用检测方法是贝克曼梁法，随着落锤式弯沉仪的普及，目前测试弯沉基本以落锤法为主，下列说法正确的是（　　）
　　A. 测试弯沉原理相同
　　B. 都需要加载汽车
　　C. 落锤为动态总弯沉、贝克曼梁为静态回弹弯沉
　　D. 落锤测试以人工操作为主，效率低

【多选】8.（☆☆）落球测试可以检测及推出的参数有（　　）
　　A. 变形模量　　　　　　　　B. 回弹模量
　　C. 弯沉　　　　　　　　　　D. 含水量

【多选】9. 下列条件或材料不可以使用动态弹性模量测试仪 EVD 进行测试的有（　　）
　　A. 混凝土路面　　　　　　　B. 土基
　　C. 沥青路面　　　　　　　　D. 100mm 的碎石路面

【多选】10.（☆☆）以下关于平板载荷试验的叙述，正确的有（　　）
　　A. 影响深度不超过两倍承压板宽度
　　B. 只能用于地表浅层地基土
　　C. 精度较高，试验变形与实际情况接近，测得的参数很准确
　　D. 尺寸小的刚性承压板下土的应力状态复杂，求得弹性模量只是近似解

【判断】11.（☆☆）落球在测试过程中，计算接触的时间，便可求得土体的弹性模量。其中，泊松比不影响检测结果，可以不用设置（　　）

【判断】12.（☆☆）岩土材料压缩系数和回弹系数的差别较大，需要将压缩过程和回弹过程合并计算（　　）

【判断】13.（☆☆）岩土材料大致可分为岩石材料和土质材料。其中，岩石材料体积大、刚性和强度高，而土质材料则粒径小、松散，且刚性和强度低（　　）

【判断】14.（☆☆）在道路、堤防等填方工程中，控制填筑质量的一个重要指标就是材料的干密度或压实度（　　）

任务评价

考核评价

考核阶段	考核项目		占比(%)	方式	得分
过程评价(60%)	课前探究学习(20%)	课前学习态度(线上)	5	理论(师评)	
		课前任务完成情况(线上)	10	理论(师评)	
		课前任务成果提交(线上)	5	理论(师评)	
	课中内化(30%)	懂检测原理(线上+线下)	5	理论+技能(自评)	
		能运用规范编制检测计划	5	理论+技能(自评)	
		能完成检测步骤	10	技能+素质(师评+自评)	
		会分析检测数据	5	技能+素质(师评+小组互评)	
		能提交质量报告	5	理论+技能+素质(师评+小组互评)	
	课后提升(10%)	第二课堂	10	技能+素质(自评+小组互评)	
结果评价(40%)	综合能力评价(40%)	理论综合测试(参照1+X 路桥 无损检测技能等级证书理论 考试形式展开)	20	理论 获取证书结果	
		技能综合测试(参照1+X 路桥 无损检测技能等级证书实操 考试形式展开)	20	技能+素质 获取证书结果	

教师根据学生的学习成果,在能力发展、质量意识、职业发展三个方面探索增值评价,对完成整个项目的学习情况进行动态综合评价

增值评价	能力发展(学习、合作能力)	平台课前自主学习动态轨迹(师评)
		提升自我的持续学习能力(师评+小组互评)
		融入小组团队合作的能力(小组互评)
	质量意识	规范操作意识(自评+小组互评)
		实训室6S 管理意识(师评+小组互评)

模块四　岩土材料

任务二　岩石材料波速测定

	工作任务	超声透射法测定岩体波速
🏠		
🗓	学时	2
✉	团队名称	

课前探究	任务引入

课前探究

测定岩体波速是为了评定岩石的什么性能

任务引入

受某隧道工程建设项目业主委托，有一批岩石样品需要进行波速检测，以评定岩石综合性能，所有样本均已命名及编号

兴趣激发

测定岩体波速的方法有哪些

任务情景

作为该试验检测机构技术人员，你们收到了来自该隧道项目的岩体样本来样，通过检测前资料整理及收集，已清楚工程概况及现场结构物技术资料，要求根据利用超声透射法检测样品岩体波速，并对样本性能进行评价，出具检测报告

学习目标

请在本次工作任务结束之后在下面记录你的学习目标达成情况

教学目标

思政目标	培养学生吃苦耐劳、脚踏实地、风雨兼程、精益求精的路桥精神
知识目标	1. 熟悉超声透射法测定岩体波速的目的、意义及适用范围 2. 掌握超声透射法测定岩体波速的试验步骤及注意事项 3. 掌握检测测区确定方法、测点布置要求
技能目标	1. 会查阅检测规程、运用公路工程质量检验评定标准 2. 能按照检测规程在安全环境下正确使用仪器 3. 会根据操作规程确定检测的测区、布置测点 4. 会运用数据采集及分析软件采集、分析波形，判定岩体波速 5. 能根据质量检验评定标准出具检测报告

	素质目标	1. 具有严格遵守安全操作规程的态度 2. 具备认真的学习态度及解决实际问题的能力 3. 具有严谨、认真负责的工作态度
知识点提炼	**知识基础**	
笔记	**1. 概述** 岩体的弹性波速度是岩体物理力学性质的重要指标，与岩体质量的一系列地质因素有着密切的关系。它不仅取决于岩体本身的强度，也与岩体结构的发育程度、组合形态、矿物组成和密实度、裂缝宽度及充填物质等均有关系 **2. 检测方法** 岩体弹性波波速测定与混凝土中弹性波波速的测定方法相同，具体包括岩块（试件）和岩体的测定。根据岩块和岩体弹性波波速的差别还可以进行岩体分级 现场测定可以在巷道表面或平坦的岩面上测定，可以采用单孔测试或跨孔测试。在岩体测试中所采用的波包括超声波和冲击弹性波。其中，超声波的有效测试距离一般在 1m 以内，而弹性波可达数十米。工程上常采用跨孔法测试。测试分为对测与斜测等，如图 4-7 所示 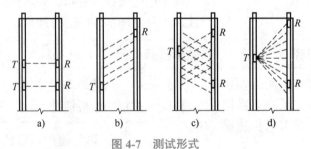 图 4-7　测试形式 a）对测　b）斜测　c）交叉斜测　d）扇形扫描测 **3. 方法原理** （1）冲击回波法　在试样的同一个端面进行激振和接收，根据频率和试样长度进行波速测定。冲击回波法所采用的波为冲击弹性波，其频率一般为数十 kHz，其得到的波速为一维波速 V_{p1e} $$V_{p1e}=2D/T \qquad (4\text{-}5)$$ （2）超声法（透射法）　把振源和接收器放在岩块试件的两端，通过时间差和试样长度来推算 P 波波速。考虑到试样长度一般较短，因此透射法通常用超声波，其频率一般为数百 kHz 以上，此时得到的超声波速为三维波速 V_{p3u} $$V_{p3u}=L/\Delta t \qquad (4\text{-}6)$$

一般来说 V_{p3u} 要比 V_{p1e} 快 10%~20%

冲击回波法与超声法原理如图 4-8 所示

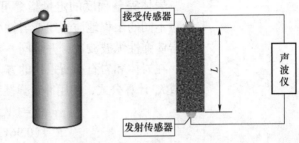

图 4-8 冲击回波法与超声法原理示意图

4. 影响因素

岩体的弹性波波速检测分析时，必须考虑到影响岩体波速的因素。主要包含：

（1）岩体软硬程度的影响

（2）岩石密度影响

（3）裂隙或夹层影响

（4）孔隙率和吸水率的影响　随着有效孔隙率的增加，纵波波速会急剧下降；随着吸水率的增加，纵波波速也会急剧下降

（5）各向异性性质影响　岩体因成岩条件、结构面和地应力等原因而具有各向异性

（6）岩体受压应力的影响　岩体弹性波波速与岩体受压应力有关

5. 常见岩体波速范围

常见岩体波速范围见表 4-2

表 4-2　常见岩体波速范围

岩石名称	纵波波速 /（m/s）	岩石名称	纵波波速 /（m/s）
片麻岩	3700~6700	石英岩	3300~6500
页岩	1330~4600	燧岩	3000~5600
砂岩	1500~4800	辉绿岩	5200~6700
粉砂岩	3400	花岗岩	3000~6500
大理石	3500~6000	玄武岩	3000~7500
石灰岩	2000~6700	闪长岩	5700~6450

6. 岩体完整性评价

岩体的完整性程度是决定岩体基本质量的一个重要因素，应该采用定性划分和定量指标两种方法进行确定。岩体完整性定性划分应根据结构面发育程度（包括主要结构面组数及其平均间

距）、主要结构面的结合程度、主要结构面类型及其相应结构类型等进行综合判定

岩体完整程度的定量指标可采用岩体完整性指数 K_v，K_v 应针对不同的工程地质岩组或岩性段，选择有代表性的点、段，测定岩体弹性纵波波速，并在同一岩体取样测定岩石弹性纵波波速

在岩体和岩石上所采用的方法必须一致。式（4-7）为完整性指数 K_v 计算公式，使用冲击弹性波时，K_v 需按式（4-8）修正。

$$K_v = (V_{pm}/V_{pt})^2 \qquad (4\text{-}7)$$

$$K_v = (0.96V_{p3em}/V_{p1et})^2 \qquad (4\text{-}8)$$

式中 V_{pm}——岩体（实体）超声弹性纵波波速（km/s）

　　　V_{pt}——岩石（试件）超声弹性纵波波速（km/s）

　　　V_{p3em}——岩体（实体）弹性波透射法弹性纵波波速（km/s）

　　　V_{p1et}——岩石（试件）冲击回波法弹性纵波波速（km/s）

岩体完整性指数判定见表 4-3

表 4-3　岩体完整性指数判定表

完整程度	完整	较完整	较破碎	破碎	极破碎
K_v	>0.75	0.75~0.55	0.55~0.35	0.35~0.15	<0.15

重难点初探

熟悉超声透射法检测岩体材料波速的目的及适用范围

请根据检测规程完善仪器设备及要求，会检查仪器

任务分析

检测目的	测定岩体材料波速
适用范围	主要用于检测岩体的动泊松比、动弹性模量、动刚性模量、动剪切模量、动拉梅系数、动体积模量、岩体的风化系数、跨孔法及单孔一发双收进行地质勘察、地质裂缝检测、岩体状态及隧道围岩松动圈检测等

仪器设备及要求	名称	外观	基本要求
	仪器主机	指示灯　显示屏　挂环　光电旋钮　键盘	发射口用于连接____，用于输出激励换能器的高压脉冲　接收口与接收换能器相连，通过仪器接收通道接收透过的超声波信号
	换能器		岩体波速测定使用的换能器。与振动传感器相比，它具有_____的优点

（续）

熟记使用前的准备工作要求	使用前的准备工作	1. 连接换能器 在仪器发射口与接收口（1或2）分别连接发射、接收换能器 2. 连接电源 （1）使用交流电源：将交流供电电源插头插入220V交流电源插座，圆头插头一端插入仪器电源插座 （2）外接直流电源供电：直接将仪器电池的圆头插头一端插入仪器电源 （3）直接使用仪器内部的充电电池供电 3. 开机 按下仪器电源开关，电源指示灯显示绿色，并发出"嘀"的响声，几秒钟后，屏幕显示系统主界面。用▲、▼键在各个功能模块中循环选择，或者用◄、►键在左右两个功能模块中进行切换，把选择框移到功能按钮上时，按钮字的颜色为红色，此时按确认键进入相应的功能模块。SRU-PST岩土声波测试仪，包含五个功能模块，分别是岩体参数检测、岩体（混凝土）缺陷检测、裂缝深度检测、超声检测和系统设置，选择超声检测 
	检测流程	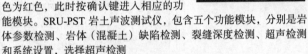
	注意事项	（1）仪器在搬运过程中应防止剧烈振动 （2）工作环境温度应在0~40℃ （3）使用时尽量避开电焊机、电锯等强电磁场干扰源 （4）在潮湿、灰尘、腐蚀性气体环境中使用时应加必要的防护措施 （5）仪器应放在通风、阴凉、干燥（相对湿度小于80%）、室温环境下保存，若长期不使用应定期通电开机检查

重点记录

笔记：主要记录检测步骤要点及注意事项

任务实施

岩体材料波速测定检测流程：

1. 进入超声检测模块

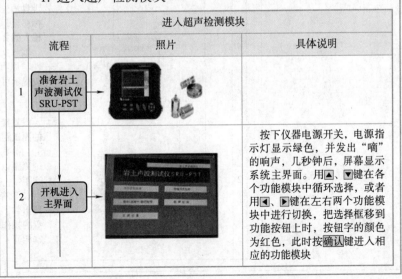

（续）

进入超声检测模块		
流程	照片	具体说明
3　选择超声检测模块	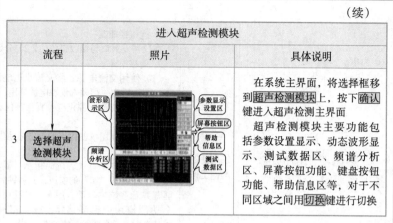	在系统主界面，将选择框移到超声检测模块上，按下确认键进入超声检测主界面 　　超声检测模块主要功能包括参数设置显示、动态波形显示、测试数据区、频谱分析区、屏幕按钮功能、键盘按钮功能、帮助信息区等，对于不同区域之间用切换键进行切换

2. 参数的设置

参数的设置		
流程	照片	具体说明
1　文件	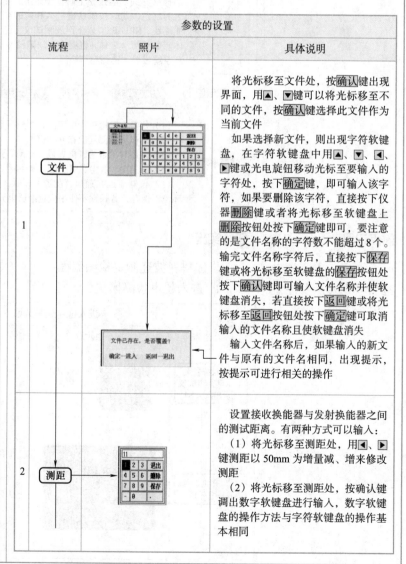	将光标移至文件处，按确认键出现界面，用▲、▼键可以将光标移至不同的文件，按确认键选择此文件作为当前文件 　　如果选择新文件，则出现字符软键盘，在字符软键盘中用▲、▼、◀、▶键或光电旋钮移动光标至要输入的字符处，按下确定键，即可输入该字符，如果要删除该字符，直接按下仪器删除键或者将光标移至软键盘上删除按钮处按下确定键即可，要注意的是文件名称的字符数不能超过8个。输完文件名称字符后，直接按下保存键或将光标移至软键盘的保存按钮处按下确认键即可输入文件名称并使软键盘消失，若直接按下返回键或将光标移至返回按钮处按下确定键可取消输入的文件名称且使软键盘消失 　　输入文件名称后，如果输入的新文件与原有的文件名相同，出现提示，按提示可进行相关的操作
2　测距		设置接收换能器与发射换能器之间的测试距离。有两种方式可以输入： 　　（1）将光标移至测距处，用◀、▶键测距以50mm为增量减、增来修改测距 　　（2）将光标移至测距处，按确认键调出数字软键盘进行输入，数字软键盘的操作方法与字符软键盘的操作基本相同

（续）

参数的设置		
流程	照片	具体说明
3 通道	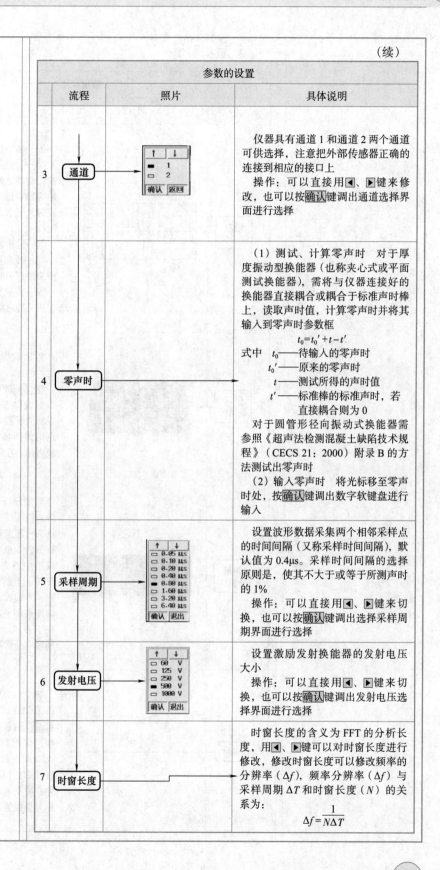	仪器具有通道1和通道2两个通道可供选择，注意把外部传感器正确的连接到相应的接口上 操作：可以直接用◀、▶键来修改，也可以按确认键调出通道选择界面进行选择
4 零声时		（1）测试、计算零声时　对于厚度振动型换能器（也称夹心式或平面测试换能器），需将与仪器连接好的换能器直接耦合或耦合于标准声时棒上，读取声时值，计算零声时并将其输入到零声时参数框 $$t_0=t_0'+t-t'$$ 式中　t_0——待输入的零声时 　　　t_0'——原来的零声时 　　　t——测试所得的声时值 　　　t'——标准棒的标准声时，若直接耦合则为0 对于圆管形径向振动式换能器需参照《超声法检测混凝土缺陷技术规程》（CECS 21：2000）附录B的方法测试出零声时 （2）输入零声时　将光标移至零声时处，按确认键调出数字软键盘进行输入
5 采样周期		设置波形数据采集两个相邻采样点的时间间隔（又称采样时间间隔），默认值为0.4μs。采样时间间隔的选择原则是，使其不大于或等于所测声时的1% 操作：可以直接用◀、▶键来切换，也可以按确认键调出选择采样周期界面进行选择
6 发射电压		设置激励发射换能器的发射电压大小 操作：可以直接用◀、▶键来切换，也可以按确认键调出发射电压选择界面进行选择
7 时窗长度		时窗长度的含义为FFT的分析长度，用◀、▶键可以对时窗长度进行修改，修改时窗长度可以修改频率的分辨率（Δf），频率分辨率（Δf）与采样周期ΔT和时窗长度（N）的关系为： $$\Delta f=\frac{1}{N\Delta T}$$

3. 数据采集

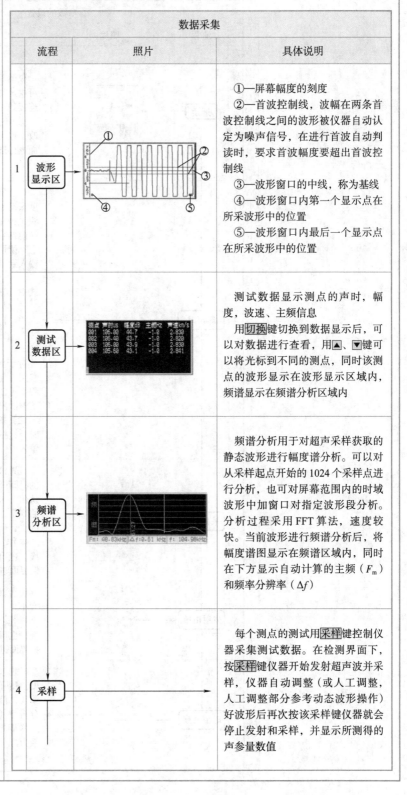

数据采集		
流程	照片	具体说明
1 波形显示区		①—屏幕幅度的刻度 ②—首波控制线，波幅在两条首波控制线之间的波形被仪器自动认定为噪声信号，在进行首波自动判读时，要求首波幅度要超出首波控制线 ③—波形窗口的中线，称为基线 ④—波形窗口内第一个显示点在所采波形中的位置 ⑤—波形窗口内最后一个显示点在所采波形中的位置
2 测试数据区		测试数据显示测点的声时，幅度，波速、主频信息 用切换键切换到数据显示后，可以对数据进行查看，用▲、▼键可以将光标到不同的测点，同时该测点的波形显示在波形显示区域内，频谱显示在频谱分析区域内
3 频谱分析区		频谱分析用于对超声采样获取的静态波形进行幅度谱分析。可以对从采样起点开始的1024个采样点进行分析，也可对屏幕范围内的时域波形中加窗口对指定波形段分析。分析过程采用FFT算法，速度较快。当前波形进行频谱分析后，将幅度谱图显示在频谱区域内，同时在下方显示自动计算的主频（F_m）和频率分辨率（Δf）
4 采样		每个测点的测试用采样键控制仪器采集测试数据。在检测界面下，按采样键仪器开始发射超声波并采样，仪器自动调整（或人工调整，人工调整部分参考动态波形操作）好波形后再次按该采样键仪器就会停止发射和采样，并显示所测得的声参量数值

（续）

数据采集		
流程	照片	具体说明
5 保存	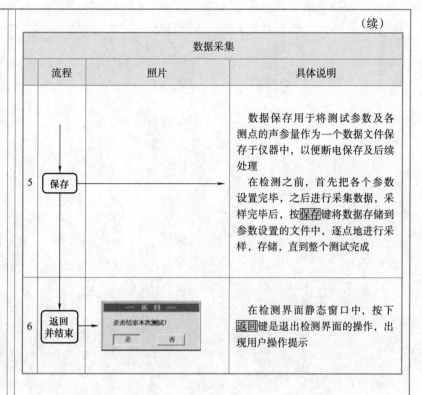	数据保存用于将测试参数及各测点的声参量作为一个数据文件保存于仪器中，以便断电保存及后续处理 在检测之前，首先把各个参数设置完毕，之后进行采集数据，采样完毕后，按保存键将数据存储到参数设置的文件中，逐点地进行采样，存储，直到整个测试完成
6 返回并结束		在检测界面静态窗口中，按下返回键是退出检测界面的操作，出现用户操作提示

4. 检测报告

检测报告应包括下列内容：

（1）工程名称，工程地址，设计、施工、监理、建设和委托方信息

（2）测仪器零延时

（3）样品信息

（4）检测设备

（5）检测依据

（6）检测人员及检测日期

（7）检测结果，纵波波速

岩块声波速度测试检测报告

施工 / 委托单位						
工程名称			委托 / 任务编号			
工程地点			检测编号			
样品信息						
检测依据			委托日期			
判定依据			试验检测日期			
主要仪器设备名称及编号			仪器零延时 /μs			

岩块声波速度测试检测结果

岩石名称	含水状态	试件编号	端面间距 /mm		纵波测试时的仪器读数 /μs	纵波传播时间 /μs	纵波波速 / (km/s)	
			测定值	平均值			单值	平均值
试样描述								
检测结论								
附加声明	报告无本单位"专用章"无效；报告无三级审核无效；报告改动、换页无效；委托试验检测报告仅对来样负责；未经本单位书面授权，不得部分复制本报告或用于其他用途；若对本报告有异议，应于收到报告 15 个工作日内向本单位提出书面复议申请，逾期不予受理							

检测：　　　　　　审核：　　　　　批准：　　　　　　　日期：

综合提升

请你在课后完成自我测验试题，以自我评定知识、技能、素养获得情况

自我测验

【单选】1.（☆☆）在岩体测试中所采用的波有超声波和冲击弹性波。其中，冲击弹性波的有效测试距离一般在（　　）以内

A. 1m　　　　　B. 5m　　　　　C. 10m　　　　D. 数十米

【单选】2.（☆☆）岩体弹性波波速与岩体受压应力有关。随着压力的增大，纵波的波速随之（　　）

A. 减小　　　　B. 不变　　　　C. 增大　　　　D. 不确定

【单选】3.（☆☆）水不具备（　　），因此横波在水中无法传播。横波几乎不受水的影响，从而更能反映材料的力学特性

A. 剪切刚性　　　　　　　　B. 转动刚度

C. 弹性模量　　　　　　　　D. 杨氏模量

【单选】4.（☆☆）R波的波速比横波（　　），主要受材料的剪切刚性影响

A. 略大　　　　　B. 相同　　　　　C. 不确定　　　　D. 略低

【单选】5.（☆☆）一般的横波（S波）、纵波（P波）和面波（R波）三者波速的关系为（　　）

A. $V_S>V_R>V_P$　　　　　　　　B. $V_R>V_S>V_P$

C. $V_P>V_R>V_S$　　　　　　　　D. $V_P>V_S>V_R$

【单选】6.（☆☆）岩块试样波速测定透射法中一般使用的为（　　）

A. 超声波　　　　　　　　　B. 电磁波

C. X光射线　　　　　　　　D. 以上均不是

【单选】7.（☆☆）在下面情形下，弹性波P波的透过率最大的是（　　）

A. 坚硬岩体中，裂隙充水的情况

B. 软弱岩体中，裂隙充水的情况

C. 坚硬土体中，孔隙充水的情况

D. 软弱土体中，孔隙充水的情况

【多选】8.（☆☆）岩体声波的速度可以采用单孔或跨孔测试。跨孔测试反映的是测试（　　）不同深度上两接收换能器间岩体波速的平均值

A. 孔间　　　　　B. 孔内壁　　　　C. 孔底　　　　D. 孔顶

【多选】9.（☆☆）岩体的弹性波波速是岩体物理力学性质的重要指标，它不仅取决于岩石本身的强度，也与岩体的（　　）等均有关系

A. 发育程度　　　　　　　　B. 组合形态

C. 矿物组成和密实度　　　　D. 充填物质

【多选】10.（☆☆）岩体波速一般受下列参数影响的有（　　）

A. 岩石软硬程度

B. 岩石密度

C. 裂缝、夹层

D. 上述均不正确，仅受孔隙率及吸水率的影响

【多选】11.（☆☆）下列关于岩体中的波速测试，说法正确的有（　　）

A. 如果岩体测试时采用超声波，则也应采用岩体超声波波速来计算完整性指数

B. 通过测试岩体的P波波速，可测试岩体的动弹性模量

C. 岩体完整性指数约等于岩体与岩石的动弹性模量之比

D. 岩体完整性指数约等于岩体与岩石的动泊松比之比

【判断】12.（☆☆）弹性波波速体现了岩体的力学特征，为地勘进行岩体重量分组级、划分风化卸载深度等提供依据，为工程评价岩体质量提供定量指标（　　）

【判断】13.（☆☆）弹性波在岩体中传播时，遇到裂隙中充填物质为液体或固体时，则弹性波可以部分或完全通过（　　）

【判断】14.（☆☆）对于岩体测试，波动测试方法的结果反映了波传播路径上一定范围内岩体的特性，结果为一定范围内岩体的均值，从而减小了测试结果的离散性（　　）

任务评价

考核评价

考核阶段	考核项目		占比（%）	方式	得分
过程评价（60%）	课前探究学习（20%）	课前学习态度（线上）	5	理论（师评）	
		课前任务完成情况（线上）	10	理论（师评）	
		课前任务成果提交（线上）	5	理论（师评）	
	课中内化（30%）	懂检测原理（线上＋线下）	5	理论＋技能（自评）	
		能运用规范编制检测计划	5	理论＋技能（自评）	
		能完成检测步骤	10	技能＋素质（师评＋自评）	
		会分析检测数据	5	技能＋素质（师评＋小组互评）	
		能提交质量报告	5	理论＋技能＋素质（师评＋小组互评）	
	课后提升（10%）	第二课堂	10	技能＋素质（自评＋小组互评）	
结果评价（40%）	综合能力评价（40%）	理论综合测试（参照1+X 路桥 无损检测技能等级证书理论 考试形式展开）	20	理论 获取证书结果	
		技能综合测试（参照1+X 路桥 无损检测技能等级证书实操 考试形式展开）	20	技能＋素质 获取证书结果	
增值评价	教师根据学生的学习成果，在能力发展、质量意识、职业发展三个方面探索增值评价，对完成整个项目的学习情况进行动态综合评价				
	能力发展（学习、合作能力）	平台课前自主学习动态轨迹（师评）			
		提升自我的持续学习能力（师评＋小组互评）			
		融入小组团队合作的能力（小组互评）			
	质量意识	规范操作意识（自评＋小组互评）			
		实训室6S管理意识（师评＋小组互评）			

模块五　远程监测技术

任务一　桥梁监测

🏠	工作任务	桥梁远程监测技术
🔢	学时	2
✉	团队名称	

课前探究

桥梁远程监测的工作内容包含哪些

任务引入

某现役桥梁，桥型为钢筋混凝土拱桥，效果图如下图所示，现因养护工作需要，要求对该桥梁安装位移监测，应力监测及振动监测装置，利用物联网在线监测系统建立桥梁远程监测系统

兴趣激发

监测需要用到各种传感器，请说出几种你认识的传感器并描述它们的作用

任务情景

作为该公路养护单位的监测技术人员，通过查阅该桥梁设计及施工资料，依据前期的现场调查及桥梁健康检查，已清楚该桥梁工程概况及检测现场位置，要求根据现场情况及监测部位布置相关监测装置，搭建在线监测系统，出具监测报告，并对出现的问题制订整改方案

学习目标

请在本次工作任务结束之后在下面记录你的学习目标达成情况

教学目标

思政目标	培养学生创新发展理念，自我定位，实现人生价值
知识目标	1. 熟悉桥梁远程监测的目的、意义及适用范围 2. 掌握桥梁位移监测的步骤及注意事项 3. 掌握检测测区确定方法、测点布置要求

	技能目标	1. 会查阅检测规程、运用公路工程质量检验评定标准 2. 能按照检测规程在安全环境下正确使用仪器 3. 会根据操作规程确定检测的测区、布置监测点 4. 会运用监测设备及在线监测系统采集及分析数据，判定桥梁健康状况 5. 会出具桥梁位移监测报告
	素质目标	1. 具有严格遵守安全操作规程的态度 2. 具备认真的学习态度及解决实际问题的能力 3. 具有严谨、认真负责的工作态度
知识点提炼	**知识基础**	
笔记	1. 监测的意义 　　随着工业化、城市化的快速发展及科技的进步，各类工程规模越来越大，形式越来越复杂。随着结构使用年限的增加及外界作用的影响，结构可能发生变形、损伤甚至倒塌，严重影响人民群众的生命财产安全，及早发现问题并采取处理措施，对于保证工程结构的可靠性具有重要的意义。监测工作的直接目的是取得外界结构变化的资料，用以认识结构变化的发生规律和进行预报。监测是在建筑物施工与运维期间，采用监测仪器对关键部位各项控制指标进行远距离监测的技术手段，从而起到省力、实时等作用 2. 监测系统及架构 　　工程行业的监测对象很广泛，代表性的有结构健康监测、边坡稳定性监测、施工监控等，其架构均大同小异。这里主要以结构健康监测为例进行讲述 　　结构远程健康监测系统对重大工程结构性能进行实时监测，及时发现结构损伤，评估其安全性，预测结构的性能变化和剩余寿命并做出处置决定，是保障工程结构安全运营的有效手段。结构健康监测已成为现代工程越来越迫切的需求，也是土木工程学科发展的重要领域 　　结构健康监测系统由传感器系统、数据采集传输系统、数据中心（数据库）、监测系统管理平台四大部分组成。结构健康监测系统就相当于为工程结构增加了一套神经系统，传感器系统相当于人的眼耳鼻喉和皮肤等神经末梢，感知各种信息；数据采集传输系统如同传输神经和中枢神经对感知的信息进行传输；数据中心和管理平台如同人体大脑对获得的各种信息进行处理、分析、展现

监测架构必须由三个重要部分组成：

1）高性能的采传系统，主要是指稳定可靠的传感器与通畅的采集传输体系

2）监测对象载体，主要为复杂大型结构体，如桥梁、隧道、边坡、基坑、建筑等结构

3）成熟的网络架构，为了实现数据共享，整个系统必须要能够支持网络访问和存取。当前具有网络通信支持的应用程序架构主要为：C/S（客户端 client/ 服务器 server）架构和 B/S（浏览器 browser/ 服务器 server）架构

3. 常用监测传感器原理及介绍

传感器是摄取被测物信息的关键器件，与通信技术、计算机技术构成了信息技术的三大支柱，是当今物联网技术获取信息的必要手段，也是采用微电子技术改造传统产业的重要方法，对提高经济效益，科学研究与生产技术的水平有着举足轻重的作用

（1）传感器的分类　工程结构健康监测常用传感器主要有：

1）加速度传感器：能感受加速度并转换成可用输出信号的传感器，如图 5-1 所示。一般加速度传感器是利用其内部晶体由于加速度造成变形的特性。由于这个变形会产生电压，只要计算出电压和所施加的加速度之间的关系，就可以将加速度转换成电压输出

2）位移传感器：又称为线性传感器，是一种属于金属感应的线性器件，如图 5-2 所示。所有的位移传感器都是通过器件里面的感知物的位置变化（电位器式—可动电刷引起电阻变化，磁致伸缩式—磁环位置变化）来监测实际物体位移变化

图 5-1　加速度传感器

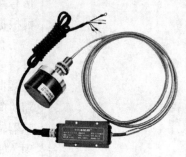

图 5-2　位移传感器

3）应变式传感器：应变式传感器是基于测量物体受力变形所产生应变的一种传感器。电阻应变片是其最常用的传感器元件。它是一种能将机械构件上应变的变化转换为电阻变化的传感器元件

此外，还经常用到压力传感器、温度传感器等。随着监测技术的进步及需求的不断增多，应用的传感器也在不断更新，如激光传感器、图像传感器等

（2）传感器的选择原则　工程结构健康监测所处的环境往往比较恶劣，监测周期长，数据准确性及精度要求高，若要实现对工程结构长期、稳定、可靠监测，所选择的传感器除满足必要的使用功能外，还要满足以下原则：

1）稳定性：长期监测用传感器必须具备长期稳定性，应保证在使用期限内传感的量程、精度、线性度等指标不发生变化。避免由于传感器的变化带来安全评估的错误信息

2）适用性：传感器的选择应选取合适的量程、精度等指标，不能比结构测试的要求低，也不必强求高精度，应根据实际情况选择合理的指标，以保证最优的性价比

3）耐久性：传感器在工程结构中的工作环境较为复杂，在此环境下，选择的传感器应具有防雷、防尘、防潮等功能

4）先进性：工程结构健康监测是长期的工作，选择的监测设备也应该具有一定的先进性，以保证设备能在长时间内属于较为先进的测试手段，在测试技术上也应保持一定的先进性

5）操作简单性：监测传感器用量往往比较大，需要在复杂环境下安装，其布设应简单，容易操作

6）可更换性：作为电子产品，测试传感器以及采集设备的寿命肯定难以与长期存在的工程结构平齐，因此在选择设备及进行设备安装时应该考虑更换性

（3）传感器输出信号　工程结构健康监测常用传感器输出信号主要分两种：模拟信号和数字信号。两种信号各有优缺点，可根据被测结构、工程需求、所处环境等实际情况进行选择

1）模拟信号：是指信息参数在给定范围内表现为连续的信号，或在一段连续的时间间隔内，其代表信息的特征量可以在任意瞬间呈现为任意数值的信号，其信号的幅值（或频率、相位）随时间做连续变化。由于幅值、频率及相位有严格要求，所以传感器输出必须是连续信号，即模拟量输出，通过后续调理设备处理（如信号放大、调制、滤波等），离散化后由计算机处理。这里强调的是信号调制阶段，模拟信号是通过屏蔽线进行传播。模拟信号输出主要有电压信号、电流信号、电阻信号。电压信号由于压降的原因，传输距离不能太长，一般不超过200m

2）数字信号：是离散时间信号的数字化表示，通常可由模拟信号获得，数字信号的幅度是离散的，幅值表示被限制在有限个数值内。数字信号的大小常用有限位的二进制数表示，即用两

种物理状态来表示 0 和 1。所以其抵抗材料本身干扰和环境干扰的能力都比模拟信号强。数字信号最大特点是把各种传感器输出的信号转换成计算机可以识别的数字量，包括模拟信号、光纤信号、电磁信号等，通过计算机处理就可以得出传感器测量到的工程量单位

4. 桥梁远程监测

桥梁不仅是大型工程结构的代表，也是国家的重要交通设施。其一旦出现安全事故，不仅会对人民的生命和财产安全造成重大损失，还可能导致部分交通瘫痪，造成巨大社会影响。但由于气候、环境等自然因素的作用和日益增加的交通流量及重车、超重车辆过桥数量，加上桥龄的不断增长，桥梁结构的安全性和使用性能必然发生退化。而为了保证桥梁的正常使用，除了提高施工质量、改善维护保养以外，还需要有效的手段评定其安全性。因此，桥梁健康监测技术作为一门热点研究课题，越来越受到人们的重视。桥梁健康监测技术就是利用现代传感器与通信技术，结合桥梁结构与系统特性（可由无损检测获取），来探测桥梁的变化，评估桥梁的安全状况，科学地管理和养护桥梁，并实时预警的一门新兴技术

（1）桥梁现状　目前，我国有公路桥梁 70 余万座（不算铁路桥梁）。从跨径来看，大跨径桥梁（单跨跨径在 50m 以上）占桥梁总数的 7%，中跨径（单跨跨径在 20~50m）占桥梁总数的 22%，小跨径桥梁（5~20m）占桥梁总数的 71%。可见，中、小跨径桥梁占据了绝大多数，其中，又以预应力混凝土桥梁最为普遍。从使用年限来看，我国有 60%~70% 的桥梁是在近 20 年间修建的，但也有 30%~40% 的桥梁使用年限在 20 年以上

依据国外经验，设计平均寿命为 75 年的桥梁实际使用寿命平均为 40 年左右。而我国桥梁设计标准普遍低于国外标准，更为严峻的是，由于施工质量常常得不到保证，以及超载现象的普遍化，使得我国桥梁的损伤和老化速度非常迅速。可以预见，从现在开始，我国必将迎来大范围的桥梁老化现象，如不加控制，大部分桥梁将提前达到使用寿命。据不完全统计，目前有 1/3 的桥梁存在各类缺陷，危桥已超过 1 万座。因此，对桥梁进行健康监测具有重要的社会意义与经济意义

（2）设计原则及内容　利用一些传感器（包括光纤传感器、压电传感器、电磁伸缩材料制成的传感器、GPS、静力水准仪、风速风向仪）来读取桥梁各部分结构的温度、应变、位移、风速、加速度、车辆载荷、吊杆（斜拉索）拉力、主缆拉力等参数

桥梁在线监测可分为施工期监测和运营期监测两部分，监测项目基本相同，主要有以下几部分：

1）环境监测。环境监测主要为温度、湿度、风速（大跨径桥梁）等，主要采用温度传感器、湿度传感器、风速传感器

2）变形监测。变形监测主要针对沉降、水平位移、倾斜、挠度等进行监测，主要采用GPS、静力水准仪、位移计、固定式测斜计、位移传感器、裂缝计等

3）应力应变监测。主要针对混凝土结构表面、内部应变、钢筋受力等。主要采用表面应变计、埋入式应变计、钢筋计、锚索计、轴力计等

4）动（静）态载荷试验。监测桥梁在承受动态或静态载荷作用时的变化情况，结合分析软件可以掌握桥梁的自振频率、冲击系数、疲劳分析等，对桥梁的稳定性进行评估，主要采用加速度传感器、拾振器、应变片等。综合以上内容，桥梁在线监测项目及采用设备汇总见表5-1

表 5-1　桥梁在线监测项目及采用设备汇总

监测项目及指标		监测设备
环境监测	温湿度	温度、湿度传感器
	风速	风速传感器
变形监测	沉降	GPS、静力水准仪
	倾斜	固定式测斜仪、测斜尺
	挠度	挠度计、静力水准仪、位移传感器
	裂缝	裂缝计
应力应变监测		表面应变计、埋入式应变计、钢筋计、锚索计、轴力计
载荷试验		应变片、拾振器、加速度传感器、动（静）态应变计

（3）存在的问题　尽管国内外对多座桥梁的损伤状况进行了现场监测，积累了宝贵的资料，同时在过去几十年里，桥梁的结构理论和方法研究也有很大的发展，但桥梁作为复杂的结构体，现阶段研究建立的模型相对于实际工程结构还是有区别的，并且监测系统用到的电子元器件的布置维护也是一大难题。桥梁监测主要存在以下问题：

1）传感器如何布置。目前主要采用模态扩展、模型凝聚等方法进行处理。这在实际桥梁工程中，不可避免地出现解不唯一的现象，即在采用最优解过程中，很难得到全局最优解。目前传

感器的布置多由桥梁载荷试验的方法确定，更有甚者认为传感器布置得越多越好。这就导致了出现海量的测试数据，对损伤诊断真正有效的测试数据却不多的现象。而且传感器的数量，直接决定了整个监测项目的硬件成本。因此如何合理有效地布置传感器，是现阶段存在的一个问题

2）系统维护成本高。桥梁监测系统由于监测对象的关系，往往都是在室外现场工作，其工作环境比较恶劣，并且整个监测系统大部分采用电子元器件，长时间运行需要维护保养。所以整个系统的后期维护成本也是一笔不小的开支，这也导致了监测系统实际应用案例较少的现状

3）如何处理微弱测试信号。这实际上反映了损伤诊断理论和方法的抗噪能力。大部分损伤诊断理论和方法均侧重于损伤诊断理论和方法的抗噪性能研究，而对如何清理和净化测试数据所开展的工作却不多。既有桥梁结构的测试信号均属于微弱信号，即与损伤有关的信号特征可能被幅值较大而与损伤无关的信号特征所掩盖或淹没。信号的微弱性导致了大部分损伤诊断理论和方法在实际桥梁工程的应用中失效

4）桥梁损伤响应存在非平稳性。目前绝大多数损伤诊断方法均采用测试为平稳过程的假设，非平稳过程的考虑也仅仅是测试过程本身，针对桥梁结构，特别是铁路桥梁结构，对移动列车作用下的非平稳情况考虑不多。当车辆以一定的速度通过桥梁时，因车辆质量的问题，使得车辆与桥梁组成了新的耦合系统——车桥耦合振动系统，这使得桥梁结构的动力响应有别于其他的强迫振动。同时由于车辆是移动的，显然车桥耦合系统为一时变系统，其响应具有明显的非平稳性。这导致了目前绝大多数损伤诊断理论和方法在实际桥梁工程中失效

5）桥梁损伤建模理想化。大部分损伤诊断理论和方法在构建损伤指标或特征时，均假设结构的损伤为线性的；但实际桥梁结构因其活载所占比例大，桥梁结构特别是预应力混凝土桥梁结构，在活载作用下，结构出现裂缝，而一旦活载离开桥梁，在预应力效应作用下，结构的裂缝闭合，即桥梁的损伤情况呈现非线性。因此损伤理论的理想化模型，也是整个监测系统应用于实际工程，可靠性和准确性不高的原因

6）智能诊断评价系统不完善。一个功能完善的结构智能诊断评价系统必须具有自动的系统损伤诊断和评价功能，然而由于目前桥梁方面没有一个具体的健康程度标准，各个系统的诊断评价都有自己的一个原则，并且系统或多或少的需要用户来参与，以最终确定结构系统的健康程度和损伤状况

	（4）发展方向　针对上述情况，桥梁监测的研究方向主要为以下几个方面： 1）在选定测试信号分析和损伤诊断方法的基础上，对传感器的有效布置进行研究 2）加强系统硬件设计和加工工艺，在保证测试采集精度的同时，能让系统尽可能长时间稳定运作 3）应用现代信号处理的特点，对微弱测试信号进行处理和净化 4）结合桥梁动力响应的特点，采用能够处理非平稳随机过程的信号处理和分析方法提取该结构的损伤特征并构建损伤指标 5）结合现代信号处理的最新进展，将能够处理非线性随机过程的信号分析方法引入到监测系统中，做深入研究 6）完善桥梁理论，给出系统的智能诊断和评估标准
重难点初探	**任务分析**

	检测目的	1. 结构状态 通过在线监测随时掌握监测对象的健康状态 2. 安全预警 对可能出现的危险及时进行预警 3. 决策维修 为结构健康状态的分析评价、预测预报及治理维护提供可靠的基础性数据 4. 防灾减灾 避免重大事故的发生，减少人员伤亡及财产损失，提高防灾减灾业务水平和能力
	适用范围	物联网在线监测系统是基于3G/4G、物联网、计算机信息技术、传感器、嵌入式软/硬件、无线通信等技术而建立起来的一套远程实时在线监测系统
	监测指标	1. 桥梁远程监测常用指标 表面应变、挠度、裂缝、振动、钢筋应力、结构倾斜、风速风向、环境温湿度，见表5-2

表 5-2　桥梁监测项目对应传感器类型与测点布设要求

监测项目	传感器	测点布设	图片
结构物表面应变	表面应变计	桥梁单跨结构1/4、1/2断面位置	
桥梁挠度	磁致式静力水准仪	桥梁相同高度均匀分布	
	激光位移计		

（续）

（续）

监测项目	传感器	测点布设	图片
裂缝	裂缝计	桥梁裂缝位置	
桥梁振动	加速度传感器	桥梁单跨结构1/4、1/2 断面位置	
结构倾斜	倾角仪	桥墩或其他倾斜监测结构	
风速风向	风速风向仪	空旷环境	
环境温湿度	环境温湿度计	现场环境	

监测指标

2. 传感器布设及监测

传感器布设及监测如图 5-3~ 图 5-7 所示

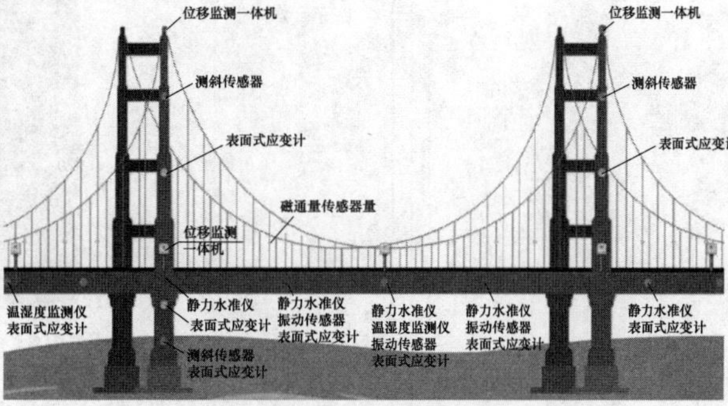

图 5-3　桥梁监测示意图

图 5-4　桥梁应变监测（应变计）

315

（续）

监测指标	 图 5-5　桥梁挠度监测（静力水准仪）（一）  图 5-6　桥梁倾斜监测（倾角仪）  图 5-7　桥梁挠度监测（静力水准仪）（二）
监测系统 设计原则	桥梁结构健康监测系统是集结构监测、系统辨识和结构评估于一体的综合监测系统。为实现桥梁结构的健康监测和状态诊断，进行损伤预测和评估，桥梁结构健康监测系统的基本功能是通过采集桥梁在运营状态下的实时信号，进行数据处理分析，对桥梁的安全可靠性进行评估。因此，智能桥梁健康监测系统监测应遵循以下原则： 　　（1）精确性。在智能桥梁健康监测系统的数据采集过程中，保证采集数据的精确性是关键要求。精确性包含精密性和正确性两个方面，精密性表示测量结果的分散性，正确性表示测量结果偏离真值大小的程度。而精确性是两者之和，反映测量的综合优良程度 　　（2）完整性。在健康监测系统设计中，必须避免信息不足的情况发生，即要保证系统测试的完整性。信息不足一般是由在系统设计中对系统的功能和目的考虑不周所致。系统不能完整提供所需信息，必然会导致系统整体功能的显著下降

（续）

监测系统设计原则	（3）适用性。在健康监测系统设计中，还应防止信息过多的情况发生，也就是要保证系统测试的适用性。这种情况一般是由不断提高的系统水平和不断扩大的测量范围所致，形成一种以高精度和高分辨率采集可以得到所有信息的趋势，这将导致有用数据夹杂在大量无关的信息之中，且这些无关数据的存在，给系统的数据处理和计算机存储带来了沉重的负担，并使系统的硬件投入成本飙升

重点记录

　　笔记：主要记录检测步骤要点及注意事项

任务实施

1. 桥梁远程位移监测技术流程

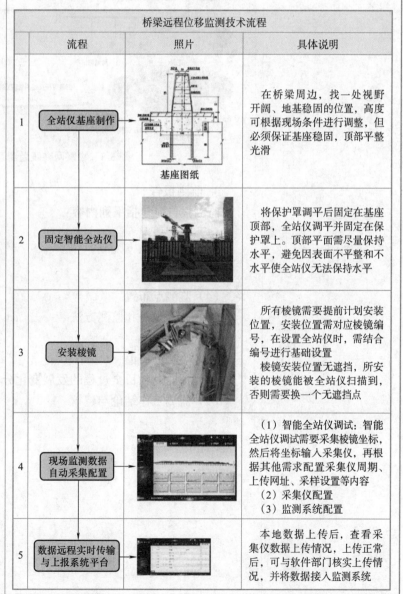

桥梁远程位移监测技术流程			
	流程	照片	具体说明
1	全站仪基座制作	基座图纸	在桥梁周边，找一处视野开阔、地基稳固的位置，高度可根据现场条件进行调整，但必须保证基座稳固，顶部平整光滑
2	固定智能全站仪		将保护罩调平后固定在基座顶部，全站仪调平并固定在保护罩上。顶部平面需尽量保持水平，避免因表面不平整和不水平使全站仪无法保持水平
3	安装棱镜		所有棱镜需要提前计划安装位置，安装位置需对应棱镜编号，在设置全站仪时，需结合编号进行基础设置 　　棱镜安装位置无遮挡，所安装的棱镜能被全站仪扫描到，否则需要换一个无遮挡点
4	现场监测数据自动采集配置		（1）智能全站仪调试：智能全站仪调试需要采集棱镜坐标，然后将坐标输入采集仪，再根据其他需求配置采集仪周期、上传网址、采样设置等内容 （2）采集仪配置 （3）监测系统配置
5	数据远程实时传输与上报系统平台		本地数据上传后，查看采集仪数据上传情况，上传正常后，可与软件部门核实上传情况，并将数据接入监测系统

2. 物联网在线监测系统

物联网在线监测系统基于 IoT（物联网技术）、通过云储存与云计算、有线 / 无线等多网络连接技术，使用专用传感器建立一套远程监测系统，为基坑、边坡、桥梁、隧道、建筑等结构提供远程实时监测，如图 5-8 所示

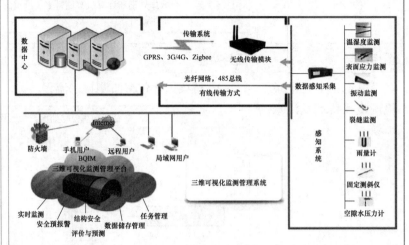

图 5-8　物联网在线监测系统

3. 监测报告

监测报告应包括下列内容：

（1）工程概况

（2）监测依据

（3）监测项目

（4）监测点布置

（5）监测设备和监测方法

（6）监测频率

（7）监测预警值

（8）各监测项目全过程的发展变化分析及整体评述

（9）监测工作结论与建议

桥梁远程位移监测报告

施工 / 委托单位								
工程名称			委托 / 任务编号					
监测依据			监测方法					
监测频率			监测预警值					
主要仪器设备名称及编号								

时间	测点：						水平合位移 / mm	三向合位移 / mm
	X/m	Y/m	H/m	$\triangle X$/mm	$\triangle Y$/mm	$\triangle H$/mm		

位移 - 时间曲线	
监测结论	
附加声明	报告无本单位"专用章"无效；报告无三级审核无效；报告改动、换页无效；委托试验监测报告仅对来样负责；未经本单位书面授权，不得部分复制本报告或用于其他用途；若对本报告有异议，应于收到报告 15 个工作日内向本单位提出书面复议申请，逾期不予受理

检测：　　　　审核：　　　　批准：　　　　日期：

综合提升	自我测验
请你在课后完成自我测验试题，以自我评定知识、技能、素养获得情况	**【单选】1.**（☆☆）桥梁健康监测数据采集与传输系统的子系统不含（　　） 　A. 数据采集子系统　　　　B. 数据传输子系统 　C. 数据控制与处理子系统　D. 结构评估子系统 **【单选】2.**（☆☆）下列对于桥梁监测的说法中，错误的是（　　） 　A. 目前传感器的布置多由桥梁载荷试验的方法确定 　B. 桥梁监测的维护成本高 　C. 桥梁损伤响应存在着非稳定性 　D. 检测中需要将微弱测试信号过滤掉 **【单选】3.**（☆☆）以下不属于桥梁安全检测示范系统的是（　　） 　A. 传感器监测系统　　　　B. 基本预警功能 　C. 基本承载能力评定　　　D. 自动化远程控制系统 **【单选】4.**（☆☆）下面类型桥梁不需要安装健康监测系统的是（　　） 　A. 超宽桥梁 　B. 存在问题桥梁或经过加固处理桥梁 　C. 大型桥梁、结构复杂桥梁 　D. 新型受力结构桥梁 **【单选】5.**（☆☆）桥梁健康监测的主要内容为（　　） 　A. 外部环境监测，通行荷载监测，结构关键部位内力监测，结构几何形态监测，结构自振特性监测，结构损伤情况监测等 　B. 风载、应力、挠度、几何变位、自振频率 　C. 外观检查、病害识别、技术状况评定 　D. 主要材质特性、承载能力评定 **【单选】6.**（☆☆）下面不是桥梁健康监测的主要目的是（　　） 　A. 及时把握桥梁结构运营阶段的工作状态，识别结构损伤以及评定结构的安全性、可靠性与耐久性 　B. 对于车辆通行过程桥梁反应进行测定，判定桥梁承载能力，为桥梁验收提供依据 　C. 为运营、维护、管理提供决策依据，可以使得既有桥梁的技术改造决策更加科学，改造方案更加合理、经济 　D. 验证桥梁设计建造理论与方法，完善相关设计、施工技术规程，提高桥梁设计水平和安全可靠度，保障结构的使用安全 **【多选】7.**（☆☆）下列桥梁结构安全监测内容中，不是结构整体响应监测的有（　　） 　A. 振动　　　　　　　　　B. 变形 　C. 位移及转角　　　　　　D. 支座反力 **【多选】8.**（☆☆）桥梁结构安全监测系统的数据采集与传输模块的组成有（　　） 　A. 数据采集设备　　　　　B. 数据传输设备与缆线 　C. 数据采集与传输软件　　D. 中心数据库 **【多选】9.**（☆☆）桥梁结构安全一级评估中出现一些情况时，应进行安全二级评估，下列选项中属于此情形的有（　　） 　A. 顺桥向梁端位移达到伸缩缝设计值的60%或者梁端位移最大值达到设计值

B. 车辆荷载水平超过 1.5 倍设计值

C. 最高温度、最低温度、最大温差和最大温度梯度超过设计值

D. 运营荷载结构校验系数达到 0.8

【判断】10.（☆☆）地下水位监测宜通过孔内设置水位管，采用水位计等方法进行测量，地下水位监测精度不宜低于 20mm（　　　）

任务评价	**考核评价**				

考核阶段	考核项目		占比（%）	方式	得分
过程评价（60%）	课前探究学习（20%）	课前学习态度（线上）	5	理论（师评）	
		课前任务完成情况（线上）	10	理论（师评）	
		课前任务成果提交（线上）	5	理论（师评）	
	课中内化（30%）	懂检测原理（线上+线下）	5	理论+技能（自评）	
		能运用规范编制检测计划	5	理论+技能（自评）	
		能完成检测步骤	10	技能+素质（师评+自评）	
		会分析检测数据	5	技能+素质（师评+小组互评）	
		能提交质量报告	5	理论+技能+素质（师评+小组互评）	
	课后提升（10%）	第二课堂	10	技能+素质（自评+小组互评）	
结果评价（40%）	综合能力评价（40%）	理论综合测试（参照 1+X 路桥 无损检测技能等级证书理论 考试形式展开）	20	理论获取证书结果	
		技能综合测试（参照 1+X 路桥 无损检测技能等级证书实操 考试形式展开）	20	技能+素质获取证书结果	

教师根据学生的学习成果，在能力发展、质量意识、职业发展三个方面探索增值评价，对完成整个项目的学习情况进行动态综合评价

增值评价	能力发展（学习、合作能力）	平台课前自主学习动态轨迹（师评）
		提升自我的持续学习能力（师评+小组互评）
		融入小组团队合作的能力（小组互评）
	质量意识	规范操作意识（自评+小组互评）
		实训室 6S 管理意识（师评+小组互评）

模块五　远程监测技术

任务二　边坡监测

⌂	工作任务	边坡土体裂缝监测技术
⊞	学时	2
✉	团队名称	

课前探究	任务引入

课前探究

边坡监测主要监测哪些技术指标

任务引入

某项目某段公路挖方路堑，边坡高度在 20m 以上，地层为缓倾角砂岩与泥岩互层为主，节理发育，陡倾的节理为主，如右图所示。现需要对该边坡建立监测体系，现场设置监测点及监测装置，物联网在线监测系统，监测边坡土体裂缝情况

兴趣激发

描述边坡监测的意义

任务情景

作为该试验检测机构技术人员，你和团队成员被安排去对该边坡设置裂缝监断面及监测点，采集监测数据并上传监测平台进行评价。边坡的工程概况如下：①自然边坡高度 70 余米，坡度 20°~60°。②开挖最大高度 30m，坡度 45°~70°。③地质条件复杂：红层软硬相间（主要由棕红色细砂岩、粉砂岩、泥质粉砂岩、粉砂质泥岩及泥岩组成）。④岩层倾角平缓，开挖后拱部易顺层剥落、掉块甚至小坍塌，侧壁易失稳。⑤地下水类型为基岩裂隙水，有渗水。雨季时，围岩裂隙渗水严重，局部呈小股状流水。⑥采用锚索和混凝土拱形骨架护坡进行边坡防护

请你根据边坡监测流程完成边坡监测工作，形成监测报表，并对结构进行安全评估

学习目标

请在本次工作任务结束之后在下面记录你的学习目标达成情况

教学目标

思政目标	培养学生创新发展理念，自我定位，实现人生价值
知识目标	1. 熟悉边坡土体裂缝监测的目的、意义及适用范围 2. 掌握边坡土体裂缝监测的步骤及注意事项 3. 掌握检测测区确定方法、测点布置要求

	技能目标	1. 会查阅检测规程、运用公路工程质量检验评定标准 2. 能按照检测规程在安全环境下正确使用仪器 3. 会根据操作规程确定检测的测区、布置监测点 4. 会运用监测设备及在线监测系统采集与分析数据，判定边坡的稳定性 5. 会出具边坡土体裂缝监测报告
	素质目标	1. 具有严格遵守安全操作规程的态度 2. 具备认真的学习态度及解决实际问题的能力 3. 具有严谨、认真负责的工作态度
知识点提炼	**知识基础**	
笔记		1. 边坡监测的目的及意义 边坡工程应用于交通、建筑、水利和矿山等各个建设领域。边坡岩土体往往呈现出非均质性与各向异性特性，在开挖、堆载、降雨、河流冲刷、水位升降与地震等外部荷载作用下很容易进入局部或瞬态大变形乃至失稳滑动状态。我国每年由于岩土体失稳而引发的大、小滑坡数百万次，由此造成的经济损失高达数百亿元。因暴雨、地震等引发的各类滑坡灾害至 20 世纪 90 年代累计死亡超过 10 万人（图 5-9）

图 5-9 滑坡危害

因此，对边坡工程特别是大型复杂边坡工程，除了进行常规的工程地质调查、测绘、勘探、试验和稳定性评价外，还应及时有效地开展边坡工程的动态监测，预测边坡失稳的可能性和滑坡的危险性，并提出相应的防灾减灾措施，对于确保国民经济发展与保障人民群众生命财产安全具有重大意义

2. 设计原则及内容
边坡监测系统的构成如图 5-10 所示。滑坡监测项目见表 5-3

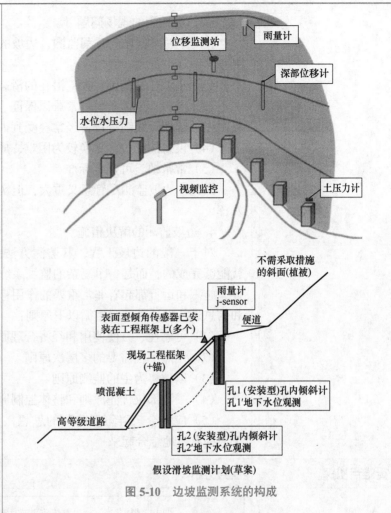

图 5-10　边坡监测系统的构成

表 5-3　滑坡监测项目

监测项目	传感器	测点布设
表面位移	GPS	边坡坡体地表
	拉线式位移计	边坡地表
内部位移	导轮式固定测斜仪	土体内部
土压力	土压力计	挡墙内侧土体
地下水位、水压力	孔隙水压计	土体内部
降雨量	雨量计	基坑本体上
温湿度	温湿度传感器	基坑附近或本体上
锚索索力	锚索计	边坡锚索
视频监控	摄像头	基坑附近易见处

3. 边坡监测的现场问题

相对于桥梁健康的远程监测，边坡的监测系统所涉及的因素更多，困难也更大。例如：

（1）边坡往往范围很大，潜在的滑裂面有时并不十分清楚

（2）电源、通信条件经常难以保证

（3）仪器、线缆等设备经常会受到人或者动物的损坏

（4）设备的维护、更换较为困难、成本高

（5）常常缺乏可判定标准

因此，边坡监测尽管意义重大，但实效性往往得不到很好地发挥

4. 边坡监测的解决措施

对于一般的边坡工程，其监测方法并不是靠某种监测仪器就能够完成的，而是一个复杂的监测系统。由于监测对边坡的设计、施工和运行都起着非常重要的作用，应该综合各种有关资料和信息进行设计，同时遵循以下原则：

（1）可靠性、方便使用和经济合理原则

（2）遵照工程需要的多层次原则

（3）以位移为主的监测原则

（4）关键部位优先原则和整体控制原则

（5）应结合"群策群防"的思想，将自动化监测系统与人工巡检有机地结合起来

重难点初探	任务分析	
	检测目的	（1）结构状态 通过在线监测随时掌握监测对象的健康状态 （2）安全预警 对可能出现的危险及时进行预警 （3）决策维修 为结构健康状态的分析评价、预测预报及治理维护提供可靠的基础性数据 （4）防灾减灾 避免重大事故的发生，减少人员伤亡及财产损失，提高防灾减灾业务水平和能力
	适用范围	物联网在线监测系统是基于 3G/4G、物联网、计算机信息技术、传感器、嵌入式软/硬件、无线通信等技术而建立起来的一套远程实时在线监测系统
	监测指标	1. 边坡常用监测指标 土体内部位移、土体表面位移、土体竖向沉降、土压力、支撑轴力、锚杆拉力、结构物倾斜、地下水位。各监测项目对应传感器类型见表 5-4 2. 传感器布设及监测 传感器布设及监测如图 5-11~ 图 5-15 所示

（续）

| | | | 表 5-4　边坡监测项目对应传感器类型 | | | |

监测项目	传感器	测点布设	图片
土体内部位移	导轮式固定测斜仪	监测滑坡点土体内部	
	埋入式测斜仪		
土体三向位移	GPS	监测滑坡点土体表面	
土体表面位移、岩体裂缝	拉线位移计	表面裂缝	
	裂缝计		
土压力	土压力计	挡墙内侧	
锚杆拉力	锚索计	锚杆或锚索端	
地下水	地下水位计	土体内部	
环境降雨量	雨量计	空旷环境	
风速风向	风速风向仪	空旷环境	

监测指标

图 5-11　边坡监测示意图

（续）

监测指标	 图 5-12　土体裂缝监测　　图 5-13　土体内部位移 （拉线位移计）　　　　　（全向位移计）  图 5-14　土体表面位移　　图 5-15　表面位移基准点 （GPS 图）　　　　　　（棱镜基准点）
监测系统 设计原则	边坡监测的具体内容应当根据边坡的地质情况及所用支护结构的特点进行综合考虑，一般应遵循以下基本原则： 　　（1）突出重点，统筹兼顾。在整个项目监测中，对边坡产生影响的因素繁多，在实际工程中，需要找出决定性影响因素，对其重点监测。在每个监测点的设置上，不仅要保证监测系统对整个边坡的覆盖，而且要确保敏感点与关键点的监测需要，在这些关键部位应首先布置监测点。 　　（2）及时有效、安全可靠。有准确可靠的安装监测系统，并及时埋设、观测，整理分析监测资料和及时反馈监测信息，反映工程的进度与需求，及时地反馈边坡的各阶段情况，确保安全；仪器安装和测量过程应确保安全的测量方法和监测仪器可靠，整个过程中应具有较强的可靠性与稳定性。 　　（3）简便可行、经济合理。监测系统现场使用应当便于操作和分析，力求方便可行，仪器不易损坏，易于长期观测；应充分利用已用设备，仪器在满足工程实际需要的前提下，尽可能考虑造价在可接受的范围，建立监测系统应力求经济适用。

重点记录	任务实施

笔记：主要记录检测步骤要点及注意事项

1. 边坡土体裂缝监测技术流程

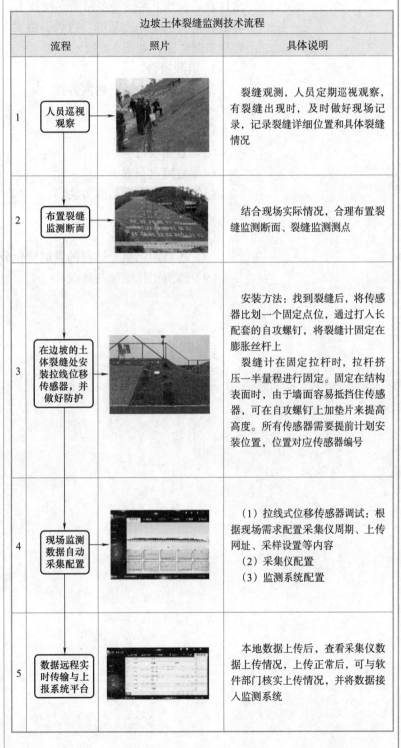

边坡土体裂缝监测技术流程			
	流程	照片	具体说明
1	人员巡视观察		裂缝观测，人员定期巡视观察，有裂缝出现时，及时做好现场记录，记录裂缝详细位置和具体裂缝情况
2	布置裂缝监测断面		结合现场实际情况，合理布置裂缝监测断面、裂缝监测测点
3	在边坡的土体裂缝处安装拉线位移传感器，并做好防护		安装方法：找到裂缝后，将传感器比划一个固定点位，通过打入长配套的自攻螺钉，将裂缝计固定在膨胀丝杆上 裂缝计在固定拉杆时，拉杆挤压一半量程进行固定。固定在结构表面时，由于墙面容易抵挡住传感器，可在自攻螺钉上加垫片来提高高度。所有传感器需要提前计划安装位置，位置对应传感器编号
4	现场监测数据自动采集配置		（1）拉线式位移传感器调试：根据现场需求配置采集仪周期、上传网址、采样设置等内容 （2）采集仪配置 （3）监测系统配置
5	数据远程实时传输与上报系统平台		本地数据上传后，查看采集仪数据上传情况，上传正常后，可与软件部门核实上传情况，并将数据接入监测系统

2. 物联网在线监测系统

物联网在线监测系统基于 IoT（物联网技术）、通过云储存与云计算、有线/无线等多网络连接技术，使用专用传感器建立一套远程监测系统，为基坑、边坡、桥梁、隧道、建筑等结构提供远程实时监测，如图 5-8 所示

3. 监测报告

监测报告应包括下列内容：

（1）工程概况

（2）监测依据

（3）监测项目

（4）监测点布置

（5）监测设备和监测方法

（6）监测频率

（7）监测预警值

（8）各监测项目全过程的发展变化分析及整体评述

（9）监测工作结论与建议

<table>
<tr><td colspan="4" align="center">边坡土体裂缝监测报告</td></tr>
<tr><td>施工/委托单位</td><td colspan="3"></td></tr>
<tr><td>工程名称</td><td></td><td>委托/任务编号</td><td></td></tr>
<tr><td>监测依据</td><td></td><td>监测方法</td><td></td></tr>
<tr><td>监测频率</td><td></td><td>监测预警值</td><td></td></tr>
<tr><td>主要仪器设备名称及编号</td><td colspan="3"></td></tr>
<tr><td rowspan="2">时间</td><td colspan="3">测点：</td></tr>
<tr><td>原始值/mm</td><td colspan="2">土体裂缝宽度变化值/mm</td></tr>
<tr><td></td><td></td><td colspan="2"></td></tr>
<tr><td></td><td></td><td colspan="2"></td></tr>
<tr><td></td><td></td><td colspan="2"></td></tr>
<tr><td></td><td></td><td colspan="2"></td></tr>
<tr><td></td><td></td><td colspan="2"></td></tr>
<tr><td></td><td></td><td colspan="2"></td></tr>
<tr><td>土体裂缝宽度-时间曲线</td><td colspan="3"></td></tr>
<tr><td>监测结论</td><td colspan="3"></td></tr>
<tr><td>附加声明</td><td colspan="3">报告无本单位"专用章"无效；报告无三级审核无效；报告改动、换页无效；委托试验监测报告仅对来样负责；未经本单位书面授权，不得部分复制本报告或用于其他用途；若对本报告有异议，应于收到报告15个工作日内向本单位提出书面复议申请，逾期不予受理</td></tr>
<tr><td colspan="4">检测： 审核： 批准： 日期：</td></tr>
</table>

331

综合提升	自我测验
请你在课后完成自我测验试题，以自我评定知识、技能、素养获得情况	【单选】1.（☆☆）下列关于边坡监测的说法中，错误的是（　　） 　　A. 边坡范围往往很大，潜在的滑裂面有时并不清楚 　　B. 电源常常是公路边坡远程监测的一个重要问题 　　C. 现阶段已拥有可靠的监测评判标准 　　D. 边坡监测尽管意义重大，但实效性往往得不到很好地发挥 【单选】2. 下列关于地震对边坡稳定性影响的说法中，正确的是（　　） 　　A. 增大下滑力，减小抗滑力 　　B. 增大下滑力，增大抗滑力 　　C. 减小下滑力，减小抗滑力 　　D. 减小下滑力，增大抗滑力 【单选】3. 边坡工程监测应符合的规定是（　　） 　　A. 坡顶位移观测，应在每一典型边坡段的支护结构顶部设置不少于3个观测点的观测网，观测位移量、移动速度和方向 　　B. 非预应力锚杆的应力监测根数不宜少于锚杆总数的5%，预应力锚索的应力监测根数不应少于锚索总数的10%，且不应少于3根 　　C. 监测方案可根据设计要求、边坡稳定性、周边环境和施工进程等因素来确定 　　D. 一级边坡工程竣工后的监测时间不应少于三年 【单选】4. 对高路堤的边坡稳定性验算应（　　） 　　A. 只对整个路堤边坡进行稳定验算 　　B. 只对上层边坡进行稳定验算 　　C. 对整个路堤边坡进行稳定验算，还应对上层边坡进行稳定验算 　　D. 视具体情况而定 【单选】5. 重力式挡土墙设计应进行的验算不包括（　　） 　　A. 结构内力　　　　　　　B. 抗滑安全系数 　　C. 抗倾覆安全系数　　　　D. 地基稳定性 【单选】6. 基岩地区的滑坡的滑动面多为（　　） 　　A. 圆弧形　　　　　　　　B. 圆弧形或直线形 　　C. 直线形或折线形　　　　D. 折线形 【单选】7. 工程地质勘察中常用的野外测试工作可分成（　　）等几大类 　　A. 岩土力学性质的试验、岩体中应力测量、岩体中应变测量 　　B. 岩土力学性质的试验、岩体中应力测量 　　C. 水文地质试验、改善岩石性能的试验 　　D. B+C 【多选】8. 根据边坡的稳定状况及其发展趋势，可将边坡分为（　　） 　　A. 稳定边坡　　　　　　　B. 可能稳定边坡 　　C. 可能失稳边坡　　　　　D. 失稳边坡 【判断】9. 在产生滑坡的自然外因中，降雨、融雪和地下水的渗透水作用是最大的外因（　　） 【判断】10. 边坡深部位移监测是监测边坡体整体变形的重要方法，将指导防治工程的实施和效果检验（　　）

任务评价	考核评价

考核阶段	考核项目		占比（%）	方式	得分
过程评价（60%）	课前探究学习（20%）	课前学习态度（线上）	5	理论（师评）	
		课前任务完成情况（线上）	10	理论（师评）	
		课前任务成果提交（线上）	5	理论（师评）	
	课中内化（30%）	懂检测原理（线上＋线下）	5	理论＋技能（自评）	
		能运用规范编制检测计划	5	理论＋技能（自评）	
		能完成检测步骤	10	技能＋素质（师评＋自评）	
		会分析检测数据	5	技能＋素质（师评＋小组互评）	
		能提交质量报告	5	理论＋技能＋素质（师评＋小组互评）	
	课后提升（10%）	第二课堂	10	技能＋素质（自评＋小组互评）	
结果评价（40%）	综合能力评价（40%）	理论综合测试（参照1+X 路桥 无损检测技能等级证书理论 考试形式展开）	20	理论获取证书结果	
		技能综合测试（参照1+X 路桥 无损检测技能等级证书实操 考试形式展开）	20	技能＋素质获取证书结果	

教师根据学生的学习成果，在能力发展、质量意识、职业发展三个方面探索增值评价，对完成整个项目的学习情况进行动态综合评价

增值评价	能力发展（学习、合作能力）	平台课前自主学习动态轨迹（师评）
		提升自我的持续学习能力（师评＋小组互评）
		融入小组团队合作的能力（小组互评）
	质量意识	规范操作意识（自评＋小组互评）
		实训室 6S 管理意识（师评＋小组互评）

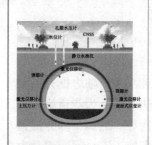

模块五　远程监测技术

任务三　隧道监测

🏠	工作任务	隧道地表沉降监测技术
▦	学时	2
✉	团队名称	

课前探究	任务引入
列举隧道监测的内容	某项目隧道施工现场，根据设计要求，需要在隧道内相关位置布设地表沉降监测装置，并利用物联网在线监测系统，采集数据，监测地表沉降情况 

兴趣激发	任务情景
隧道地表沉降监测会用到静力水准仪，你会使用静力水准仪吗	作为检测单位的监测技术人员，你通过查阅该隧道设计及施工资料，依据前期的现场调查，已清楚该桥梁工程概况及检测现场位置，要求根据现场情况及监测部位布置相关监测装置，搭建在线监测系统，出具监测报告，并对出现的问题制订整改方案

学习目标	教学目标	
请在本次工作任务结束之后在下面记录你的学习目标达成情况	思政目标	通过引入"交通建设发展"新理念——质量、安全思政元素，培养学生树立"工程质量、终身负责"的理念
	知识目标	1. 熟悉隧道地表沉降监测的目的、意义及适用范围 2. 掌握隧道地表沉降监测的步骤及注意事项 3. 掌握检测测区确定方法、测点布置要求
	技能目标	1. 会查阅检测规程、运用公路工程质量检验评定标准 2. 能按照检测规程在安全环境下正确使用仪器 3. 会根据操作规程确定检测的测区、布置监测点 4. 会运用监测设备及在线监测系统采集及分析数据，判定隧道地表沉降 5. 会出具隧道地表沉降监测报告
	素质目标	1. 具有严格遵守安全操作规程的态度 2. 具备认真的学习态度及解决实际问题的能力 3. 具有严谨、认真负责的工作态度

知识点提炼	知识基础
	1. 隧道监测的目的及意义 随着近些年我国山区公路、铁路工程、地铁工程、水利工程等地下工程的迅速发展,隧道施工安全管理水平也随之提升。我国不断完善的法律机制使隧道安全施工有法可依,为隧道施工人员安全施工提供了有效的法律规范与行为指导。然而,部分隧道在施工过程中依旧会发生安全事故,且很多施工安全问题都是由于前期调查研究与准备工作缺乏,工程设计、规划及具体施工等阶段的工程建设存在疏漏,再加上风险评估与实时监测不足等因素所导致。因此,在隧道施工期,需要采用一系列高效率、高精度的观测与测试方法,获得新的资料信息,并将其反馈于设计和施工,以修改施工参数和调整施工措施及对施工的变形进行分析和预测 具体实现过程:通过现场监控量测获取隧道变形数据(即进行数据采集),并采用统计学等方法对数据进行处理和分析(即进行信息管理),最后把分析结果及时反馈于隧道的设计与施工。隧道运营期间也需要实时监控隧道安全因素及变化情况,因此建立智能、高效的隧道自动化监测系统,以保证隧道施工安全及降低工程成本是非常必要的。由此可见,数据采集和信息管理是实现信息化施工、运维的主要内容,也是建立隧道监测系统的核心部分。隧道施工现场如图 5-16 所示  图 5-16 隧道施工现场 **2. 设计原则及内容** (1)监测内容 根据隧道进出口地表及隧道洞内二衬发生变形开裂等不良地质现象,需要监控量测的内容如下:

1）位移监测：围岩位移（含地表沉降）、支护结构位移及围岩与支护倾斜度

2）应力应变监测：围岩应力、应变，支护结构应力、应变及围岩与支护和各种支护间的接触力

3）温度监测：岩体温度、洞内温度及气温

4）气体监测：瓦斯监测、扬尘监测等

常用监测方案采用自动化全站仪、高精度静力水准仪、激光位移计对隧道洞身变形开展智能监测，同时采用应力计对围岩压力、孔隙水压力等力学参数进行监测，实时掌握隧道洞身动态变化，以便及时采取措施，保障隧道建设与运营安全

（2）隧道测点布设　按照监测断面布设传感器并进行无线组网，对隧道洞身开展智能监测与评价。测点布设方案如图 5-17 所示

对隧道重点监测段落和次重要监测段落开展监测。其中属于重点监测的段落，智能监测断面测点布设间距为 25m；其余监测洞身变形量较小，属于次重要监测段落，智能监测断面测点布设间距为 50m。也可根据项目实际情况和需求选择监测断面布置

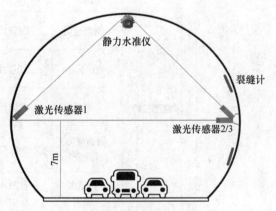

静力水准仪

裂缝计

激光传感器1

激光传感器2/3

7m

图 5-17　测点布设方案

3. 现场问题及措施

（1）系统设备供电　现场所有设备采用有线供电方式，电源引自隧道内有线供电接口（如隧道内部无法采用新能源供电方式）

（2）系统现场通信　现场设备通信采用有线加无线的方式，监测数据经有线或者无线方式发送至包含采集仪及传输模块的一体化监测站，各个分站将汇聚后的数据通过无线上传给采集仪总站，总站通过无线 4G/3G 通信方式与中心系统相连

重难点初探	任务分析	
	检测目的	（1）结构状态　通过在线监测随时掌握监测对象的健康状态 （2）安全预警　对可能出现的危险及时进行预警 （3）决策维修　为结构健康状态的分析评价、预测预报及治理维护提供可靠的基础性数据 （4）防灾减灾　避免重大事故的发生，减少人员伤亡及财产损失，提高防灾减灾业务水平和能力
	适用范围	物联网在线监测系统是基于 3G/4G、物联网、计算机信息技术、传感器、嵌入式软/硬件、无线通信等技术而建立起来的一套远程实时在线监测系统

1. 隧道常用监测指标

隧道衬砌断面收敛变形、衬砌结构沉降、钢筋应力、土压力、裂缝、应力/应变、孔隙水压力、锚杆、土钉拉力、环境温湿度。各监测项目对应传感器类型见表 5-5

表 5-5　隧道监测项目对应传感器类型

监测项目	传感器	测点布设	图片
衬砌断面收敛变形	激光位移计	衬砌断面表面	
衬砌结构沉降	静力水准仪	墙体表面	
钢筋应力	钢筋计	在建隧道结构钢筋	
土压力	土压力计	在建隧道二衬与土壤接面	
裂缝	裂缝计	隧道表面裂缝	
表面应力/应变	表面应变计	衬砌表面	
孔隙水压力	孔隙水压力计	在建隧道监测点位	
锚杆拉力	锚索计	在建隧道锚杆	
位移监测	智能全站仪	已建或在建隧道	
环境温湿度	环境温湿度计	现场环境	
	温湿度传感器		

（监测指标）

（续）

监测指标

2. 传感器布设及监测

传感器布设及监测如图 5-18~图 5-22 所示

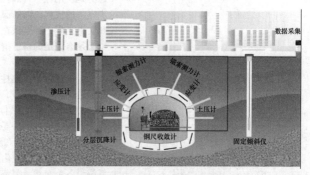

图 5-18 隧道监测示意图

图 5-19 沉降监测
（静力水准仪）

图 5-20 钢筋应力监测
（钢筋计）

图 5-21 锚杆拉力
（锚索计）

图 5-22 隧道收敛监测
（激光位移计）

(续)

监测系统 设计原则	隧道监测设计原则： （1）实用性及可靠性原则。在远程监控系统工程中，我们首先考虑的是实用性和可靠性，遵循面向应用、注重实效、急用先上、逐步完善的原则，以确保使用的技术及设备成熟可靠。在系统的设计和实施工程中，应该充分考虑系统的可靠性。在整体设计时关键部位必须有充足的备份措施，对于重要的网络部位应当采取先进可靠的容错技术。 （2）先进性、成熟性与可扩展性原则。在满足实用性原则的基础上，选用先进的设备、优化的结构、综合布线方式及多媒体控制技术，力争将系统的技术水平定位在一个高层次上，以适应新世纪现代生产管理发展的需要。系统具有良好的可扩展性，充分保证能够将今后增加的新设备和新功能简单方便地与原有系统相结合。 （3）开放性和标准化原则。系统中所采用的布线设计、通信协议、系统设备及布线材料都应符合国际标准、国家标准、工业标准和各类标准及相关行业标准。充分利用不同网络的优势，将它们有机地结合起来，为信息交换和设备互操作创造有利条件。 （4）经济性原则。在完成系统建设目标的基础上，力争用最少的投资，取得最大的效益。在网络设计、设备选型上，采用高性能价格比的方案和设备，不仅使资金的投入、产出比达到最大值，而且要降低整个系统的运行成本，以较低的人员与资金投入来维持系统的正常运行。 （5）可维护性、可管理性原则。网络设计和设备选型应具备实施安装方便、配置方便等特点，尽可能采用先进的、直观的管理手段，能够合理配置、均衡和调整网络资源，监控网络运行状态，控制网络运行。 （6）网络继承性原则。在网络的建设中，应在总体方案设计、结构化布线、设备安装过程中，尽量利用已有设备（如已安装的前端设备，已建网络平台等）并保证对已有系统不加改进即可顺利入网，如必须对已有系统更新、升级等，尽可能在不影响业务的前提下减少改动内容，保护原有投资。 （7）灵活性原则。系统设计方案应具有较强的灵活性，采用标准化的布线方式及设备，便于系统扩容和设备的更新，如可方便地将传感器侦测、报警联动录像等功能接入本系统。

重点记录

笔记：主要记录检测步骤要点及注意事项

任务实施

1. 隧道地表沉降监测技术流程

隧道地表沉降监测技术流程			
	流程	照片	具体说明
1	安装位置确定	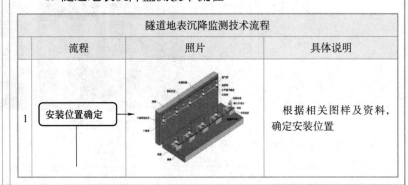	根据相关图样及资料，确定安装位置

（续）

隧道地表沉降监测技术流程		
流程	照片	具体说明
2 支架安装	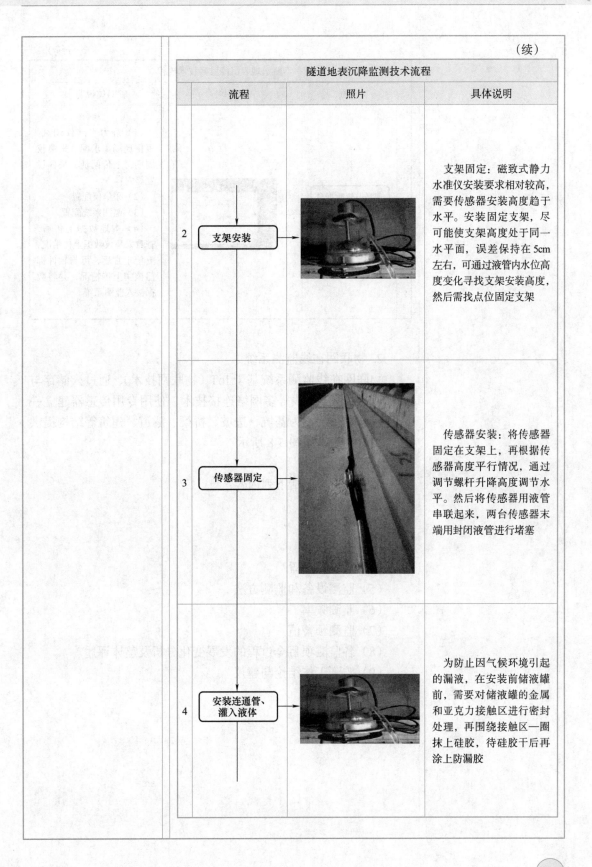	支架固定：磁致式静力水准仪安装要求相对较高，需要传感器安装高度趋于水平。安装固定支架，尽可能使支架高度处于同一水平面，误差保持在 5cm 左右，可通过液管内水位高度变化寻找支架安装高度，然后需找点位固定支架
3 传感器固定		传感器安装：将传感器固定在支架上，再根据传感器高度平行情况，通过调节螺杆升降高度调节水平。然后将传感器用液管串联起来，两台传感器末端用封闭液管进行堵塞
4 安装连通管、灌入液体		为防止因气候环境引起的漏液，在安装前储液罐前，需要对储液罐的金属和亚克力接触区进行密封处理，再围绕接触区一圈抹上硅胶，待硅胶干后再涂上防漏胶

（续）

隧道地表沉降监测技术流程		
流程	照片	具体说明
5 现场监测数据自动采集配置；数据远程实时传输与上报系统平台	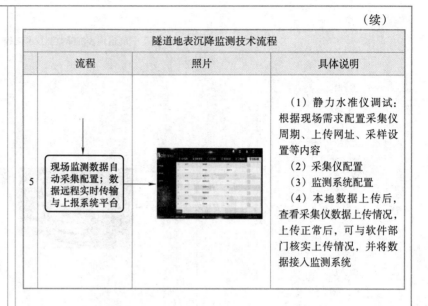	（1）静力水准仪调试：根据现场需求配置采集仪周期、上传网址、采样设置等内容 （2）采集仪配置 （3）监测系统配置 （4）本地数据上传后，查看采集仪数据上传情况，上传正常后，可与软件部门核实上传情况，并将数据接入监测系统

2. 物联网在线监测系统

物联网在线监测系统基于 IoT（物联网技术）、通过云储存与云计算、有线 / 无线等多网络连接技术，使用专用传感器建立一套远程监测系统，为基坑、边坡、桥梁、隧道、建筑等结构提供远程实时监测，如图 5-8 所示

3. 监测报告

监测报告应包括下列内容：

（1）工程概况

（2）监测依据

（3）监测项目

（4）监测点布置

（5）监测设备和监测方法

（6）监测频率

（7）监测预警值

（8）各监测项目全过程的发展变化分析及整体评述

（9）监测工作结论与建议

隧道地表沉降监测报告

施工 / 委托单位							
工程名称			委托 / 任务编号				
监测依据			监测方法				
监测频率			监测预警值				
主要仪器设备名称及编号							

时间	测点：						沉降值 /mm
	X/m	Y/m	H/m	ΔX /mm	ΔY /mm	ΔH /mm	

沉降值 - 时间曲线	
监测结论	
附加声明	报告无本单位"专用章"无效；报告无三级审核无效；报告改动、换页无效；委托试验监测报告仅对来样负责；未经本单位书面授权，不得部分复制本报告或用于其他用途；若对本报告有异议，应于收到报告 15 个工作日内向本单位提出书面复议申请，逾期不予受理

检测：　　　　　审核：　　　　　批准：　　　　　日期：

综合提升	自我测验
请你在课后完成自我测验试题，以自我评定知识、技能、素养获得情况	**【单选】1.** 隧道主要的监测目的是（ ） A. 围岩稳定性的判断　　　B. 未来预测的需要 C. 法律需要　　　D. 研究需要 **【单选】2.** 监测项目的频率主要的决定因素是（ ） A. 变形频率和掌子面距离　　B. 围岩的好坏 C. 测点保护的好坏　　　D. 监理的要求 **【单选】3.** （ ）不是隧道监测的意义 A. 避免灾害发生 B. 适应岩土体复杂性的特点 C. 满足业主的要求 D. 信息化设计与施工 **【单选】4.** 岩土工程安全监测的基本思路是（ ） A. 岩土体的失稳破坏，都有一个从渐变到突变的发展过程，显示出即将破坏的各种征兆 B. 新监测设备技术较高，精度高 C. 岩石破坏前变形量必定超过控制指标 D. 加固方式可以减缓岩石的变形 **【单选】5.** 拱顶下沉及净空收敛量测的断面一般间距为（ ） A. 0~10m　　　B. 10~20m C. 30~50m　　　D. 50~100m **【多选】6.** 隧道开挖常见的危害有（ ） A. 涌水涌沙　　　B. 塌方 C. 地面塌陷　　　D. 地下暗河 **【多选】7.** 监测的方法包含（ ） A. 调查　　　B. 观察 C. 测量　　　D. 物理力学实验 **【多选】8.** 以下符合地表下沉监测项目的特点的有（ ） A. 布置在洞口地段　　B. 1~2个横断面 C. 与洞内断面同一个里程　D. 每2~3m一个测点 **【多选】9.** 隧道监测的目的主要有（ ） A. 对围岩稳定性进行判断 B. 施工方法技术的评估改进 C. 掌握围岩及支护结构力学性态的变化和规律 D. 了解地质构造、结构与岩性特性 **【多选】10.** 以下为隧道监测必测项目的有（ ） A. 拱顶下沉　　　B. 围岩压力 C. 地表沉降　　　D. 周边收敛 **【判断】11.** 隧道监测可对未来的状态进行预测，防患于未然，如重要地段须进行压力监测，验证运营安全状况，及时发现险情采取相应补救措施（ ） **【判断】12.** 对于初衬的钢支撑一般采用安装钢筋计和应变计的方式测试（ ）

| 任务评价 | 考核评价 |

考核评价

考核阶段	考核项目		占比(%)	方式	得分
过程评价(60%)	课前探究学习(20%)	课前学习态度(线上)	5	理论(师评)	
		课前任务完成情况(线上)	10	理论(师评)	
		课前任务成果提交(线上)	5	理论(师评)	
	课中内化(30%)	懂检测原理(线上+线下)	5	理论+技能(自评)	
		能运用规范编制检测计划	5	理论+技能(自评)	
		能完成检测步骤	10	技能+素质(师评+自评)	
		会分析检测数据	5	技能+素质(师评+小组互评)	
		能提交质量报告	5	理论+技能+素质(师评+小组互评)	
	课后提升(10%)	第二课堂	10	技能+素质(自评+小组互评)	
结果评价(40%)	综合能力评价(40%)	理论综合测试(参照1+X 路桥 无损检测技能等级证书理论 考试形式展开)	20	理论获取证书结果	
		技能综合测试(参照1+X 路桥 无损检测技能等级证书实操 考试形式展开)	20	技能+素质获取证书结果	

教师根据学生的学习成果,在能力发展、质量意识、职业发展三个方面探索增值评价,对完成整个项目的学习情况进行动态综合评价

增值评价	能力发展(学习、合作能力)	平台课前自主学习动态轨迹(师评)
		提升自我的持续学习能力(师评+小组互评)
		融入小组团队合作的能力(小组互评)
	质量意识	规范操作意识(自评+小组互评)
		实训室 6S 管理意识(师评+小组互评)

模块五　远程监测技术

任务四　基坑变形监测

🏠	工作任务	基坑变形监测技术
🗓	学时	2
✉	团队名称	

课前探究	任务引入

课前探究

描述深基坑施工的安全措施有哪些

任务引入

某高层房屋建筑基础工程，深基坑施工环节，根据设计要求，需要在现场内相关位置进行基坑变形监测，并利用物联网在线监测系统采集数据，监测基坑变形情况

兴趣激发

说一说基坑变形监测的目的

任务情景

作为检测单位的监测技术人员，通过查阅该项目设计及施工资料，依据前期的现场调查，已清楚该建筑工程概况及检测现场位置，要求根据现场情况及监测部位布置相关监测装置，搭建在线监测系统，出具监测报告，并对出现的问题制订整改方案

学习目标

请在本次工作任务结束之后在下面记录你的学习目标达成情况

教学目标

思政目标	培养学生创新发展理念，自我定位，实现人生价值
知识目标	1. 熟悉基坑变形监测的目的、意义及适用范围 2. 掌握基坑变形监测的步骤及注意事项 3. 掌握检测测区确定方法、测点布置要求
技能目标	1. 会查阅检测规程、运用公路工程质量检验评定标准 2. 能按照检测规程在安全环境下正确使用仪器 3. 会根据操作规程确定检测的测区、布置监测点 4. 会运用监测设备及在线监测系统采集及分析数据，判定基坑实时状态 5. 会出具基坑变形监测报告

	素质 目标	1. 具有严格遵守安全操作规程的态度 2. 具备认真的学习态度及解决实际问题的能力 3. 具有严谨、认真负责的工作态度
知识点提炼	**知识基础**	
笔记		

1. 基坑监测的目的及意义

基坑是基础设施建设过程中的重要安全影响因素，近些年随着城市地铁、建筑地下室等地下工程的迅猛发展，基坑的安全性得到人们的广泛重视。然而，许多重要的基坑仍采用人工定期采集数据方式进行监测，没有建立预测其安全性的监测系统，不能及时发现这些重要基坑的一些差异状况，以采取相应的防患措施。一些基坑坍塌事故（图 5-23）造成了巨大的经济损失和不良的社会影响

图 5-23　基坑坍塌事故

基坑坍塌大致分为两类：

（1）基坑边坡土体承载力不足。基坑底土因卸载而隆起，造成基坑或边坡土体滑动；地表及地下水渗流作用，造成的涌沙、涌泥、涌水等而导致边坡失稳、基坑坍塌

（2）支护结构的强度、刚度或者稳定性不足，引起支护结构破坏，导致边坡失稳、基坑坍塌。如果能对基坑及支护结构的状态进行监测，从而对基坑及支护结构的健康状况给出评估，在坍塌事故来临之前发出预警，将会大大降低事故发生的概率

基坑健康监测系统是基坑安全施工及其支护结构维护决策系统的支撑条件之一。建立结构在线监测系统的目的在于确定基坑结构的安全性，监测支护结构的承载能力、运营状态和耐久性能等，以满足安全运营的要求

（1）对基坑稳定性进行有效监控，修正在施工过程中各种影响支护结构的参数误差对支护结构的影响，确保支护结构运营期间满足安全要求

（2）基坑稳定性反映导致基坑可能发生坍塌的因素，包括降雨量、基坑土体内部位移等

（3）支护结构可靠性反映支护结构变形承载能力

通过实时的结构参数监控，对于基坑本体及其支护结构的重要参数的长期变化可以有较为详细的掌握，从而及时有效地反馈基坑及其支护结构的安全状况。其意义主要有：

1）及时把握基坑的安全状态，评定基坑的稳定性，以及通过支护结构的运营阶段的工作状态，识别支护结构的损伤程度，评定支护结构的安全、可靠性与耐久性

2）为运营维护管理提供决策依据，可以使得既有基坑支护工程的技术改造决策更加科学，改造技术方案的设计更加合理、经济

3）验证基坑支护结构设计建造理论与方法，完善相关设计施工技术规程，提高基坑工程设计水平和安全可靠度，保障结构的使用安全

4）基坑健康监测不只是传统的基坑检测和安全评估新技术的应用，而且被赋予了监控与评估、验证和研究发展三方面的意义

2. 设计原则及内容

对基坑进行在线监测系统设计的过程中，应考虑基坑的环境、等级及实际危险截面等

（1）基坑位移变形：包括基坑表面位移和内部位移、裂缝监测、支护结构位移

（2）地下水位监测：包括浸润线监测

（3）环境监测：包括基坑所处环境的降雨量、温湿度等

（4）支护结构受力监测：钢筋应力、支撑轴力、土压力等

（5）视频监测

（6）周围建筑物监测：基础沉降、土体裂缝、倾斜等

监测系统感知层设计需要结合工程实际情况，根据监测参数类型，完成以下工作：传感器选型与布点、现场总线布设、采集设备组网等。测点布置如图 5-24 所示

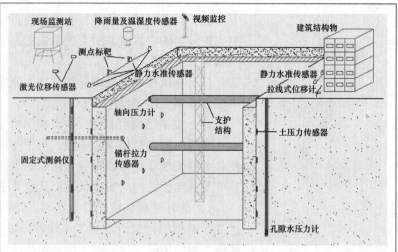

图 5-24　基坑在线监测点布置示意图

重难点初探	**任务分析**			
	检测目的	（1）结构状态　通过在线监测随时掌握监测对象的健康状态 （2）安全预警　对可能出现的危险及时进行预警 （3）决策维修　为结构健康状态的分析评价、预测预报及治理维护提供可靠的基础性数据 （4）防灾减灾　避免重大事故的发生，减少人员伤亡及财产损失，提高防灾减灾业务水平和能力		
	适用范围	物联网在线监测系统是基于 3G/4G 网络、物联网、计算机信息技术、传感器、嵌入式软 / 硬件、无线通信等技术而建立起来的一套远程实时在线监测系统		
	监测指标	1. 基坑常用监测指标 土体内部位移、土体表面位移、土体竖向沉降、土压力、支撑轴力、锚杆拉力、结构物倾斜、地下水位。基坑监测项目对应传感器类型与测点布设见表 5-6		

表 5-6　基坑监测项目对应传感器类型与测点布设

监测项目	传感器	测点布设	图片
土体内部位移	导轮式固定测斜仪	基坑设计点土体内部	
	埋入式测斜仪		
土体表面位移	智能全站仪	基坑设计点土体表面	
	激光位移计		

（续）

（续）

监测项目	传感器	测点布设	图片
土体竖向沉降	智能全站仪	全站仪布设在稳定点位，静力水准仪安装在监测点位	
	静力水准仪		
土压力	土压力计	挡墙内侧	
支撑轴力	轴力计	支撑端	
锚杆拉力	锚索计	锚杆或锚索端	
结构物倾斜	倾角仪	房屋、吊塔等结构物	
地下水位	地下水位计	地下水位凸出和影响较大位置	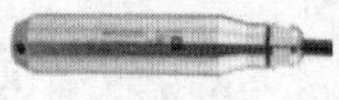

监测指标

2. 传感器布设及监测

传感器布设及监测如图 5-25~ 图 5-29 所示

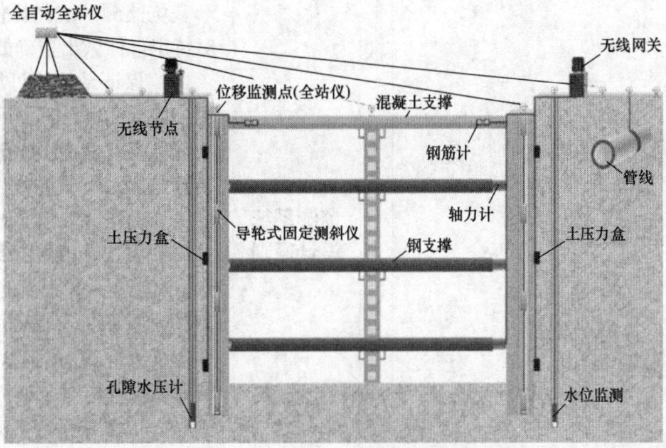

图 5-25 基坑监测示意图

（续）

<table>
<tr>
<td rowspan="2">监测指标</td>
<td colspan="2">

图 5-26　表面位移监测　　　图 5-27　表面位移测点
（棱镜）

图 5-28　基坑监测　　　　图 5-29　土体内部位移
（深部位移计）
</td>
</tr>
</table>

<table>
<tr>
<td>监测系统
设计原则</td>
<td>

　　基坑监测系统是提供获取基坑结构信息的工具，使决策者可以针对特定自标做出正确的决策，其设计原则如下：

　　（1）保证系统的可靠性。基坑结构安全监测系统实时监测施工现场，如果没有足够的可靠性，就无法向决策者提供可靠的监测数据

　　（2）保证系统的先进性。设备的选择、监测系统功能与现在技术成熟监测及测试技术发展水平、结构安全监测的相关理论发展相适应，具有先进和超前预警性

　　（3）可操作和易于维护性。系统正常运行后应易于管理、易于操作，对操作维护人员的技术水平及能力不应要求过高，方便更新换代

　　（4）系统具有远程固件升级功能。根据系统自检及系统需求可通过远程固件进行完善，且系统具备各种类型的通信协议和接口，可为后期设备升级服务

　　（5）以最优成本控制。利用最优布控方式做到既节省项目成本、后期维护投入的人力及物力，又能最大限度发挥出实际监测的效果
</td>
</tr>
</table>

重点记录	任务实施

重点记录

笔记：主要记录检测步骤要点及注意事项

任务实施

1. 基坑变形监测技术流程

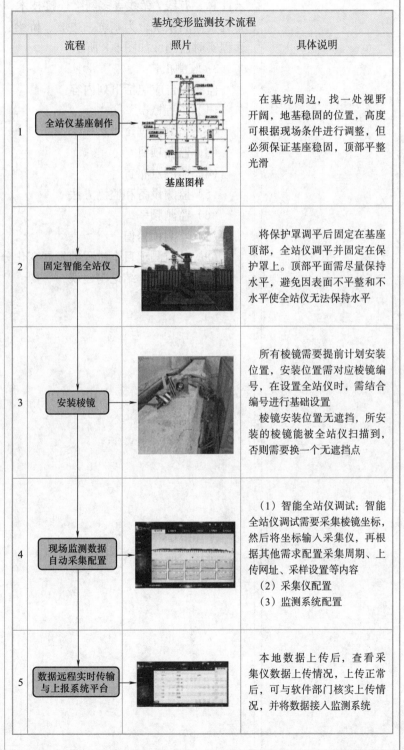

基坑变形监测技术流程		
流程	照片	具体说明
1 **全站仪基座制作**	基座图样	在基坑周边，找一处视野开阔，地基稳固的位置，高度可根据现场条件进行调整，但必须保证基座稳固，顶部平整光滑
2 **固定智能全站仪**		将保护罩调平后固定在基座顶部，全站仪调平并固定在保护罩上。顶部平面需尽量保持水平，避免因表面不平整和不水平使全站仪无法保持水平
3 **安装棱镜**		所有棱镜需要提前计划安装位置，安装位置需对应棱镜编号，在设置全站仪时，需结合编号进行基础设置 棱镜安装位置无遮挡，所安装的棱镜能被全站仪扫描到，否则需要换一个无遮挡点
4 **现场监测数据自动采集配置**		（1）智能全站仪调试：智能全站仪调试需要采集棱镜坐标，然后将坐标输入采集仪，再根据其他需求配置采集周期、上传网址、采样设置等内容 （2）采集仪配置 （3）监测系统配置
5 **数据远程实时传输与上报系统平台**		本地数据上传后，查看采集仪数据上传情况，上传正常后，可与软件部门核实上传情况，并将数据接入监测系统

2. 物联网在线监测系统

物联网在线监测系统基于 IoT（物联网技术）、通过云储存与云计算、有线 / 无线等多网络连接技术，使用专用传感器建立一套远程监测系统，为基坑、边坡、桥梁、隧道、建筑等结构提供远程实时监测，如图 5-8 所示

3. 监测报告

监测报告应包括下列内容：

（1）工程概况

（2）监测依据

（3）监测项目

（4）监测点布置

（5）监测设备和监测方法

（6）监测频率

（7）监测预警值

（8）各监测项目全过程的发展变化分析及整体评述

（9）监测工作结论与建议

基坑变形监测报告

施工／委托单位					
工程名称			委托／任务编号		
监测依据			监测方法		
监测频率			监测预警值		
主要仪器设备名称及编号					

时间	测点：				
	X/m	Y/m	ΔX/mm	ΔY/mm	水平合位移/mm

水平位移-时间曲线	
监测结论	
附加声明	报告无本单位"专用章"无效；报告无三级审核无效；报告改动、换页无效；委托试验监测报告仅对来样负责；未经本单位书面授权，不得部分复制本报告或用于其他用途；若对本报告有异议，应于收到报告15个工作日内向本单位提出书面复议申请，逾期不予受理

检测：　　　　审核：　　　　批准：　　　　日期：

综合提升	自我测验
请你在课后完成自我测验试题，以自我评定知识、技能、素养获得情况	【单选】1. (☆☆) 基坑边坡顶部的水平位移和竖向位移监测点应沿基坑周边布置，基坑周边中部、阳角处应布置监测点。监测点间距不宜大于（　　） 　　A. 10m　　　B. 20m　　　C. 30m　　　D. 40m 【单选】2. (☆☆) 基坑支撑内力监测点的布置不符合要求的是（　　） 　　A. 监测点宜设置在支撑内力较大或在整个支撑系统中起关键作用的杆件上 　　B. 每道支撑的内力监测点不应少于 3 个，各道支撑的监测点位置宜在竖向保持一致 　　C. 钢支撑的监测截面根据测试仪器宜布置在支撑长度的 1/2 部位，钢筋混凝土支撑的监测截面宜布置在支撑长度的 1/2 部位 　　D. 每个监测点截面内传感器的设置数量及布置应满足不同传感器测试要求 【单选】3. 一般将基坑工程安全划分为（　　）个等级 　　A. 二　　　　B. 三　　　　C. 四　　　　D. 五 【单选】4. 坡顶位移监测点应沿基坑周边布置，（　　）宜设监测点 　　A. 中部、端部　　　　　　B. 中部、阳角 　　C. 端部、阳角　　　　　　D. 端部、阴角 【单选】5. 基坑地下水位监测点应沿基坑周边布置，监测点间距宜为（　　） 　　A. 5~10m　　　　　　　B. 15~20m 　　C. 40~55m　　　　　　D. 20~25m 【单选】6. 土体深层水平位移是重力式、板式围护体系（　　）级监测等级必测项目 　　A. 一、二　　B. 二、三　　C. 一、三　　D. 一、二、三 【多选】7. 基坑变形监测周期分为（　　） 　　A. 施工前期　　　　　　B. 施工期 　　C. 稳定期　　　　　　D. 验收期 【多选】8. 关于基坑工程地下水位监测的说法正确的有（　　） 　　A. 包含坑内、坑外水位监测 　　B. 坑内监测降水后浅层水位的降低，直接判断可否挖土 　　C. 坑外浅层水位监测隔水帷幕是否漏水 　　D. 坑外水位监测为基坑监测必测项目 【多选】9. 基坑变形监测的项目包括（　　） 　　A. 支护结构桩（墙）顶水平位移 　　B. 支撑轴力、锚杆拉力 　　C. 沉降、倾斜、裂缝 　　D. 支撑立柱沉降监测 【判断】10. 在进行锚杆拉力监测时，其监测点一般不少于锚杆总数的 10%，且不少于 10 根（　　） 【判断】11. 基坑监测的频率取决于变形大小、变形速度和进行变形监测的目的（　　） 【判断】12. 锚索拉力应根据设计计算书确定警戒值计算值。其中锚杆拉力设计允许最大值在确定了第三方监测单位后由施工单位提供（　　）

任务评价

考核评价

考核阶段	考核项目		占比（%）	方式	得分
过程评价（60%）	课前探究学习（20%）	课前学习态度（线上）	5	理论（师评）	
		课前任务完成情况（线上）	10	理论（师评）	
		课前任务成果提交（线上）	5	理论（师评）	
	课中内化（30%）	懂检测原理（线上＋线下）	5	理论＋技能（自评）	
		能运用规范编制检测计划	5	理论＋技能（自评）	
		能完成检测步骤	10	技能＋素质（师评＋自评）	
		会分析检测数据	5	技能＋素质（师评＋小组互评）	
		能提交质量报告	5	理论＋技能＋素质（师评＋小组互评）	
	课后提升（10%）	第二课堂	10	技能＋素质（自评＋小组互评）	
结果评价（40%）	综合能力评价（40%）	理论综合测试（参照1+X 路桥 无损检测技能 等级证书理论 考试形式展开）	20	理论 获取证书结果	
		技能综合测试（参照1+X 路桥 无损检测技能 等级证书实操 考试形式展开）	20	技能＋素质 获取证书结果	
增值评价	教师根据学生的学习成果，在能力发展、质量意识、职业发展三个方面探索增值评价，对完成整个项目的学习情况进行动态综合评价				
	能力发展（学习、合作能力）	平台课前自主学习动态轨迹（师评）			
		提升自我的持续学习能力（师评＋小组互评）			
		融入小组团队合作的能力（小组互评）			
	质量意识	规范操作意识（自评＋小组互评）			
		实训室 6S 管理意识（师评＋小组互评）			

参 考 文 献

［1］中华人民共和国交通运输部.公路工程质量检验评定标准：JTG F80/1—2017［S］.北京：人民交通出版社股份有限公司，2018.

［2］中华人民共和国交通运输部.公路桥涵施工技术规范：JTG/T 3650—2020［S］.北京：人民交通出版社股份有限公司，2020.

［3］中华人民共和国住房和城乡建设部.建筑基桩检测技术规范：JGJ 106—2014［S］.北京：中国建筑工业出版社，2014.

［4］中国工程建设标准化协会.超声法检测混凝土缺陷技术规程：CECS 21：2000［S］.北京：中国建筑工业出版社，2000.

［5］中华人民共和国住房和城乡建设部.冲击回波法检测混凝土缺陷技术规程：JGJ/T 411—2017［S］.北京：中国建筑工业出版社，2017.

［6］中国工程建设标准化协会.超声回弹综合法检测混凝土强度技术规程：CECS 02：2005［S］.北京：中国建筑工业出版社，2005.

［7］中华人民共和国住房和城乡建设部.混凝土中钢筋检测技术标准：JGJ/T 152—2019［S］.北京：中国建筑工业出版社，2019.

［8］中华人民共和国住房和城乡建设部.混凝土强度检验评定标准：GB/T 50107—2010［S］.北京：中国建筑工业出版社，2010.

［9］中华人民共和国交通运输部.公路桥梁承载能力检测评定规程：JTG/T J21—2011［S］.北京：人民交通出版社股份有限公司，2011.

［10］四川升拓检测技术股份有限公司.混凝土结构脱空检测技术体系［R］，2012.

［11］四川升拓检测技术股份有限公司.混凝土材料及结构综合检测技术体系［R］，2012.

［12］四川升拓检测技术股份有限公司.基桩质量检测技术体系［R］，2014.

［13］四川升拓检测技术股份有限公司.A-SCIT-1-TEC-02-2022-混凝土材料及结构综合检测技术体系_221［R］.

［14］中华人民共和国水利部.水工混凝土结构缺陷检测技术规程：SL 713—2015［S］.北京：中国水利水电出版社，2015.

［15］中华人民共和国住房和城乡建设部.锚杆锚固质量无损检测技术规程：JGJ/T 182—2009［S］.北京：中国建筑工业出版社，2010.